複雜問題的
策略思考
&分析

由一則尋狗啟事，
學習問題解決的步驟、方法與思維

Strategic
Thinking
in
Complex
Problem
Solving

阿爾諾‧謝瓦里耶
Arnaud Chevallier——著

張簡守展——譯

獻給父親，
謝謝你督促我在解決問題的路上精益求精。
我每天都很想你。

獻給母親，
謝謝妳總是給予我無私的愛。

獻給 Justyna，
謝謝妳長久以來的支持。

目錄

Strategic

Thinking

i   n

Complex

Problem

Solving

「哈利不見了！」

好友約翰的狗失蹤了，跑來向我求救。生活上的大小
難題諸如此類，不計其數，或許你會質疑，需快速解
決的問題，本書可能不適用。但我提供給你的四步驟
（What、Why、How、Do）思考模式，可依你的任
何狀況做調整 —抄捷徑或走完全程。我強調的是學習思
考的技巧，絕對不是照本宣科。

第1章 /

如何解決
複雜問題？
——

你需要策略思考

某個星期三下午，你的手機響了，是你的好友約翰打來的。你接起電話，聽到他驚慌失措的聲音：「我的狗不見了！我幾分鐘前剛回到家，到處找不到哈利。我大概在中午的時候出門，四點左右回來，發現牠不在屋子裡。我們家有個後院，門上留了個小門方便牠進出。但這太奇怪了，哈利已經好幾個月沒有亂跑，因為我們把門封上了，牠根本跑不出去。我猜是傭人把牠帶走了，因為她工作表現不好，我早上才剛把她開除。她以前罵過哈利，說牠掉太多毛。早上她很生氣，揚言要以牙還牙。哈利沒有項圈，我們該怎麼找起？還有，園藝公司的人今天也有來除草。總之，你最會解決難題了，快幫我想想辦法！」

不管有沒有意識到這個事實，我們每天的確都在解決不計其數的問題。哈利失蹤是真有其事，而這正好是個契機，讓我有機會說明具體（而且真實！）案例中可以運用的幾種工具。本書將幫助你學習實用技能，無論職業、年齡、專長或教育程度，面對生活及工作上的棘手問題都能更加胸有成竹、游刃有餘。

有時候，本書介紹的技巧可能不太適用，或是你覺得還有更好的辦法。舉例來說，這些技巧太耗時間，因此使用上有所限制，對於像學人 Grint 所謂的重大問題需要在很短的期限內做出決定[1]，就不適合採用。在這類情況下，你可能會尋求捷徑（詳見第九章），或是挑選另一種做法。這完全可行，因為本書介紹的技巧代表的是一種思考模式，可以依需求自行調整。

書中將說明如何使用四個步驟，建立起解決問題的流程架構：界定問題（What）、深入診斷（Why）、尋找解決方案（How），最後是實際執行（Do）

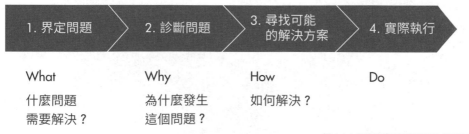

圖 1.1：我們將使用四個步驟來解決問題。

首先，找到你需要解決的問題（即「What」）。 面對不熟悉的新狀況時，我們應先釐清真正的問題所在。這是很困難的一步，過程可能充滿波折。我們時常以為

對情況瞭若指掌，急著尋找解決辦法，但後來往往只會發現自己鎖定了錯的問題，要不是微不足道的旁枝末節，就是只掌握了主問題的癥狀而已。第二章會解說如何避免這個現象，利用精準的流程架構識別各種問題的表徵、相互比較，並且記錄我們的決定。

第二步，瞭解為何會遇到這個問題（即「Why」）。釐清問題之後，接著是找出原因。第三章會說明如何擬定關鍵的診斷命題，亦即直指根本原因，且凌駕其他所有診斷命題的主要問題。接著，我會示範如何研擬這個命題，以及如何透過診斷用的定義小卡，在進入後續步驟之前掌握真正需要解決的問題。

接下來，我們會執行根本原因分析。第四章中，我們將深入診斷問題，先找出發生問題的所有可能原因，再專心處理重要的成因。到時，我們會製作「問題診斷分析圖」，這張圖能將問題分解成不同面向，一次列舉所有可能肇因。最後，我們會將具體的假設與圖中的確切部分相互連結，逐一檢驗假設後得出結論。

第三步，找出解決問題的可行方案（即「How」）。明瞭問題癥結與原因後，我們會繼續依循一般人對於解決問題的普遍認知，進入下一個階段，也就是主動尋找解決辦法。第五章中，我們會從執行方法出發，著手擬定解決方案的關鍵命題。接著，我們將繪製「解決方案分析圖」，並效法第三章與第四章的程序，針對圖中的特定部分提出假設，然後加以驗證。這能引導我們做出決策，從可能的解決辦法中挑選最理想的選項（第六章）。

第四步，實際執行解決方案（即「Do」）。最後，我們需要實際執行解決辦法，而首要之務就是說服重要關係人，讓他們相信我們的結論正確無誤，因此第七章將提供相關原則，說明如何研擬及傳遞具說服力的訊息。接著，我們會討論執行面的考量事項，尤其著重於如何有效領導團隊（第八章）。

What、Why、How、Do，這就是解決問題的四個步驟。

第九章進入結論。在那個章節除了提出處理複雜問題的幾個想法之外，也將回顧及反思整個過程。

請注意，本書的主要目的是指引解決問題的方向，因此會針對每種任務提供一種工具，並深入討論，並非一次提出數種選擇，做粗淺的概略介紹。[2] 大部分工具和想法都不是我發明的，而是援引多種學科領域和實踐者的心得，正好可為我提出的方法提供概念上的支持。書中盡可能一致引用這類資料，這樣有興趣的讀者就能

耙梳相關的理論與實證基礎。部分想法源自於我的個人觀察，是我研究這些概念超過十五年的成果，現在我將這些成果應用在管理上，並傳授給學生、專業人士和高階主管。

1. 尋狗啟示

假設我們剛接到約翰的電話。很多人會急促地採取行動，仰賴本能反應給予答覆，但這麼做的效果恐怕有限。舉例來說，如果真如約翰所猜測，是清潔工把小狗哈利帶走了，那麼在鄰近街坊盲目搜尋就沒什麼意義。同樣道理，要是哈利自己亂跑，那麼報警舉發傭人的罪狀一樣無濟於事。

WHAT。想找到哈利，要先瞭解問題的來龍去脈，並利用圖 1.2 所示的專案定義卡（或稱為「What 卡」）彙整細節，這就是流程中的「What」步驟。專案目標可以鎖定在尋找哈利，並在合理的時間內達成（比如說 72 小時），而要順利完成目標，必須先搞清楚哈利為什麼會失蹤。

專案名稱：	尋找小狗哈利			
明確目標： （你要做的事情）	1. 瞭解哈利失蹤的原因（Why） 2. 想出將牠找回來的最佳方法（How） 3. 把牠找回來（Do）	超出範圍： （你不需要做的事情）	防止哈利以後再次失蹤 （包含具體方法 和實際執行方針）	
決策者：	約翰夫婦	其他重要關係人：	無	
時間表：	**行動**		**需要時間**	**時間累計**
	界定問題（定義 What）		2 小時	2 小時
	診斷問題（尋找 Why）			
	定義關鍵的診斷命題，找出可能的原因		4 小時	6 小時
	蒐集診斷的證據，分析後做出結論		6 小時	12 小時
	尋找解決方案（尋找 How）			
	定義解決方案的關鍵命題，找出可能的解決之道		6 小時	18 小時
	蒐集證據，分析後決定要執行的解決辦法		6 小時	24 小時
	執行選擇的解決方案（Do）		48 小時	**72 小時**
資源：	金錢：Why 部分最多花 150 美元，How 最多花 150 美元，Do 最多花 300 美元 人力：最多 3 人全天候搜尋			
可能問題：	找傭人談判可能會造成反效果	**緩衝方案：**	除非逼不得已，否則不找傭人談判	

圖 1.2：專案定義卡（或稱為「What 卡」）是以書寫方式統整計畫內容的實用方法，亦即記下你預計何時要做什麼事情。

WHY。接著，你需要診斷問題，進入流程中的「Why」步驟。設定關鍵的診斷命題（為什麼小狗哈利會失蹤？）之後，就可以開始尋找所有可能的解釋，整理成圖 1.3 的「問題診斷分析圖」。

我跟學生提起這個案例時，通常會有人直接排除哈利遭到綁架的可能性，認為那是無稽之談。然而，這並非全是天方夜譚。統計資料顯示確實有綁架小狗的犯罪行為，而且越來越常見。[3] 還有人質疑綁架小狗的可能性，但歷史上確實已有先例：1934 年，就在哈佛大學與耶魯大學即將在橄欖球賽中正面對決的前一晚，哈佛學生綁走了耶魯大學的鬥牛犬吉祥物「帥氣阿丹」（Handsome Dan）。[4]

在此基礎上，你可以正式擬定假設，接著尋找檢驗假設所需的證據、深入分析，最後判斷哈利不見的根本原因。

HOW。掌握哈利失蹤的原因後，就可以開始探討找回哈利的可行方法了。這是流程中的「How」步驟。這個階段與診斷步驟大同小異：製作解決方案定義卡、繪製問題分析圖（這次是「解決方案分析圖」）、擬定假設、尋找及蒐集檢驗假設所需的證據，最後下結論。

經由這個過程，我們可以想出幾個找回哈利的可能辦法。由於資源有限，我們

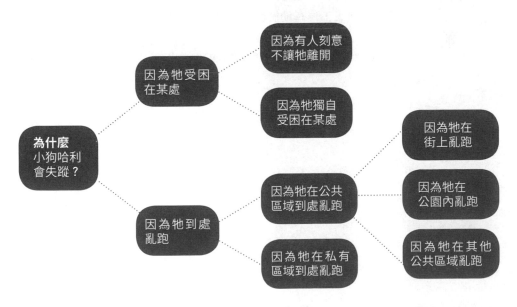

圖 1.3：「問題診斷分析圖」有助於辨別及整理問題的所有可能根本原因。

無法同時執行所有方法，因此至少必須決定執行的優先順序，有所取捨。此時，我們會使用一種決策工具，將決定時需要考慮的各大面向納入考量，分別配以權重。接著，我們會評估每個可行方案在各個面向的表現，並加以排名，如表 1.1 所示。

DO。既然我們知道如何尋找哈利的下落，規劃階段等於到此告一段落，該是付諸實踐的時候了。「Do」階段的第一步驟是說服重要的決策者和其他關係人，使他們相信我們所做的結論正確無誤，接著再繼續討論誰應該在什麼時間做什麼事，取得共識後就能實際執行。實踐過程中，我們也應隨時注意解決方案的成效，必要時加以修正。

上述案例真有其事（不過為了保護當事人的隱私，我用哈利當作假名），而當事人也在幾小時後找到了哈利。這個問題相對比較簡單，牽涉的時間較短，因此不需要過度深入分析。不過，對於複雜（complex）、定義模糊（ill-defined）、非迫切（nonimmediate）的問題（簡稱為 CIDNI），這個案例的確能提供清晰的示範藍圖。有鑑於此，每一章將繼續沿用哈利失蹤的例子，示範抽象概念如何應用於具體事件中。

表 1.1：決策工具有助於評估各種解決方案的吸引力

	成功機率	及時性	成功速度	低成本	加權分數	排名
權重	0.52	0.27	0.15	0.06		
H1：搜尋鄰近街坊	50	100	100	90	73	2
H3：聯絡可能擁有寵物走失相關資訊的人	100	100	80	100	97	1
H4：張貼網路告示	15	20	20	0	16	4
H5：查看相關公告	0	0	0	100	6	5
H6：等哈利自己回來	30	90	100	100	61	3

2. 解決複雜、定義模糊、非迫切的問題（CIDNI）

定義上，只要事情當下的情形和目標狀態之間存在著差異，就能視為「問題」。[5] 解決問題就是消弭兩者之間的落差，這會以各種形式出現在我們的生活中，舉凡完成簡單的工作（像是選擇當天要穿的襪子），乃至於處理複雜的長期專案（例如治療癌症），都是在解決問題。本書的重點在於探討如何解決後者，即「複雜、定義模糊、非迫切的問題」。

「複雜」是指問題當下的狀況、目標狀態，以及過程中遭遇的阻礙都無比繁雜，且解決過程瞬息萬變、牽一髮動全身，以及 / 或無法視而不見。[6]「定義模糊」是指無論起始或最終情況，以及解決之道皆模糊不明。[7] 這類問題通常沒有合適的解決辦法[8]，甚至可能沒有任何方法可以化解[9]，而且獨一無二。[10] 至於「非迫切」則是指當事人至少擁有幾天或數週的時間，可以尋求及執行解決之道。從組織的角度來看，企業的 CIDNI 問題可能是制定行銷策略；如果放眼全球，這類 CIDNI 問題包括推行環境永續發展、減少赤貧與飢餓、普及初等教育，聯合國的其他所有「千禧年發展目標」（Millennium Development Goals）也都屬於這類問題。[11]

由於 CIDNI 問題的定位模糊不清，因此基本上，解決辦法會稍微主觀一些。解決方案是否合適，的確需要由你憑藉知識和價值觀做判斷，你認為最棒的解決之道可能不適合其他人。[12] 另一項特質，是解決問題的過程不一定是單向直線進行。雖然我們一開始就竭盡全力確定問題，但後續不斷出現的新資訊可能促使我們修改問題的定義。事實上，解決問題時，返回前一個步驟適時修正的現象隨時都有可能發生。[13]

思考 CIDNI 問題的生成原因。問題之所以棘手難以處理，可能肇因於不同原因，若能瞭解這些因素，有助於確定解決辦法的方向。有些問題之所以複雜，是因為需要密集且縝密的思慮。例如，棋手必須等到棋局明朗化、各種可能大致塵埃落定之後，才能摸清所有可行的棋路，也才能掌握對手的反應。話雖如此，棋盤上的應對依然是相對明確的問題。

相較於在加勒比海小村莊經營飯店，結果發現必須賄賂當地官員才能取得營業執照，下棋簡直是小巫見大巫。飯店遭遇的挑戰無關費心布局，癥結在於問題的幾個重要面向並不明確：如果賄賂是不可避免的必要手段，你還想完成計畫嗎？要是

不想非法賄賂，飯店該如何順利開幕？諸如此類。

　　沒錯，當問題牽涉到人際互動，許多面向就會變得混沌不明。例如研究生準備接受論文口試，卻發現其中兩位重要的口試委員正好發生嚴重的齟齬，無法忍受與對方待在同一個空間中超過五分鐘而不吵架。這位研究生該怎麼辦？

　　又例如，第二次世界大戰期間，英國海軍取得恩尼格碼（Enigma）密碼機，得以深入掌握德國潛艦的動態，因此擁有得天獨厚的優勢，成功降低艦隊遭受攻擊的風險。然而，英軍不能過度張揚，以免德軍意識到他們加密的通訊內容已經遭人破解，否則他們勢必會更改密碼，或是改用新的通訊系統。那麼，英軍該如何運用這項優勢，才能將效果發揮得淋漓盡致？[14]

　　從這些例子可以得知，與其把 CIDNI 問題視為一種難解之謎，不如實際追究 CIDNI 問題的成因，這或許可以指出解決辦法的具體方向。如果問題因為需要縝密的思慮而顯得錯綜複雜，那麼尋求電腦與人工智慧的協助，或許能產生非同小可的功效。然而，若是涉及大量道德、情感或心理因素，這類支援可能就幫助不大。

3. 以通才輔助專業

　　要說 STEM（科學、技術、工程、數學）領域的畢業生不懂如何解決技術問題並不厚道，因為事實上他們很擅長解決這類難題，只是他們缺乏完成工作所需的非技術性技能。美國紐約科學院 (New York Academy of Sciences) 教育暨公共計畫執行長 Meghan Groome 深表同感，她強調：「這個問題相當普遍。現在的學生不會特別去學習如何與人交際、管理時間或團隊合作。」她堅信，只要學生選修適當的課程，就能學會這些技能。[15]

　　一般普遍認為，解決 CIDNI 問題的理想人選（或團隊）應該具有「T 型」特質，亦即兼具相關學科領域的專業人士及通才。[16] 正規的訓練管道通常著重於特定領域的專業，也就是「T」的垂直支柱，卻輕忽了最常需要的通用技能[17]，因而衍生不少問題。舉例來說，美國國家學院（National Academies）的報告指出，由於現實中的難題沒有明確的特定型態，而且需動用大量的個人知識才能解決，因此時常與課堂上的問題相去甚遠。[18] 有些學生因而無法將課堂所學運用到實際生活中

[19]，諾貝爾物理獎得主 Richard Feynman 將此稱為「知識的脆弱性」（fragility of knowledge）。[20]

　　只專注於追求知識深度的另一項缺點，在於我們通常會不自覺產生這不適合的疑慮，因而限制了創新。然而，「竊取」其他學科的構想其實能夠帶來不少價值。例如，最早出現在飛機駕駛艙的核對清單，現在已有越來越多手術室採用。即使一開始外科醫生強烈反對，但使用核對清單之後，術後併發症意外地大幅減少，效果顯著。[21] 其他領域也同樣效法醫界的做法：1990 年代興起的實證醫學（從精心設計的實際研究中採集證據，作為決策依據），間接帶動了過去十年的「循證管理」（evidence-based management）實務應用。[22] 從上述兩個例子可知，我們需要培養從其他領域發掘價值的能力，有此能力後，終將從中受益。因此，發展洞悉問題表象、專注分析基底結構的能力刻不容緩，若能體認他山之石的重要，從其他領域的問題舉一反三，必能有所收穫。接下來的章節將會印證，這項能力也是培養出色「類比思考」（analogical thinking）所需具備的條件。[23]

　　簡言之，本書以有效解決 CIDNI 問題為目標，提供培養上述跨領域廣泛策略知識的方法（詳見圖 1.4）。

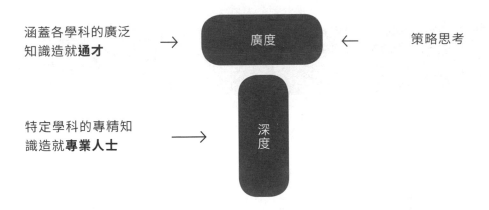

涵蓋各學科的廣泛知識造就**通才** → 廣度 ← 策略思考

特定學科的專精知識造就**專業人士** → 深度

解決問題的理想人選或團隊 ＝ 通才 ＋ 專業人士 →「T 型」特質

圖 1.4：解決 CIDNI 問題的高效率人選應同時具備通才和專業人士的特質；本書將協助你提升通才技能。

學會這個方法之後，你便能游刃有餘地克服任何困難，即使是不擅長的難題，也能用有系統的創新方式順利化解。在當今機構組織不斷自我革新的經濟環境中，這個技能將使你成為炙手可熱的珍貴人才。[24]

4．支持書中方法的五大準則

深入探討解決問題的四個步驟之前，我們先介紹適用於各步驟的五大原則，為以上概述總結。

4.1 運用「擴散式」與「聚斂式」思考

想要有效解決問題，須同時採取擴散式與聚斂式思考模式[25]。解決問題期間，每一個步驟都會牽涉到圖 1.5 的狀況。「擴散式」思考是指發揮創意，無設限地尋找新的可能；「聚斂式」思考則是嚴格審查，透過蒐集資料來分析、比較每種可能，最後選出最佳方案。可以的話，請稍微延後判斷的時機，換句話說，概念發想（或所謂「觀念構成」[26]）與概念評估這兩個階段之間應有所區隔。[27] 這是為了避免囿限創意[28]，第三章和第五章會再進一步說明。

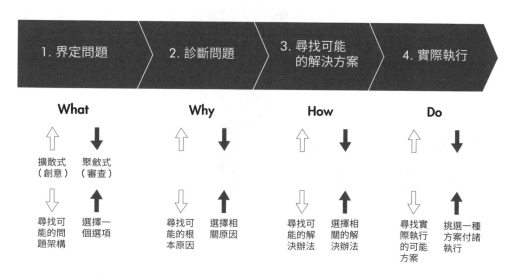

圖 1.5：若要有效解決問題，勢必反覆善用擴散式與聚斂式思考。

4.2 善用「問題分析圖」

我們的方法中，問題分析圖是重要的核心工具。這張圖能清楚分解問題，縱向顯示問題的各個面向，同時水平呈現進展過程中的更多細節。以圖歸納問題的類型有很多方式，包括樹狀圖、曲線圖和分析圖，共同特性在於能夠突顯問題架構，以便更清楚理解問題內涵。例如，以圖像方式分解論述，已證明能大幅提升批判性思考。[29] 第三章和第五章會廣泛探討這些圖表。

圖 1.6 是典型的問題分析圖。最左邊是核心命題，這裡以解決辦法的核心命題為例，主要目的在於尋求「方法」，接著往右羅列及歸納各種解決方案。這些解決方案不一定是心目中的理想選擇，但在前一節所說的延後判斷原則下，我們還是晚一點再予以評定。

分析圖可方便我們一次綜觀所有可能選項，不需多次反覆斟酌同一種方案，也不會有所遺漏。換句話說，分析圖可以統整所有答案，集結成「彼此互斥」（mutually exclusive）、「詳盡完整」（collectively exhaustive）的分項（簡稱為 MECE）。

彼此互斥（ME）意指「互不重疊」。 若某一事件的出現可防止另一事件同時發生，這兩個事件即為互斥關係。要將問題的答案整理成彼此互斥的分項，每種可能只能考慮一次，不得重複列入。要達到 ME 的效果，必須採取「聚斂式」思考模式，判斷每個分項是否獨一無二。

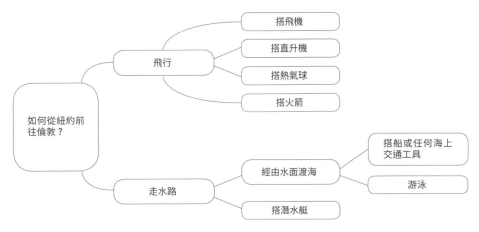

圖 1.6：「問題分析圖」可以圖像的方式突顯問題結構。

假設你想回答「如何從紐約前往倫敦？」這個命題，並在一開始便將交通方式區分為「飛行」和「走水路」，就等於使用了 ME 模式歸納可能的解決辦法，因為你不可能同時飛行又走水路。

詳盡完整（CE）意指「毫無缺漏」。當事件涵蓋了所有可能結果，即達成詳盡完整的目標。因此，只要問題分析圖的所有分項包含了核心問題的全部答案，便符合 CE 的標準。要達到此效果，必須採取「擴散式」思考模式，不斷自問「這個命題還有哪些答案？」。因此你必須非常有創意才行；第三章和第五章會介紹相關的可行方法，例如使用類比技巧或仰賴現有架構去推想。

思考如何從紐約到倫敦時，CE 思維代表搜索全部可能的辦法。雖然起初我們認為水路和航空交通是僅有的選項，但在強迫自己採取 CE 思考模式後，答案清單反而如圖 1.7 所示變得更加豐富。水路或航空交通是一般人面對類似情況時的第一反應，所以不如將這些選項集結成「傳統類」這個分支。接著，為了貫徹 CE 精神，應該也要有「非傳統類」分支，但可以放入哪些答案呢？我想，我們也可以走陸路。還有嗎？瞬間移動或許不錯。然後呢？或許不該是我跑去倫敦，應該是倫敦來找我。這裡還可以深入探究：或許可以請預計在倫敦碰面的友人來拜訪我，或者在我們所在的地方自立一個新倫敦。聽起來不切實際。沒錯，但請先記得遵守延後判斷的原則，不到最後，都不該在意答案是否可行。即使天馬行空，也不一定辦不到：拉斯維加斯確實把艾菲爾鐵塔搬到了美國，我們為什麼不行？再次強調，這些新選項可能不是首選，但重要的是，如果最後我們終究捨棄了這些方案，一定是經過有意識地思考，而不是因為忘記列入考慮。第三章和第五章會進一步介紹 MECE 思考模式。

4.3 學習合適的技能

2001 年，英國研究委員會（United Kingdom's Research Councils）與藝術暨人文研究委員會（Arts and Humanities Research Council）發佈聯合聲明，強調博士生接受研究訓練期間應該發展數種能力。[30] 表 1.2 概述了這些技能。雖然你並非就讀博士班，但這些技能依然與你切身相關。解決問題一樣需要深入研究，即辨別你需要蒐集的證據，並加以評估。第四章和第六章會討論如何處理證據。

本書提供培養這些技能的途徑。將此列表當作個人發展的藍圖，或許能有所幫

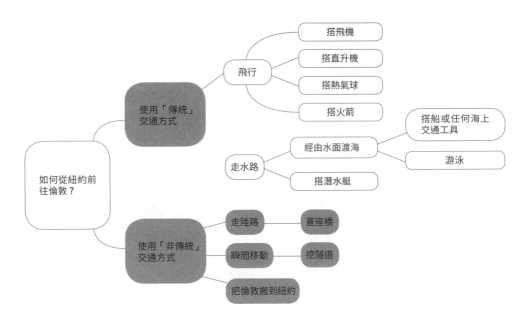

圖 1.7：過程中，盡可能朝各種方向思考並列出所有想得到的解決辦法，讓答案百密而無一疏。

表 1.2：研究的實用技能 [a]

你應該有能力…

研究能力
發現及解決問題
擁有原創見解、獨立思維、批判思考
嚴格評估你與他人的發現
記錄、統整、回報及反省進度
妥善運用領域中的相關研究技巧
尋找及取用合適的書目資料與其他資訊

研究環境
行為合宜（合法、合乎道德、負責任等）
瞭解研究對象所處的脈絡
瞭解補助流程

專案管理
設定終極目標與中長期里程碑
為活動排定優先順序

個人效能
願意且有能力學習新知
具創意、創新及原創能力
自立自強、獨立工作、展現衝勁
靈活變通，願意接受新思想
自我意識，知道自己需要磨練的地方
自律、自動自發、謹慎仔細
瞭解個人極限，需要時尋求協助

溝通
用適切的行文風格清楚書寫
依讀者／聽者設想條理清楚及具說服力的論述
協助他人學習
積極讓大眾理解你的研究領域

人際關係與
團隊合作
發展及經營互助合作的人際關係
有效管理所屬組織與其他場合中的垂直與水平人際關係
瞭解你對團隊成功的貢獻與影響（正式與非正式）
傾聽、給予及接納意見，並妥善回應

生涯管理
持續參與職業發展
針對鎖定的專業領域，發掘關鍵的成功要素
掌握生涯進展的主控權：設定富有挑戰卻不失實際的目標，尋找提升求職競爭力的方法
精通你所擁有的技能，瞭解如何應用至其他學科領域
利用學經歷簡介／履歷、自薦信和面試展現個人特質
在工作與生活之間尋求適當平衡

[a] 取自 Research Councils, United Kingdom.（2001）。

助 [31]，或者，你也可以自行整理一份清單。不過，在實際培養這些能力之前，你可能就會先遇到問題。最好做好心理準備，倘若真的發生，應考慮與具備互補技能的人合作。

尋求他人協助。與人合作可以提升品質，拓展視野。以前，孤軍奮戰的天才可以產生強大的影響力，但現在情況可能不太一樣。舉凡發現 DNA、發明 Linux 作業系統，以及研發網際網路，都必須歸功於團隊合作，而且最後獲得的成果豐碩。[32] 此外，多位作者共同發表的科學論文，被人引用的次數是單一作者論文的兩倍以上。[33]

擁抱多樣性。我第一次在課堂中傳授這個方法，是在某個實務專題工作坊上。每個學生都準備了感興趣的計畫，帶到課堂上做為個案研究。現場的學生來自各個領域，他們必須互相幫忙，向彼此尋求協助（這項表現在期末分數中的比重很高），而每一堂課中，他們必須坐在不同的人旁邊。對許多人來說，這樣的合作關係並非自然發生，但他們很快就發現其中的價值：受過不同訓練的人可以帶來不一樣的觀點，對發揮創造力很有幫助。國家研究委員會也有類似的發現，「讓擁有不同觀點與互補專業的人共同研究費心的問題，往往能獲得更理想的分析結果。」[34] 本書將廣泛探討互助合作與多樣性的價值。

4.4 崇尚簡約，彰顯基底結構

許多領域的眾多實務工作中，「簡約」通常都是核心原則。在科學界的研究方法裡，簡約原則建議，在其他所有條件維持不變的情況下，應選擇符合事實且最簡單的理論。[35] 哥白尼依循此原則提出日心說模型（即地球每天自轉一圈，每年繞著太陽公轉一周），與當時普遍深入人心、由托勒密所提倡的地心說分庭抗禮。雖然哥白尼的模型並非完全正確，但較為簡單易懂。[36]

設計上，簡約時常讓人聯想到高品質和實用性。[37] Apple 前任執行長賈伯斯將此視為精緻品質的最高境界，導致許多 Apple 產品雖然缺少競爭商品的特定功能，卻能創下更亮眼的銷售成績。[38]

雖然最終產品可能簡約實用，但達到此成果的過程通常不簡單。賈伯斯就曾說過：「一開始思考問題時，一切顯得非常簡單，想到的解決辦法也是簡明易懂。這時你尚未真正瞭解問題的複雜之處，眼前的解決方案也過於粗糙簡化。接著，當你

繼續深入探討問題，你會發現問題其實相當複雜，進而提出一堆錯綜複雜的解決之道……大部分的人會停在這裡，而他們想到的辦法通常也能有效因應問題一陣子。但真正傑出的人才會繼續尋找……那個關鍵答案，也就是問題的根本原則，最後找到能實行的絕妙解方。」[39]

我看過好幾個案例。在我的課堂上，學生必須重新整理問題，好讓其他人能夠徹底理解。對部分學生而言，這是很困難的事情，尤其有關高技術性主題的問題更是如此，另外也有人異口同聲表示，要用簡單易懂的詞彙表達問題根本不可能辦到。不過，所有人最後都改觀了。他們凌駕學科領域的表面特徵，學著專心探究問題的根本結構，而透過簡單的詞彙說明，別人才能幫助他們解決問題。

這種試圖將問題簡化的練習很有價值，不只是因為學生能擁有越來越多，且更為多元的人脈可以提供幫助，也因為這能強迫他們釐清自己對問題的認知：在必須捨棄學科術語的情況下，他們不能再像專業人士一樣呈現問題，使用艱澀冷僻的詞彙。現在，他們必須回答訓練過程中被要求避免的「蠢問題」，而這能逼迫他們瞭解這些問題為何（或為什麼不）愚蠢。凌駕問題表面、專注於根本結構，也是達到成功運用類比手法不可或缺的要素[40]，所以透過這個過程，學生可以學著體察不同學科領域之間的相似之處。

超越「這很有趣」的層次：著重於「所以呢？」 大量蒐集問題的相關資料不一定能有所幫助，事實上反而可能產生反效果（請見表 1.3）。發現一件事情很有趣不該是終點，而是準備更深入探究的起點。不妨分析你的思維：為什麼這件事讓你覺得有趣？所以這代表什麼意義？持續透過批判性思考對問題旁敲側擊，直到將問題有效簡化為止。第三章至第五章會進一步說明。

4.5 勿自欺欺人

1974 年，美國理論物理學家 Richard Feynman 在加州理工學院的畢業典禮上，期勉畢業生「切勿自欺欺人，尤其自己是最容易欺騙的對象」。[41] 他的這番話與偏見的相關研究成果不謀而合：人類對許多方面都有偏見，只是時常不自知而已。例如，我們通常傾向過度自信[42]；如果有人問起，我們難免暗地思忖自己早就預見事情的發展「後見之明偏誤」（hindsight bias）[43]；或是片面解釋資訊「驗證性偏誤」（confirmation bias）[44]。

表 1.3 列舉了幾種自欺欺人的常見現象，並在個別比較實證發現後，提供減少每種狀況的建議。

以證據為本。醫學領域中，普遍認為醫生採取的因應對策應該以證據為基礎，這項共識至少可追溯至兩百年前。[45] 然而，現今仍有許多陋習存在。某些情況下，

表 1.3：解決問題的過程中，實證發現與普遍想法多所牴觸；
本書將探討其中部分差異 [a]

普遍想法	實證發現	改善技巧
資訊越多越好。	越多資訊不一定越好。事實上，這可能引發毫無理由的自信，削減你對其他資訊內容的診斷能力（Arkes & Kajdasz, 2011, p.157）。	只專注尋找有利於診斷問題的證據。確認資訊來源獨立可信。參考第四章和第六章。
越有自信，越有可能代表自己是正確的。	即使在專家身上，自信和準確度之間仍缺少明顯的正向關係（Dawson et al., 1993; Arkes & Kajdasz, 2011, p.147）。	針對預測的內容尋求他人意見、擔負全責、將反方證據納入考量（Arkes&Kajdasz, 2011, p.149–150）。參考第四章。
專業知識有利無弊。	專業知識伴隨著先入為主的看法，可能在評估資料時產生偏見（Arkes & Kajdasz, 2011, p.146），並導致無法修正不合時宜的思維（Pretz, Naples, & Sternberg, 2003, p.15）。	審慎商請專家與新手協助。參考第四章和第八章。
直覺值得信賴。	人類充滿各種偏見，所以直覺不一定值得信賴（Bazerman & Moore, 2008）。	只在有把握選中正確答案、錯誤代價不高，以及行動迅速能帶來高報酬時，才允許自己在短時間內做出決定。參考第三章和第五章。
解決問題的首要之務是找到解決辦法。	釐清及妥善診斷問題可能才是最重要的事（Tversky & Kahneman, 1981）。	釐清及妥善診斷問題之前，切勿一股腦地尋找解決辦法。參考第二章和第三章。

---

[a] 摘錄自（Makridakis & Gaba, 1998）和（Arkes & Kajdasz, 2011）[pp. 143–168]。欲瞭解越多資訊反而適得其反的醫學界例子，請參閱（Welch, 2015）[pp. 84–95]。

估計有超過 30% 病患所接受的治療與科學證據不符。[46]

現代實證醫學提倡將最理想的外部證據結合個人專業和確切情況。[47] 這種主張在 1990 年代初期興起後，便吸引了眾人目光，對於尋找有效療法功不可沒，除了大幅提高速度，也使治療不再仰賴直覺和個人經驗。[48]

現在，管理方面的學門試著起而效尤[49]，而包括情報體系在內的其他領域也出現大力疾呼的聲音，主張應跟隨這股趨勢。[50] 本書認為，解決問題的過程也應效法實證精神，接下來各章節將陸續說明各種方法。

保持合理自信，自我矯正。接續前述賈伯斯的話，面臨新問題時，我們有時會認為自己一眼就能看透問題，快速鎖定解決辦法，其中部分原因在於我們時常抱持著先入之見看待問題。本書提供的四個步驟旨在取代這些先入為主的看法，並避免在一定的信心之外產生毫無來由的自信。雖然我們希望你在閱讀本書之後，對於自己的看法能有合理程度的信心，但要達到這種境界，實在免不了經歷一段混亂過程。

一旦以實證方法嚴格分析先入為主的想法後，可能很快就會發覺，原本確定與不確定之間的界線開始模糊，整體自信也因此驟降。務必坦然面對這種自我懷疑的心理狀態，因為這是蘇格拉底的智慧（Socratic wisdom）中不可或缺的一環，亦即「知道自己懂與不懂的地方」。[51]

想消除毫無理由的自信，必須承擔喪失信心的風險，至少這種情形會短暫維持。雖然這聽起來令人沮喪，但務必將此視為一種進步：你可能尚不清楚正確的方向，但至少你知道原先的信念有誤。

在本書的方法架構下，我們主張實務作為應以清晰的邏輯和紮實的證據為基礎，將可靠的外部資訊與個人專業相結合，並在方法中謹慎運用直覺。本書會介紹相關手段，協助你達到這個目標。

尊重科學理想。根據劍橋大學流體力學專家 Michael McIntyre 的定義，尊重科學理想是指運用邏輯思考時保持開放的心胸、忍受擾人的不確定性、願意承認不懂之處、避免過早判斷假設選項，以及決定相信任一理論，而非只是運用「奧坎剃刀法則」（Occam's razor，詳見第四章），無論理由為何，皆應抱持懷疑態度。此外，隨著出現新證據而調整立場，以及從各種觀點反覆檢視問題，也都是必要的行為。尊重科學理想的典範之一，就是電影《十二怒漢》（Twelve Angry Men）

中那位秉持懷疑態度的陪審員。在謀殺案件的審理過程中，他獨排眾議，當其他十一位陪審員認為真相已經水落石出，他仍堅持最後再看一次證據。[52] 這些特質都是本書所述方法的核心要素。

4.6 小結：概覽 CIDNI 問題解決程序

針對解決複雜、定位模糊、非迫切的問題，本書提倡的方法可帶領我們循序漸進，從現況逐步邁向目標，也就是在五個主要原則（詳見圖 1.8）的基礎上，依循 What、Why、How、Do 四個步驟解決問題。

這些原則可以圖像化成一座橋樑，以三大橋墩支撐：運用擴散式與聚斂式思考、善用問題分析圖，以及學習合適的技能。另一方面，這些橋墩奠基在兩層基礎之上：崇尚簡約以及不自欺欺人。

避免解決問題的程序過於繁雜。切入核心之前，我想強調最後一點：本書所述

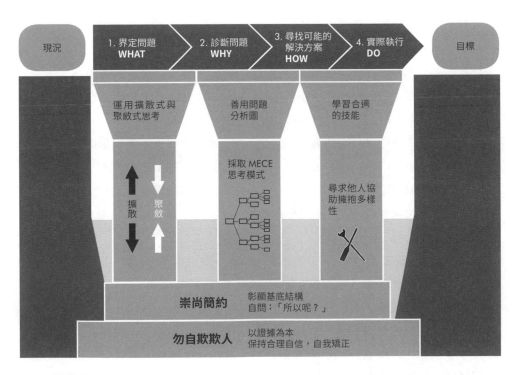

圖 1.8：支持問題解決程序的五大主要原則。

方法的基本假設，是你有時間與資源深入分析所有階段，且分析結果有利於解決問題。如果實際情形並非如此，例如可能時間不夠全面分析，或在診斷階段就已找到相當篤定可信的答案，此時就應該適度省略程序。第九章會再進一步說明。當你實際尋找解決方案時，請謹記這一點。

因此，如果你覺得解決特定問題的某些程序不需要特別投注心力，請先抱持懷疑的態度，因為即使實際狀況顯然需要審慎思考以界定問題，一般人依然很容易草率略過這個步驟，而且每個步驟都可能發生類似的情形。但要是經過審慎考慮後，你覺得應該跳過某些步驟，就直接省略無妨。

概略說明解決問題的程序與各章內容後，接下來就能進入更詳細的分析。第二章首先提供幾個界定問題的原則，以供依循。

回顧與補充

解決問題的步驟。我們提倡的方法有四個步驟，但對於解決問題，並非所有人的看法都相同。例如，學者 Basadur 提出的程序就只有三個步驟（尋找問題、解決問題、執行解決方案）。[53] 兩者的差異在於我們將尋找問題的階段細分成兩個步驟，分開處理「What」與「Why」，以突顯其重要性。此外還有其他方法，例如學者 Woods 就從眾多學科領域中找到 150 種已公開的策略。[54]

治療癥狀。美國管理大師 Peter Senge 將治療癥狀（而不是根治問題本身）稱為「轉移負擔」（shifting the burden）。這可能會使問題復發。[55]

「T」的兩個面向。要成為專業人士，必須擁有領域特定或局部的相關知識與技能；而通才則擁有可運用於不同學科領域的知識和技能，也就是獨立於領域之外的通用智識與能力。

從「T」演變成「π」。「T」型比喻可進一步演化成「π」型，甚或梳子形狀的技能組合，即擁有超過一個領域的廣泛知識和專業。[56]

加強「狐狸性格」（foxiness）。依照哲學家 Isaiah Berlin 的二分法，專業人士／通才之間的差異就像「刺蝟」與「狐狸」。[57]「刺蝟」是專業化的象徵，不僅性格固執、崇尚秩序，也極富自信。「狐狸」是跨領域的代表，嚴以律己、行事謹慎，能坦然接受曖昧不明與衝突矛盾是人生固有的特性。政治科學家 Philip

Tetlock 深入比較這兩種類型的人，發現狐狸比刺蝟更擅長預測事情的走向。[58]

解決複雜問題的策略思考。關於解決複雜問題的策略思考，我們的定義大致與法國將軍及戰略思想家 Beaufre 的看法遙相呼應：面對問題等同於正視現況與目標位置之間的差距，這個過程包括設計、分析與整合。設計的目的在於識別消弭差距所需的重要作為，分析是蒐集和處理必要資料，而整合則是從多個行動選項中挑選合適的解決方案。過程中，策略思考需要結合理性、直覺與創新能力。[59] 而 Beaufre 認為：策略思考是一種「兼具抽象與理性的心理過程，結合心理素質和實質資料。此過程極度仰賴分析與整合能力，前者蒐集資料並據以做出診斷，後者則從資料中擷取診斷結果。這些診斷結果會進一步促成決策。」[60]

問題分類。問題有許多類型，可從各種分類加以描述。學者 Savransky 將「例行性問題」（routine problem）定義為所有重要步驟都已清晰明朗的問題，其中所謂重要步驟是指找到解決辦法必經的步驟。[61]「發明性問題」（inventive problem）是非例行性問題的子分類，其解決之道和至少一個重要步驟皆為未知。「封閉式問題」（closed problem）則是指正確解決辦法數量固定不變的問題。[62]

偏見。隨處可見！詳細說明請參考兩位學者 Bazerman & Moore （2008, pp. 13–41）。

使用個案研究。在課堂上善用學生提供的問題做為討論案例，就是以問題引導學習的最好例子，而事後成果顯示，這種方法能建立較長久的學習記憶，並有利於技能發展。（相較之下，傳統方法使用制式考試來衡量學習，成效較為短暫。）[63]

「為何哈利會失蹤？」

「怎麼把哈利找回來？」

「如何確保哈利日後不會再不見？」

界定問題前，你是否仔細想過，我們面臨的問題到底是什麼？必須先了解問題的範疇，才能清楚定義問題，不偏離目的。我提供了使用「問題定義卡」（What 卡）搭配「診斷定義卡」（Why 卡）的方法，幫助你釐清專案範圍，再統整診斷命題，抓出最理想的答案。

第2章 /

界定問題

　　研究人員發現，當我們面臨新的問題時，很容易對真正的問題產生錯誤印象。[1]就我的個人經驗來說，我很同意這個看法。我輔導過上百個案例，至今從未看見當事人一開始對問題的理解能持續不變到最後。因此，解決複雜、定義模糊、非迫切問題（CIDNI）的第一步就是有效提問，或是清楚定義你想關照的<u>問題內容（What）</u>。本章將說明如何界定問題，利用問題定義卡掌握問題精髓，接著進入分析階段的下個步驟：釐清診斷結果，我們一樣會使用卡片來歸納重點。

1. 界定專案

　　務必瞭解問題的範圍並記錄下來，因為這能幫助你釐清專案內容，讓團隊成員對問題能有一致的認知。[2]然而，實行上可能會比預期中更為困難。為了避免可能遇到的困難，建議你使用問題定義卡（簡稱「What 卡」）的範本，如圖 2.1 所示。[3]

　　我們以「哈利事件」來示範。現在哈利失蹤了，我們面臨的問題是什麼？把牠找回來？找出牠失蹤的原因？確保牠日後不會再次不見？還是其他問題？許多人都會同意，找回走失的狗是最重要的問題，至少在當下是最急迫的事。話雖如此，但要如何找到牠，很大一部分取決於牠為什麼會失蹤，因此將失蹤原因列入專案中，似乎合情合理。那確保牠以後不會再次走失呢？這也要列入考量嗎？

1.1 回答問題還不夠，必須找出問題才行

　　誠如第一章所討論，有能力解決「清楚定義」的問題，不一定就能解決「定義模糊」的問題，因為後者需要諸如界定問題的額外技能。[4]

　　如同畫框為畫作設下清楚的邊界，問題也必須清楚界定。在此認知下，界定問題又可延伸解釋成定義你打算解決的問題（並列入圖 2.1 的「What 卡」中）。這是至關重要的一步，因為你選擇的「外框」會強烈左右著你對問題的理解，進而決定你所採取的解決手段。舉例來說，曾有兩位學者 Thibodeau 與 Boroditsky 在一系列實驗中向社會大眾詢問減少社區犯罪率的方法。他們發現，當他們使用「病毒」或「猛獸」比喻犯罪時，受訪者的建議會出現大幅改變。聽到將犯罪比喻為病毒入侵城市的受訪者，往往會強調預防及解決問題的根本原因，例如消弭貧窮與改善教育。反觀聽見猛獸譬喻的人，則會強調事後矯正，例如增加警力和監獄。[5]

因此，提升個人界定問題的能力，可協助我們找到更適合的解決辦法。[6]某些情況下，當我們對問題已經相當熟悉，可能必須有意識地避免落入自己或他人的制約。

有意識地避免受到制約。觀察訓練猴子守規矩的實驗：將五隻猴子放進籠子中，從上方垂吊一根香蕉，底下放把梯子。不久之後，會有猴子爬上梯子試圖拿下香蕉。一有猴子觸碰到梯子，實驗人員會立刻在其他猴子身上潑冷水。

當第二隻猴子試圖爬上梯子時，同樣對其他猴子潑水，反覆這個程序，直到所有猴子都知道拿香蕉的後果為止。很快地，猴子之間就會阻止彼此爬上梯子。接下來，停止潑水的行為，並換掉其中一隻猴子。新來的猴子一看到香蕉自然會試著爬上梯子，不過其他四隻知道後果的猴子會群起攻擊。新成員從未經歷過潑冷水的對待，但也會從中學到教訓，知道不該去爬梯子。接著，再換掉一隻猴子，放進一隻新成員。這隻新夥伴看到香蕉一樣會試著去拿，但其他四隻（包括未經過冷水伺候的那隻）會隨即上前制止，所以牠很快就會放棄。持續重複這個循環，直到最一開始的五隻猴子都已換掉。最後再放進一隻新猴子，並從旁觀察：雖然現在籠中的猴子都未經過冷水的洗禮，但會和顏悅色地向新成員「解釋」為何不該去拿香蕉。結

專案名稱：				
明確目標： （你要做的事情）	你的主目標		超出範圍： （你不需要做的事情）	可以列入專案中，但你最後決定捨棄的事項
決策者：	擁有決定專案方向（包括放棄專案）權力的人		其他重要關係人：	沒有正式權力的相關人士，他們可以影響專案範圍與結果，或者受到專案影響
	行動		需要時間	時間累計
時間表：	**1. 界定問題（定義 What）**			
	2. 診斷問題（尋找 Why）			
	定義關鍵的診斷命題，找出可能的原因			
	蒐集診斷的證據，分析後做出結論			
	3. 尋找解決方案（尋找 How）			
	定義解決方案的關鍵命題，找出可能的解決之道			
	蒐集證據，分析後決定要執行的解決辦法			
	4. 執行選擇的解決方案（Do）			
資源：	可投入專案的資源（金錢、人力、設備等），以及資源的使用時間			
可能問題：	可能出錯的事情	緩衝方案：	能消除可能問題的行動方案	

圖 2.1：問題定義卡（或稱為「What 卡」）可重點式羅列問題的重要資訊。

果，這批新猴子全在香蕉底下活動，但沒有任何一隻試圖伸手去拿。為什麼？就這個案例來說，其實沒有其他理由，只因為這是籠子中一貫的規矩。[7]

我們的生活中充斥著各種制約現象。就舉北美洲的肥胖危機為例吧！傳統的因應措施一向是由醫師強調飲食和運動的重要。雖然有效，但效果短暫，人們很容易就故態復萌，重拾以前的生活習慣。[8] 不過，若能跳脫窠臼，不再執意採取原本的解決方式，可能就會獲得更好的結果：有鑑於重稅可減少菸酒使用量，因此公共政策專家 Kelly Brownell 等人提議對含糖飲料課稅。[9]

以前對特定問題的看法可能其來有自，合乎時宜，但這不代表這些理由至今依然有效。本書提倡的方法，其部分價值就在於協助你以全新方式處理問題。這需要你主動投入心力，因為這些新方法基本上不會自動浮現。因此，請離開你的舒適圈，尤其不要死守著「過去都是這麼做」的原則處事。要想克服根深柢固的習慣，流行病學家 Roberta Ness 建議多發揮觀察力，尤其注意細節和我們對問題的假設，才有可能從有別於以往的全新視角看待事情。[10]

其他情況下，尤其是首次遇到新問題時，我們可能當下就會有所想法。此時，若想審慎界定問題，就必須拋棄直覺產生的看法，轉而尋求更深層的思考。

使用第二種思考模式。心理學理論指出，我們的思考可分為兩種模式：「模式一」仰賴直覺，迅速、情緒化、自然產生，而且不費心力；「模式二」是自覺反思，速度較慢、需投入龐大心力，且較具分析能力（詳見表 2.1）。[11] 面臨問題時，兩種模式都會啟動，但第一種模式能較快提供答案。[12] 諾貝爾獎得主 Kahneman 認為，如果一個人有能力選中正確答案、偶爾出錯的代價不高，而且及早決定能帶來可觀報酬，那麼驟下結論，亦即使用直覺或第一種思考模式，其實並非罪不可赦。[13] 換句話說，只要「1. 環境可預測（之前發生的事情可準確預測哪些事情可能再次發生），以及 2. 透過反覆接觸與意見回饋，『有機會學習環境的規律』」，就適合使用第一種思考模式。[14]

只是解決 CIDNI 問題時，你可能不會遇到上述任何一種情況。因此，通常不該相信直覺，而應使用第二種思考模式。[15]

1.2 考慮各種選項

綜上所述，如果不該相信經驗與直覺，要怎麼定義問題？簡單來說，你應該匯

集許多可能選項，由洞察力協助你做出理想選擇。

延後判斷的時機。若要促進創造力，將點子「發想」與「評判」的階段加以區隔，通常會是不錯的做法。[16] 想要有優良的構想，通常必須先要有大量想法[17]，因此一開始應該先動腦發想可能的選項，而不要急著評斷。

尋求他人協助。釐清問題的可能範圍時，尋求他人協助或許可以增加創意。[18] 事實上，最好能找到對問題與背景知識一無所知的人，原因在於，他們可能會問出專業人士當初接受訓練時被要求避免的「蠢問題」。雖然問「蠢問題」可能讓人顯得天真，但這種天真可能是種珍貴的資產，因為這能促使我們重新思考專業人士不屑一顧的可能選項。[19]

如果是你幫助審視他人的問題，應詢問對方為何選擇特定架構，以及為何他們會將特定面向列入考量而捨棄其他面向。不斷往下挖掘（很簡單，一直問為什麼就對了）。千萬別讓對方的自信騙了：在以證據為基礎（evidence-based）的前提下，聽到「我研究了很久，我知道我在說什麼」這類的話時，代表有必要更深入調查。誠如劍橋大學犯罪學家 Lawrence Sherman 所言，「實證式思考只會詢問『有什麼證據？』，不在乎『是誰這麼說的？』」[20]

表 2.1：兩種思考模式。[a]

模式一：仰賴直覺	模式二：自覺反思
無意識、前意識	有意識
迅速	緩慢
自然而然產生	受到控制
不費心力	需投注龐大心力
高生產力	低生產力
聯想	以規則為本
直覺運用	審慎斟酌
脈絡化	抽象化

---

[a] 援引（Evans, 2012）[p. 116]。另請參考（Kahneman, Lovallo, & Sibony, 2011），其淺顯易懂的介紹可幫助你瞭解這兩種思考模式對決策的影響。

1.3 使用「What 卡」描述專案內容

使用 What 卡（如圖 2.1 所示）的背後意義，在於釐清我們對於問題的理解。這能協助我們與外部聽眾（決策者與其他重要關係人）以及團隊內部成員建立對專案的共同認知，可謂難能可貴。[21] 這也有助於減少「範圍潛變」（scope creep）的機會，即避免專案範圍隨著時間逐漸擴大，超出原本設定的目標。另外，What 卡也具備藍圖功能，方便日後隨時參考，讓我們可以定期回顧，確認我們準確地朝目標邁進（時間、預算和品質等方面）。

回到圖 2.1。**先在卡片頂端寫上專案名稱。第二列中，清楚寫明專案涵蓋與不涵蓋的範圍。**在「哈利事件」中，先對目標設想多種可能選項，並與好友約翰討論之後，我們發現應該先釐清哈利失蹤的原因，再探討該如何尋找並實際執行（圖 2.2）。若能順便找到避免愛狗日後再度不見的具體方法，當然也相當樂見，但這並非現階段的首要之務，於是這類考量只好歸入專案範圍之外。

明確地說，規劃一個區塊記錄範疇以外的事項，有助於消除模稜兩可的灰色地帶。每個人難免都會帶著先入為主的觀念面對問題，若能寫下專案包括與排除的範圍，或許能幫助我們確立對問題癥結的共識。這是很重要的一點。美國國家研究委員會（National Research Council）於 2011 年的研究發現，團隊的績效低落，很多時候是因為團隊並未確認所有成員在目標與執行方法上達成共識。[22]

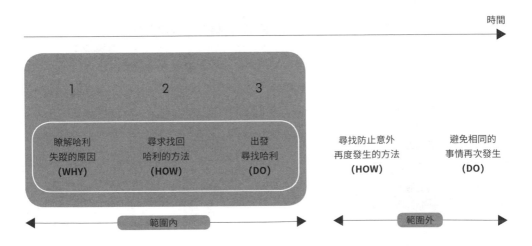

圖 2.2：在哈利的例子中，我們定義的專案內容主要聚焦於探討牠不見的原因、幫約翰找回愛犬的方法，並在最後實際執行。

　　What 卡的下一列和人有關。「決策者」是擁有正式掌控權的人，不僅可以操控專案方向，甚至能終止專案，通常就是我們的老闆和／或客戶。「其他重要關係人」是指沒有正式權力的相關人士，但他們對於專案有一定程度的影響力，或是也會受到專案影響。妥善安置所有重要關係人（例如讓他們適度參與），能對專案成功與否產生可觀的影響。舉例來說，假設醫院的行政人員現在負責推動一個專案，目標是要改變外科人員的手術習慣，維持手術室的清潔，那麼外科手術的醫護人員就屬於重要關係人。從一開始就讓他們充分參與、對專案維持適度影響力，甚至將專案結果視為己任，勢必能夠大幅提升成功機率。[23] 在「哈利事件」中，決策者是約翰夫婦，沒有其他重要關係人（詳見圖 2.3）。

　　下一項是時間安排，列出整個過程中的主要階段及預計花費的時間。為了方便規劃，時間表已預先填妥四大步驟（what、why、how、do），不過你可以自行決定是否針對其他重要環節多加著墨。

　　下一項是你準備投入專案的資源，包括金錢、人力、設備等等。

專案名稱：	尋找小狗哈利			
明確目標： （你要做的事情）	1. 瞭解哈利失蹤的原因（Why） 2. 想出將牠找回來的最佳方法（How） 3. 把牠找回來（Do）	超出範圍： （你**不需要**做的事情）	防止哈利以後再次失蹤 （包含具體方法 和實際執行方針）	
決策者：	約翰夫婦	其他重要關係人：	無	
時間表：	行動		需要時間	時間累計
	1. 界定問題（定義 What）		2 小時	2 小時
	2. 診斷問題（尋找 Why）			
	定義關鍵的診斷命題，找出可能的原因		4 小時	6 小時
	蒐集診斷的證據，分析後做出結論		6 小時	12 小時
	3. 尋找解決方案（尋找 How）			
	定義解決方案的關鍵命題，找出可能的解決之道		6 小時	18 小時
	蒐集證據，分析後決定要執行的解決辦法		6 小時	24 小時
	4. 執行選擇的解決方案（Do）		48 小時	**72 小時**
資源：	金錢：Why 部分最多花 150 美元，How 最多花 150 美元，Do 最多花 300 美元 人力：最多 3 人全天候搜尋			
可能問題：	找傭人談判可能會造成反效果	緩衝方案：	除非逼不得已，否則不找傭人談判	

圖 2.3：哈利事件的「What 卡」概括了專案的重要資訊。

　　最後，記得列出過程中可能遇到的問題，以及能夠預先排除這些問題的方法。 設置這個項目的意義，是要促使你在一開始就思考可能遭遇的阻礙，以免專案節外生枝而更加複雜，並預先設想能主動預防或減少受到影響的緩解辦法。在哈利的例子中，打電話與傭人直接對峙，藉以確認她是否帶走哈利，或許能在短時間內獲得長足的進展，但也很容易適得其反。要是她並未帶走哈利，而且如約翰所說情緒不穩定，最後我們可能必須額外撥出大量資源安撫她。因此，我們寧願別太早與她接觸，避免類似的最壞結果。

　　界定問題是一大挑戰，可能需要反覆修改數次。與專案的決策者和其他重要關係人討論時，建議使用 What 卡做為參考，讓各方對專案內容產生共同認知。

　　最後再提一下「範圍潛變」現象：雖然許多案例都不樂見專案範圍逐漸擴大而超出原始目標，但在部分情況中，隨著專案進展，你可能會發現新的有力證據，值得因此調整範圍。只要確實考量期限和資源限制，經過深思熟慮再做出決定即可。不過，為了確保相關人士對專案的認知保持一致，What 卡應同步更新經過變動的項目。

2. 擬定診斷命題

　　以前河邊有座村莊，那裡的居民心地善良，古道熱腸。然而，他們發現越來越多人失足落水，不幸溺斃在湍急的河流中。因此，他們開始著手研發先進技術，拯救溺水的人。這些菩薩村民全神貫注，將所有心力投入救人和治療的工作，卻從未想過逆流而上，尋找製造意外的兇手。[24]

　　面臨問題時，我們很容易一頭栽進「這該怎麼解決？」的思考模式中，因為這能強迫我們直接思考可能的解決辦法。乍看之下，這是工作效率的展現。然而，生態學家 Sandra Steingraber 的寓言故事告訴我們，如果不先瞭解根本原因就急著尋找解決方法，努力的方向可能有失精準，或是真正的問題根本沒有解決，到頭來白忙一場。因此，記得先尋找問題的源頭。本節將說明如何界定診斷分析，並使用 Why 卡記錄診斷結果，協助你達成這個目標。

2.1 挑選理想的「關鍵命題」

界定問題的核心步驟是找出你試圖解答的關鍵命題，亦即其他所有相關問題的源頭（詳見圖 2.4）。[25] 此外，界定關鍵命題時，應將問題放在所屬脈絡中衡量，並使用診斷定義卡（簡稱「Why 卡」）記錄重點。

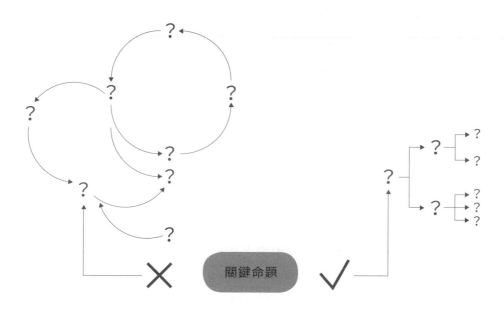

圖 2.4：關鍵命題應將其他所有相關問題一網打盡。

誠如第一章所述，診斷問題時需反覆運用擴散式思考與聚斂式思考。擴散式思考可幫助我們尋找關鍵命題的可能樣貌，是一種創意思考或點子發想。一旦擁有幾個可以相互比較的選項，就可以轉換成聚斂式思考（也就是批判思考），謹慎評比每個選項並做出最後決定。

關鍵命題有四項特徵：類型、主題、範圍和措辭。我們會使用這些特徵來提升候選關鍵命題的質量，協助我們選出應該保留的問題。

A：選擇合適的關鍵命題類型

本章稍早，開始介紹四大步驟之際，我們就提到必須釐清整體目標，亦即我們希望達成「什麼目的」。這是「描述」階段（詳見圖 2.5）。

1. 界定問題	2. 診斷問題	3. 尋找可能的解決方案	4. 實際執行

描述階段	診斷階段	對症下藥階段	時間
什麼（What）	**為什麼（Why）**	**如何（How）**	**執行（Do）**
問題需要解決？	會面臨這個問題？	解決問題？	
	「為什麼我會遇到這個問題？」或「為什麼還沒達成目標？」或是「為什麼我想解決這個問題？」等類似命題	「如何解決這個問題（亦即有哪些辦法）？我又該選擇哪種方法？」	「如何執行解決方案並觀察效果？」
「我想達到什麼目的？」			

圖 2.5：解決問題的過程中，關鍵命題會隨著時間而改變。

現在進入「診斷」階段。典型的診斷命題會詢問我們遭遇問題的原因（例如：為何哈利會失蹤？或是，哈利為什麼不在我朋友的家裡？）。除此之外，另外一種時常使用的診斷命題，是著眼於尚未達到整體目標的原因（例如：為何還沒找到哈利？）。

診斷結束後，就該對症下藥了：如何（應理解成「有哪些不同方法」）可以解決問題，例如：該怎麼找回哈利？

所以，雖然一個難題可能會有三個主要關鍵命題（What、Why、How），但各個階段只會處理其中一項。

只問事情、原因或方法。其他問題癥結（例如地點、時間和人）可能對分析有所助益，第四章和第六章檢驗假設時會派上用場。不過，就個人經驗來說，這些可能會模糊焦點，不適合做為關鍵命題，在診斷階段追究原因、對症下藥階段尋求方法，反而能幫助我們架構出解決方案。這點很重要，因為此時我們的主要目標是要辨識問題癥結所在，並非尋找癥狀或較次要的問題，而掌握問題架構正好可以提升釐清問題的效果。[26]

知道原因後再問方法。在我們解決問題的這套方法中，一旦找到專案需要處理的目標，只需要思考兩種關鍵命題：「原因」（Why）和「方法」（How），前者是「診斷型分析」，有助於發掘問題的根本原因，而後者則是「化解型分析」，幫助我們找到解決問題的可行辦法。

回到生態學家 Steingraber 所舉的例子，只專注於紓緩癥狀（救人）而未解決問題真正的主因，其實並非最好的處理法。若是換個方式，村民不再一味自問「我們該怎麼拯救這些人？」，而是先追究「為什麼這些人會掉進河裡？」，就有可能找到更好的因應之道。當然，在現實情況中，當事人可能不得已必須先處理緊急事務，而且我們也不希望村民在診斷問題時，放任溺水的人在河裡載浮載沈。我的意思是，在資源許可的情況下，寓言中的村民不該完全忽略診斷的步驟。

瞭解整體目標與問題的根本原因，可為健全的解決方案奠定紮實的基礎。因此，只要時間許可，先探求問題原因通常會是明智的做法。

B：思考合適的主題

找到問題類型後，下一步是思考問題內容，並務求緊扣合適的主題。這可沒有聽起來這麼簡單。

就以斯德哥爾摩為例吧。這座瑞典首都橫跨 14 座島嶼，人民仰賴 57 座橋交通往來，交通阻塞的情形可想而知。從「供給面」界定問題（例如詢問「如何增加公路的數量？」）可能會得出興建另一座橋樑的結論，這是預料中的典型工程解決方案。然而，當交通問題於 2000 年初浮上檯面時，該城市選擇從「容量」這個較大的主題著手。一旦系統的容量不足，亦即供給無法滿足需求時，路上就會出現交通壅塞的現象。因此，雖然設法增加供給量完全合情合理，但減少需求或許也值得一試。在此基礎上，斯德哥爾摩開始實施「開車課稅」（tax and drive）政策，在用路人的車上裝設發射器，設定為交通尖峰時段收取較多費用。短短四週內，尖峰時段的車流量減少十萬車次。[27] 試用系統在 2006 年上線後，隨即大幅縮短行車時間，效果顯著，進而逆轉先前反對的輿論，獲得市民大眾的廣大支持。[28] 此案例成功鎖定正確主題，才能推出比蓋橋更快、成本更低的解決方案，同時也創造了額外的附加好處，包括減少污染。[29]

這個例子給我們的重要啟示，就是界定問題時，我們應該努力保有開闊的胸襟。例如，要是我是工程師，就不該認為眼前的問題一定得從工程的角度解決，有

時候，工程領域以外的方法可能會更理想。

順道一提，上面舉例的交通容量問題（供給與需求不符）時常以各種形式反覆出現，例如確保團隊能消化上級指派的工作量（增聘員工是顯而易見的辦法，但這不一定是最佳解方），或是提高企業單位的獲利。以下提供另一個例子。

想像你在一家銷售筆記型電腦的公司上班，你的經理要求你設法增加銷售額。你可能會找來幾位同事一起腦力激盪，最後想出兩個常見的辦法：開拓市場（說服沒有筆記型電腦的人購買貴公司的產品），或者「偷取」競爭廠商的顧客（詳見圖 2.6）。

不過除此之外，還有其他方法也能提高銷售額，一種是試著增加現有客戶的購買量，另一種是提高每筆訂單的收入。這麼做的話，雖然營業額已經表現不凡，但獲利（收入減掉支出）甚至可以更為亮眼。事實上，<u>高投資報酬率（ROI）</u>才是你最終追求的目標。如果你把關鍵命題的主題設定為提高投資報酬率，可能的解決方案數量馬上大幅增加（詳見圖 2.7）。相較於鎖定銷售量專心衝刺，全力提高 ROI 的結果或許不一定比較好，但重要的是，你能根據特定情況找到正確的命題主題。

質疑既有限制／框架。要為關鍵命題的主題發掘新的可能，往往需要投入不少時間與心力。這個過程既麻煩又欠缺效率，而且無法預測。不過，這些都是創新思考的必要條件 [30]，且如同斯德哥爾摩的例子所顯示，創新思考可能帶來更理想的解決方案。事實上，一般普遍認為，重新審視問題有利於解決問題。[31]

當然，我們有時會有時間壓力或其他限制，導致我們只注意到特定主題。但在其他情況下，就我的個人經驗而言，質疑關鍵命題最初選用的主題是否正確，絕對是項聰明的投資。

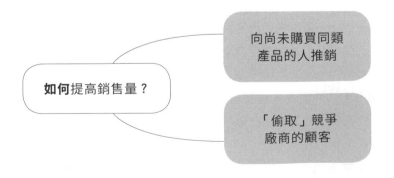

圖 2.6：面對銷售不佳的困境，擴大整體市場或「偷取」競爭對手的顧客通常是最直截了當的答案。

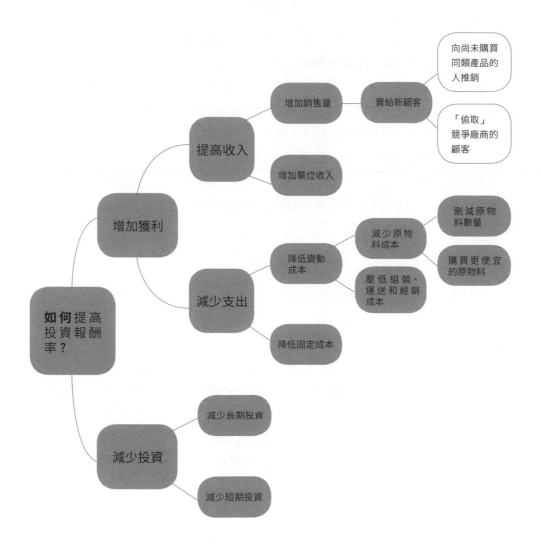

圖 2.7：選擇正確主題相當重要，因為這能決定問題解決方案的發揮空間。

C：在主題之下挑選適宜範圍

與選擇合適主題相關的另一個課題，就是在該主題之下挑選合適的範圍：不能太廣泛，也不能太狹隘。

假設有人問你：「我們該怎樣解決機場的停車問題？」如果問題出在停車場本身，這個命題或許還算呼應正確的主題，但依然不夠精準。停車場的問題在哪？太

擁擠嗎？不安全？太髒亂？太吵雜？太醜？淹水？還是位置偏遠？

範圍切勿過於狹隘。如果關鍵命題涉及的範疇太廣（如同上述機場停車場的例子一樣），處理過程中很難不離題，因為你所探討的各種面向與中心議題的連結太薄弱，距離過於遙遠。但是，關鍵命題太狹隘的話，效果同樣有限。當我們朝錯誤的方向尋找關鍵命題，甚或使用錯誤的假設做為思考基準時，就很容易發生這樣的情形。到時，你可能會遺漏解決問題的某些方法，甚至完全搞錯重點。擴大視野或許能有所幫助。例如，美國生理學家 Ancel Keys 先注意到各國罹患心血管疾病的機率大不相同，才發明了「地中海飲食法」，若他未將問題放大到國與國之間的比較，就不會有如此珍貴的發現。[32]

在自己初步提出的命題中構思解決辦法，是導致關鍵命題過於狹隘的普遍現象。思考一下這個關鍵命題：「我們該如何改善庫存管理，以確保擁有足夠的促銷商品？」庫存管理或許是造成促銷商品短缺的原因，但在確定管理不善是問題的重大成因之前，我們不應該孤注一擲。另外像是「我的表現不夠突出，該如何說服行銷團隊分派一名全職員工負責宣傳我的產品？」，也是類似情形。同樣地，編制一名全職人員可能不是這種情況的理想解決之道。事實上，光提出這項因應措施或許還不夠！但我們卻囿限於這個想法，在有限的選項中尋找可能的解方。此時難免會想起一句話：「小心許願，以免一語成讖。」

上述例子中，自問「如何確保擁有足夠的促銷商品？」與「如何提升自己在團隊中的表現？」或許就已足夠，而庫存管理或缺少全職人員是否為真正的問題所在，透過分析就能確定。

D：使用適當的措辭

所謂以適當措辭擬定關鍵命題，是指謹慎斟酌每一個字，可以的話，應力求關鍵命題自成一個獨立的完整概念。

確認每一個字都恰到好處。在實證醫學中，清楚的命題可謂彌足珍貴，因為這有助於將有限的資源運用在最需要的地方，同時減少溝通錯誤。[33] 好比飛機起飛時航向的些微偏差，將嚴重影響飛行五千英哩之後的位置，相同的道理，即使是關鍵命題中微不足道的更動，也會對專案成果產生嚴重影響。換句話說，關鍵命題是解決問題的根基，因此每一個字都相當重要。

回想一下稍早所提的兩位學者 Thibodeau 與 Boroditsky 針對「犯罪預防辦法」

所做的實驗，就能瞭解其中的重要性。他們發現，即使只是細微差異（在「犯罪如同入侵艾迪森市的病毒／猛獸」的題目敘述中抽換一個詞），也會導致受訪者提出不一樣的解決辦法。[34]

由此可知，使用精準的詞彙並非為了賣弄學問、咬文嚼字，而是因為溝通內容若不準確，可能代表命題背後的邏輯不夠縝密。想像一下，你在接受手術前會晤外科醫師，但醫師對手術細節的說明含糊不清，連非醫療領域出身的你都不禁感到惶恐。面對這種情形，你當然會懷疑醫師是否值得信任。相同地，不夠精確的關鍵命題也會讓人產生一樣的感受。

擬定獨立又完整的關鍵命題。除了準確度之外，還要思考如何讓關鍵命題具有獨立而完整的概念，讓不熟悉問題的人能夠一目瞭然。在我們的例子中，關鍵命題「為什麼哈利不見了？」可以修改成「為什麼好友的狗會失蹤？」「為什麼好友那隻名為哈利的狗，會在獨自在家四小時後消失？」等其他命題。可接受的命題通常不會只有一個，就跟定義模糊的問題一樣。

要想擬定理想的關鍵命題，建議先列出至少五個選擇，接著使用上述四個篩選條件（類型、主題、範圍和措辭）仔細比較，瞭解其個別隱含的意義。或許可以試著整合，從各個可能的命題中擷取部分元素，組合成最理想的命題。記得尋求他人的意見，客觀檢驗你既有的想法。

E：對「哈利事件」的啟示？

表 2.2 中，第一區塊清楚列示了對於哈利事件的各種想法，這些都可能成為診斷問題的關鍵命題。這些初步選項不一定要完美無瑕，但請盡可能列出多種選擇，從不同觀點看待問題。建議你參考他人提出的看法，這或許能有所幫助。

接著，以四種篩選條件檢驗每個選項。你可以藉由表 2.2 提供的範本，確實掌握篩選結果以及篩選的整個思考過程。這不僅有助於釐清思緒，日後如果需要向人解釋，也能事半功倍。

比較候選命題時，不妨想想命題的弦外之音，適時自問「所以呢？」。從某個特定角度觀看問題，可讓問題的某些特徵更加明顯。例如，相較於關心哈利目前的下落（「為什麼哈利不在朋友家？」），追究哈利究竟如何跑出家門（「為什麼哈利能夠跑出朋友的家？」）能幫助你更準確地釐清哈利消失的原因。然而，如果你認為哈利的下落才是當前最重要的事情，這個思考角度可能就無法產生最理想的命題。

表 2.2：在「哈利事件」中，善用篩選條件可幫助我們找到理想的關鍵命題，同時記錄我們的思考流程。

目標（我想達成什麼目的？）：　　**找到小狗哈利**

未經篩選的候選關鍵命題：　　為什麼哈利不在朋友家？

如何找回哈利？

為什麼哈利會消失不見？

為什麼我們找不到哈利？

為什麼哈利能夠跑出朋友的家？

篩選條件	理由	篩選後的候選關鍵命題
以**類型**篩選：	由於我們還不清楚哈利消失的原因，此時就要思考找回哈利的方法，未免操之過急。	為什麼哈利不在朋友家？ ~~如何找回哈利？~~ 為什麼哈利會消失不見？ 為什麼我們找不到哈利？ 為什麼哈利能夠跑出朋友的家？
以**主題**篩選：	我們最想知道哈利不見的原因，不是牠如何跑到房子外頭。	為什麼哈利不在朋友家？ 為什麼哈利會消失不見？ 為什麼我們找不到哈利？ ~~為什麼哈利能夠跑出朋友的家？~~
以**範圍**篩選：	除了哈利失蹤的事實之外，我們無法找到牠的下落也有許多原因（例如搜尋能力不足），但我們認為這不是目前需要追究的重點。	為什麼哈利不在朋友家？ 為什麼哈利會消失不見？ ~~為什麼我們找不到哈利？~~
以**措辭**篩選：	剩下的兩個選項看似旗鼓相當，所以我們選擇比較簡潔易懂的句子。此外，我們認為說明哈利是隻小狗，有助於我們有效率地尋求他人幫忙。	~~為什麼哈利不在朋友家？~~ **為什麼 [小狗] 哈利會消失不見？**

注意，比較各個選項時，不妨分別從中擷取值得保留的元素，做為改進的參考。

一旦你認為已經找到理想的類型、主題和範圍，就該著手改善命題的呈現方式。命題能直指問題癥結嗎？可以用更少的字表達同樣意思嗎？整體概念夠完整嗎？一旦達到這些要求，就能準備將命題整合成介紹流程。

2.2 使用「介紹流程」

關鍵命題是界定診斷結果的核心要素，但重要的組成元素不只一個。介紹流程包含「現況」和「難題」，輔以問題脈絡的說明。以下會詳細說明這些要素。

A：以「現況」定義問題的時空

看待介紹流程的一種方法，是將其視為融合三大要素的故事：現況、難題和關鍵命題。[35] 如此一來，介紹流程在許多方面就像戲劇與電影元素所構成的視覺場景，觀眾能從中獲取必要資訊，包括過去事件、重要人物、角色關係和時空環境等等，進而瞭解故事內容。[36]

現況相當於舞台，呈現了你想探討的時空背景，目的在於讓觀眾產生「這些我都知道／瞭解，但為什麼要告訴我這些？」的反應，而方法是只提供必要、充足、正面與毫無爭議的資訊。

僅納入充裕的必要資訊。太多資訊會佔用記憶力（吸收資訊並保留在短期記憶中的能力），不必要、錯綜複雜的雜訊有礙於解決問題。[37] 因此，建議現況中只提供瞭解問題時空背景所需的必要資訊，刪減旁枝末節。

這種「少即是多」的哲學很難實踐，因為放進大量資訊，讓聽眾自行判斷哪些才是重要的資訊，總是比較輕鬆容易。我看過的簡報中，有許多人在一開始的投影片上塞進太多「背景介紹」，彷彿透露出一種思維：「我無法解釋為什麼我覺得這很重要，但我還是放到投影片中，如果聽眾看不懂其中的價值，他們會自行忽略。」或是，「我知道這沒什麼關聯，但這個主題通常會提到這個部分，所以我還是放進投影片中。」這些做法所透露的共通訊息，在於要從一堆雜亂的資訊中辨識真正的議題核心，其實是項艱困的任務，通常需要仔細思考和反覆推敲。因此，認為聽眾可以立刻去蕪存菁，掌握重點，其實並不合理。

所以，希望能解決問題的你，應該親自完成上述思考歷程，只納入你認為重要的元素。你的聽眾可能不同意你的看法，但你能因此搭起一座橋樑，讓雙方有機會

展開具建設性的辯論，進而將你的分析推到更高層次，而這勢必能超越你孤軍奮戰的辛苦成果。

實務上，這代表你應該要能為介紹流程的每一個字辯護，尤其是：

切勿因為你認為讀者可能會覺得資料實用或有趣，就輕易採用。務必認真思考：「讓讀者看到這份資料為何如此重要？」請勿將「這很有趣」視為一種理由。如果你認為某些內容很有趣，務必深入瞭解及說明為何你這麼覺得。

切勿依慣例決定採用的資料，只因為有人曾用相同方式向你說明問題。請勿一廂情願地認為，你所看到的資訊已經過他人的嚴格把關。盲目跟從只會以訛傳訛，錯失消弭錯誤的機會（回想一下猴子的實驗）。

切勿依時間順序排列事件，或是依照你得知事件的順序來介紹，只因為你希望保留先後順序。依照時間次序呈現資料通常不是最有效的方式，這一點留待第七章再詳述。

重點能從眾多資訊中脫穎而出，不該是因為你不厭其煩地反覆提醒，而是周圍沒有不相關的資訊干擾。記住，我們提倡的方法是要簡化尋找解決辦法的過程，以工程用語來說，就是過濾掉雜訊，讓訊號清晰又顯著。

只納入正面資訊。到了這個階段，問題的時空背景已大致底定，你只需要決定談論哪些部分即可。誠如劇作家 Robert McKee 所說，「故事通常以平衡的局面展開，一切安好，日常活動多多少少會依照受眾希望的方式發生。」[38]

僅採用毫無爭議／衝突的資訊。擔任管理顧問時，我聽到公司內部眾所皆知的軼事，故事主角是過去三個月負責處理一項專案的同事。他完成了分析、準備了精采的簡報，並召集客戶公司的主管齊聚一堂，準備向他們報告。當他亮出第一張投影片（現況）時，對方的財務長突然插話：「其實不是這樣，應該是……」。最好的情況是那位財務長對現況的認知有誤，而這段插曲就當作是臨時加演的一點餘興節目。但另一種情形就不樂觀了：如果是顧問對現況的理解有誤，那麼他的基本假設等於全盤皆錯！只使用毫無爭議的資訊（亦即你已向熟知內情的關係人再三確認），可確保立論的基礎穩固，一開始就能與聽眾取得共識，在彼此共同的認知上展開論述。如同劍橋大學數學家 Michael Thompson 所言，第一個方程式一定要正確，因為「研究不像大學部的考試題目，只要展現認真答題的誠意，說不定十分還能拿到八分，即使開頭有點小失誤也無傷大雅！但研究可不一樣，每次都要做到

滿分才行。」[39]

盡量簡潔。 介紹問題時，現況說明不一定要長。其實，就我的個人經驗而言，優秀的現況說明通常很簡短。一開始，有些學生認為面臨的情況過於複雜，無法只用一段文字表達，但最後他們反而會想辦法盡量簡短，而且他們通常也會發現，最終成果比原本華而不實的作品更有說服效果。[40]

在哈利的例子中，現況說明其實可以很簡單，只要解釋朋友養了一隻狗，而他有時會讓小狗自己待在家（表 2.3 選項一）。

另一種方式是提供更多資訊，亦即如同表 2.3 的選項二，順道提及小狗已經很久沒有跑出家門，所以今天的情況不太尋常。這兩種方式都很簡潔，且符合前述的其他標準，因此都是可接受的選擇。我個人比較喜歡第一句，因為句子較為簡短，而且有別於第二句，並未特別解釋任何事情。

表 2.3：「哈利事件」中，現況說明的兩種選項，
其中一種力求簡潔，另一種講究精確

選項一：	有時候，我的朋友會將他養的小狗哈利獨自留在家中。
選項二：	有時候，我的朋友會將他養的小狗哈利獨自留在家中。哈利以前曾經自己跑出去，但有好一陣子沒有發生這種情形。今天早上，朋友因為家中的傭人表現不佳，決定將她開除，但她把工作表現歸咎於哈利容易掉毛。她非常憤怒，反應令人感覺受到威脅。

B：利用「難題」引發對改變的需求

「難題」會為原本平靜的現況帶來干擾，進而產生核心命題。[41] 問題會在此時浮現。我們的生活原本一切安好，但有了難題之後，有些地方就感覺不對勁了。

尋找適合的難題是項挑戰，所以寫下各種可能選項並相互比較，或許能有所幫助，就像尋找關鍵命題時的做法一樣。比較時，你會進一步瞭解各種選擇，例如發現選項之間互為從屬或因果關係。

最後只能留下一個難題。這個難題可能會有多種組成元素，但這些元素應該支持同一個中心論點。所以，盡可能找出每個元素之間的關聯，選擇正確的難題，然後具體而微地說明，例如可以使用數據資料來支持你的論點。不過，還不到解決問題的時候，應避免著手開始處理。表 2.4 是「哈利事件」的難題。

表 2.5 是管理領域中，另一個「現況—難題—關鍵命題」範例。上表中，難題（營收成長比預期中緩慢）由兩個例證所支持（傳統業務和寫真服務的營收皆未如預期中快速成長）。

表 2.4：難題以現況為基礎，進而產生關鍵命題

現況：	有時候，我的朋友會將他養的小狗哈利獨自留在家中。
難題：	今天朋友外出四個小時，回家後發現哈利不見了。
診斷用關鍵命題：	為什麼小狗哈利會失蹤？

表 2.5：難題可能會有好幾個支持的例證（條列式重點），但應歸屬於同一個論點

現況：	PR, Inc. 是一間精品平面設計公司。長久以來，他們專為電影海報、宣傳手冊和企業標誌等項目提供設計服務。 去年，他們推出一項全新服務：為藝術家拍攝個人寫真照。
難題：	過去六個月期間，PR 的營收並未如預期中快速成長： ● 傳統業務只增加七名新客戶，而非預計的十名。 ● 寫真服務只增加三名新客戶，而非預計的五名。
診斷用關鍵命題：	為什麼過去六個月期間，PR 的營收並未如預期中快速成長？

　　看完現況和難題之後，接下來當然就要「擬定關鍵命題」，亦即從介紹流程中歸納出結論。由圖 2.8 可知，「現況―難題―關鍵命題」流程如何從時空背景的特定部分中鎖定確切問題。你的工作是盡量簡化這個程序，使其發揮最佳效果，而要達成這個目標，通常不只有情境應該力求簡潔，整個介紹流程都應如此。[42]

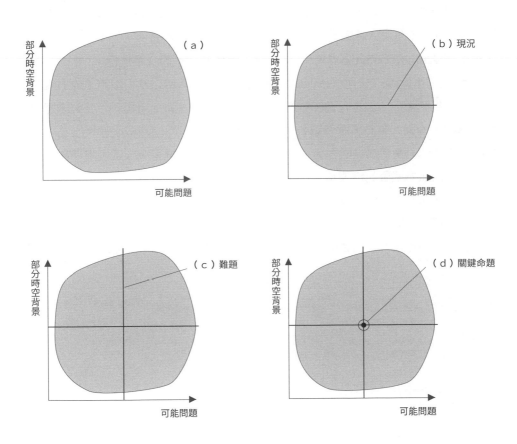

圖 2.8：介紹流程就像漏斗一樣：透過兩個中介程序（現況 [b] 和難題 [c]），
即可將聽眾從所有可能的問題（a）導引至關鍵命題（d）。

C：微調介紹流程

　　將現況、難題與關鍵命題彙整在一起之後，你可能會發現三者無法完美吻合。

使用「兔子守則」與「牽手原則」。墨爾本大學的 Tim van Gelder 教授和喬治梅森大學（George Mason University）的 Charles Twardy 教授攜手同校的教職同仁，

一起探討論點結構圖對於改善批判思考的功效，而他們採用的其中一種工具就是「兔子守則」（rabbit rule）：「想從帽子中抓出兔子，帽子裡必須先有兔子才行。」[43] 換句話說，構成關鍵命題的所有元素都必須出現在情境和／或難題中。同樣地，介紹流程中任一部分（現況、難題或關鍵命題）具有意義的所有字詞，都必須在流程的其他部分中出現至少一次，這就是所謂的「牽手原則」（holding hands rule）。[44] 這兩大準則可幫助你避免「贅字」，刪減不需納入流程的資訊。[45]

說明至此，不妨搭配圖 2.9（a）想想「哈利事件」的介紹流程。

我們使用了「兔子守則」，所以關鍵命題中沒有任何新元素。然而，我們並未完全落實「牽手原則」，因為現況和難題中的部分元素並未派上用場。若要同時遵守這兩大準則，關鍵命題必須重新調整，如圖 2.9（b）所示。Twardy 教授指出，徹底實踐這兩項原則會使論點明顯變得冗長，因此他建議先試著遵守這兩項準則，再判斷較簡短的版本是否比較理想。[46] 從學生的表現中，我發現這個方法很實用，至於更簡略的辦法則留待後續章節再述。

盡量簡單。套句十七世紀法國作家 Nicolas 的說法：「將深思熟慮後的想法清楚表達，自然能輕鬆找到合適的字眼。」愛因斯坦顯然認同：「如果無法用簡單的

(a)

現況：	我的朋友在家裡養了一隻狗，名叫哈利。有時候，他會將哈利獨自留在家中。	發現我們並未完全遵從牽手原則……
難題：	今天朋友外出四個小時，回家後發現哈利不見了。	
診斷用關鍵命題：	為什麼小狗哈利會不見？	牽手原則 X

(b)

現況：	有時候，我的朋友會將小狗哈利獨自留在家中。	……調整一下介紹流程
難題：	今天朋友將哈利留在家裡四個小時，回家後發現哈利不見了。	
診斷用關鍵命題：	為什麼朋友的小狗哈利會在他外出四個小時後不見？	牽手原則 V

圖 2.9：介紹流程務必遵守兔子守則與牽手原則。

方式解釋，表示你並未理解透徹。」因此，若你無法清楚表達想法，應該回到思考面，而且有必要釐清你想傳遞的內容。務必讓你的介紹流程簡單易懂，即使是對問題一無所知的人也能一目瞭然。這麼做有兩個好處。首先，這能避免問題不夠清楚，防止眾人對問題產生誤解。[47] 其次，在我的個人經驗中，盡力釐清問題陳述所需投注的心力相對較少，比起進一步瞭解問題以創造額外價值，其實較為輕鬆。無庸置疑，許多學生必須針對他們的技術性問題重新構思介紹流程，讓班上不懂相關專業的人（也包括我）能夠理解。他們剛開始不願意這麼做，但最後他們通常能領悟其中道理，並坦承原本並未充分瞭解自己的問題。如此強迫自己以簡單字詞表達問題，不能只是重述聽過或讀過的資料，非得對問題擁有更深一層的認識才行。因此，若要釐清問題陳述，可請對問題一竅不通的人大聲讀出內容。觀察他能否在第一次閱讀時就順利看完並理解。如果他需要重新閱讀其中某些字句，可能代表陳述還不夠簡單易懂，需要加以改進。（不妨商請對方協助你修改陳述內容。）

確認關鍵命題是「現況」結合「難題」的必然結果，且符合邏輯要求。理想的介紹流程中，關鍵命題是現況與難題結合後自然而然產生的結果，幾乎有種不足為奇的感覺。但這種強烈的平凡感其實是專心深究問題的成果，能達到這種境界的確是長足的進步。誠如我的一位數學教授曾說：「這個問題平凡無奇，但困難之處就在於領略這個道理。」

下頁圖 2.10 的檢查清單統整了介紹流程所使用的原則。進入後續步驟之前，務必確認你的介紹流程符合這些原則。

2.3 以「Why 卡」概述問題的診斷框架

效法之前用「What 卡」釐清專案範圍，現在改以診斷用的定義卡（或簡稱為「Why 卡」）統整診斷命題，如後頁圖 2.11 所示。診斷過程中，應定期參照 Why 卡，確認自己未偏離目標，要是目標有所更動，也是深思熟慮才做出的決定。

卡片上半部是「介紹流程」：現況、難題與關鍵命題。下半部主要「整理問題的相關脈絡」，先列出決策者和重要關係人，接著是診斷的目標和後勤事項，例如：打算在專案該部分投入多少時間？預計動用多少資源？最後的結果或成品會是什麼？最後一欄則記錄你主動捨棄的答案，亦即可以採取但決定暫緩的行動。舉例來說，在「哈利事件」中，我們絕對可以懷疑約翰一口咬定哈利失蹤的說詞，但我們也能

不經查證就選擇相信他，並在 Why 卡中記錄下來，例如「認為約翰的說詞（家裡找不到哈利）其實是他搞錯或說謊」（詳見圖 2.12）。總之，如同上一個例子，確實記錄這類你相信可以執行但自願放棄的答案，確實能有所幫助。

填寫 Why 卡時，記得三大準則。

別急著診斷問題。這只是診斷用的定義卡，尚未進入真正的診斷階段。你必須完成所有分析才能解決問題，所以請避免在卡片上提到你認為的可能肇因。解決 CIDNI 問題時，三思而後行必能有所回報。[48] 這個道理就像開車前往從未去過的地

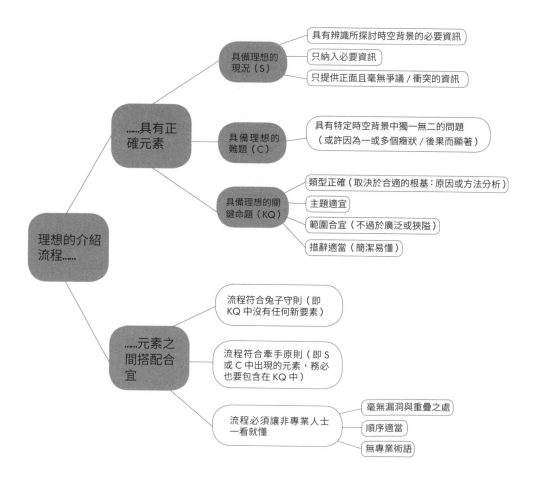

圖 2.10：理想的介紹流程必須具備正確的元素，彼此之間完美契合。

方，但未事先規劃路線（手邊也沒有 GPS 定位裝置）。或許你很幸運，初次造訪就能走對路，但如果延後出發，並事先查看地圖（相當於確實製作 Why 卡），最後還是有可能提早抵達目的地。除此之外，只有稍微走錯路，才能體會迴轉並回到之前

現況：	提供必要且充分的資訊，以明確指出你所關注的時空背景。只納入必要資訊。這類資訊必須具有正面意義（在現階段沒有問題）、毫無爭議（人們通常感到熟悉且同意）
難題：	上述時空中的特定一項問題，亦即你期待改變的獨特需求（或許因為一或多個癥狀／後果而變得顯著）
診斷用關鍵命題：	你想回答的唯一一個診斷命題，該命題必須 1. 以**「原因」(Why)** 為出發點 2. 緊扣合適的主題 3. 具備適當的範圍 4. 使用合適的措辭
決策者：	擁有主導專案／核准建議等正式權力的人
其他關係人：	沒有正式權力，但能影響專案的人
目標與後勤事項：	預算、期限、文件類型、數值上的目標等等
自願捨棄的答案（可以採取但決定暫緩的行動）：	掌控範圍中，可以採取但選擇放棄的行動

圖 2.11：「Why 卡」可以釐清診斷問題的框架。

現況：	有時候，我的朋友約翰會將小狗哈利獨自留在家中。
難題：	今天朋友外出四個小時，回家後發現哈利不見了。
診斷用關鍵命題：	**為什麼**朋友的小狗哈利會[在他外出四個小時後]不見？
決策者：	朋友夫婦
其他關係人：	無
目標與後勤事項：	診斷最多花 150 美元，在 6 小時內完成診斷分析，並在 12 小時內執行診斷分析
自願捨棄的答案（可以採取但決定暫緩的行動）：	打電話給傭人，未經查證就指控她私自帶走哈利 思考非理性的解釋，例如外星人綁架 認為約翰的說詞（家裡找不到哈利）其實是他搞錯或說謊

圖 2.12：哈利案例的「Why 卡」。

的路口有多困難。[49] 理性思考下，即便深知回頭會比較有效率，但繼續前進並沿途尋找回到正途的替代道路還是比較輕鬆容易。

刪除令人分心的元素。思考是件苦差事，你有可能為了迴避思考而尋找各種藉口。因此，務必清除 Why 卡中雜訊，包括使用正確文法、精準的詞彙等等。

別灰心。製作理想的 Why 卡看似簡單，其實不然。這是一件困難又充滿壓力的任務，所以千萬別慌了手腳。遇到問題是正常現象。務必持之以恆，花點時間全力以赴。由於 Why 卡將定義接下來幾天或幾週的進度，因此切勿得過且過，輕易妥協。等到所有團隊成員一致認為 Why 卡已有一定水準，再最後一次瀏覽介紹流程的檢查清單（參閱圖 2.10）。還有哪裡不滿意嗎？即使一時之間說不上來，但這依然是好的徵兆，意味有些地方可能應該更深入探究。

但如果你已相當滿意眼前呈現在電腦螢幕上的 Why 卡，請複製你的關鍵命題，然後貼到空白的新頁面，我們將以此為基礎繪製診斷用的問題分析圖。

3. 對「哈利事件」的啟示？

上頁圖 2.12 是針對「哈利事件」所製作的「Why 卡」。如圖所示，我們選擇了較簡短的關鍵命題。

截至目前為止，我們已經界定問題（以「What 卡」詳細記錄）、找到用來診斷的關鍵命題，並將命題與其他相關資訊整理成「Why 卡」。現在，我們可以繼續深入挖掘問題的根本原因了。第三章將說明如何透過視覺化方式（即「問題分析圖」），尋找可能的根本原因並加以整理，全面思考所有選項。

回顧與補充

專案的重要特質。專案經理 Davidson Frame 指出，成立專案的目的在於獲取特定結果，而專案通常會有明確的起始和結束時間，期間需要協調各種相關活動，且某種程度上，專案處理的事項互不重疊。[50]

用說故事的方式介紹問題。導演 Alexander Mackendrick 對經典故事的分析，正好可呼應我們以「現況一難題一關鍵命題」說明問題的做法。現況包括地點與時

間、主角與其行動（分別例如「很久以前……」「有一位……」「他曾經……」）；難題代表阻礙（「但……」）；然後出現關鍵命題，即行動展開之際的「攻擊點」。[51]

棘手問題。定義模糊的問題有另一種說法：「棘手問題」。[52] 如需解決這類問題的進一步說明與看法，請參閱學者 Conklin（2005）的著作。

即使是聰明的猴子都受到制約。1990 年代中期，加州大學洛杉磯分校物理學家 Robert Cousins 提出一個問題：為什麼不是所有物理學家都推崇貝氏定理（Bayesian）（詳見第四章）。他的結論是，「最表面的答案……是人們一般都是學到古典機率法，而非貝氏分析法」。[53] 決策理論學家 von Winterfeldt 與 Edwards 同意他的看法。[54]（不過，史丹佛大學統計學家 Efron 十年前就探討過這個問題，但他抱持不同觀點。[55]）

界定框架的重要。例如，可參閱兩位學者 Tversky 與 Kahneman（1981）的論述，瞭解界定框架對決策的影響；另外也能參考其他兩位學者 Bassok 與 Novick（2012, p. 415）的看法，從其中所探討學者 Posner 的「鳥與火車的問題」，瞭解清楚界定框架何以大幅簡化問題。

第一種與第二種思考模式。學者 Barbara Spellman 的初步介紹（National Research Council, 2011, pp.123–125）容易閱讀，而學者 Kahneman 的諾貝爾演講（Kahneman, 2002）則提供更詳細的摘要說明。另外也可參考其他五位學者 Moulton、Regehr、Lingard、Merritt 與 MacRae（2010）的論述，瞭解可能讓人從模式一轉換成模式二的影響因素。

一如往常。某些國家的司法體系（包括美國與英國）奠基於「遵循先例」（stare decisis）原則，亦即法院基本上會根據以往的判例審理案件。[56]

問題解決過程的線性特質。除非新證據改寫了先前所下的結論，否則解決過程或許能大致視為直線進展。

工作記憶。第三章會進一步說明「記憶」與解決問題的關係。

「為什麼哈利不見了？可能的原因有⋯⋯」

設定好問題後，想尋找問題的根本原因，「問題分析圖」
會是你有利的工具。此種結構圖兼具擴散式與聚斂式的
思考模式，可掌握問題全貌再聚斂總結。尤其面對代價
高昂的決策時，我們都不希望冒險。著名化學家 Linus
Pauling 認為：「找到絕佳想法的方法，就是先擁有許
多想法，再把不好的想法丟掉。」

第 3 章／

發掘可能的根本原因

還記得第二章中生態學家 Sandra Steingraber 舉的「村民例子」嗎？他們忙著拯救溺水的人，而忘了先追究他們落水的原因。界定診斷範圍後，我們需要挖掘問題的「根本原因」，否則就有可能落入與村民一樣的下場：努力達到一些成就，但仍感覺缺少了什麼。

我們即將透過「診斷用的問題分析圖」尋找問題的根本原因，以結構圖的方式分析我們經由三個步驟所擬定的診斷命題。首先，我們會列出所有可能解釋關鍵命題的候選原因，藉此設定問題的討論範圍，加以分類後，擬出正式的假設組合。接著，我們會針對要檢驗的這些假設排定先後順序，或許是先初步評估各個假設的相對機率，先行考慮最有可能的選項，也就是醫生所說的鑑別診斷。最後，我們會針對每個相關假設提出分析計畫，著手分析並做出結論。第四章將說明如何執行後面兩個步驟，現在，我們先介紹如何繪製問題分析圖。

1. 問題分析圖：
診斷用問題分析圖與解決方案分析圖

問題分析圖是以結構圖的方式分析問題，將關鍵命題置於最左邊，接著開始探索問題結構，除了垂直列出問題的不同面向，同時也朝水平方向列舉更多相關細節（詳見圖 3.1）。這種架構方式的目的，是為了確保分析能夠清晰、徹底又連貫。[1] 此外，這等於也提供了參考基準點，以視覺方式呈現每筆資訊在整體問題中的定位。[2]

接著，問題分析圖會將這些可能答案歸結成一系列即將接受檢驗的正式假設，之後寫出檢驗所需的分析並留存證據。最後，問題分析圖會列出每個假設的結論。

在這方面，問題分析圖與幾種透過繪圖分析問題的方法具有共通的特性，例如故障樹分析圖 [3]、邏輯樹狀圖 [4]、決策樹狀圖 [5]、議題樹狀圖 [6]、價值樹狀圖 / 價值階層圖 [7]、目標階層圖 [8]、機率樹狀圖 [9]、石川圖（或稱為因果圖或魚骨圖）[10]、Why–Why 與 How–How 圖 [11]、影響圖 [12]、議題圖 [13]、證據圖 [14]、心智圖 [15]、概念圖 [16]、對話圖 [17]、論證圖 [18]、魏格莫圖 [19] 與貝氏網路。[20]

問題分析圖先迫使你使用擴散思考模式，接著聚斂歸結為最重要的要素，幫助你擁有更全面的思考邏輯。換句話說，你會先思考各種可能，而非直接專注於單一選項，藉此擴充你的觀點，而為了盡量降低以下幾種相關行為的影響，這種做法確

實有其必要：

- **思考僵化(Fixation)**，無法跳脫既有方向尋求解答 [21]
- **妄下定論（Premature closure）**，未考量所有可能就斷然做出結論 [22]
- **錨定效應（Anchoring）**，思緒受到最早取得的資訊所影響，不管是從問題中獲得或主觀形成的資訊都有可能 [23]
- **過度自信（Overconfidence）**，包括態度（例如「我已清楚所有需要知道的內容」）與認知（例如不知道自己哪裡不懂）上太有自信 [24]
- **驗證性偏誤（Confirmation bias）**，依照個人理念產生與詮釋證據 [25]，這一直是難以克服的人性缺陷 [26]

此外，透過發掘問題的基底結構，問題分析圖可幫助你更準確地掌握問題全貌，對於解決不甚明瞭的問題尤其有效。[27] 若不同陣營對問題的認識都不完整，各持己見，當他們齊聚一堂準備合力解決問題時，問題分析圖尤其可以派上用場，幫助他們瞭解已知資訊彼此的關係。[28]

問題分析圖的另一項特性是能明確呈現每個假設的分析架構（如同論證圖一樣），因而提升你的思考能力。[29]

最後，問題分析圖透過將資訊整理成群組 [30]，為所有證據與相關假設建立連結，儼然就是問題的中央資料庫 [31]，能協助改善工作記憶，亦即一個人將資訊保存在短期記憶並隨意運用的能力。[32] 這種能力彌足珍貴，因為一旦工作記憶不足，我們解決複雜問題的能力也會連帶受限。[33]

整個分析中，我們必須繪製兩張問題分析圖：首先製作「診斷用的問題分析圖」，尋找問題可能的根本原因；接著製作「解決方案分析圖」，尋求可能的解決之道。這兩張圖皆應符合圖 3.2 所示的四項基本規則，說明如下。

2. 問題分析圖應一致回答關鍵命題

問題分析圖的第一項規則是必須一致回答關鍵命題。誠如上一章所述，我們只需思考兩種關鍵命題，也就是有關診斷與解決方案的命題。因此，如果我們的關鍵命題為診斷性質，整張分析圖就必須回答著眼於「原因（Why）」的命題。

確認問題分析圖只處理一種類型的命題，乍聽之下很平常，但面對複雜的問題

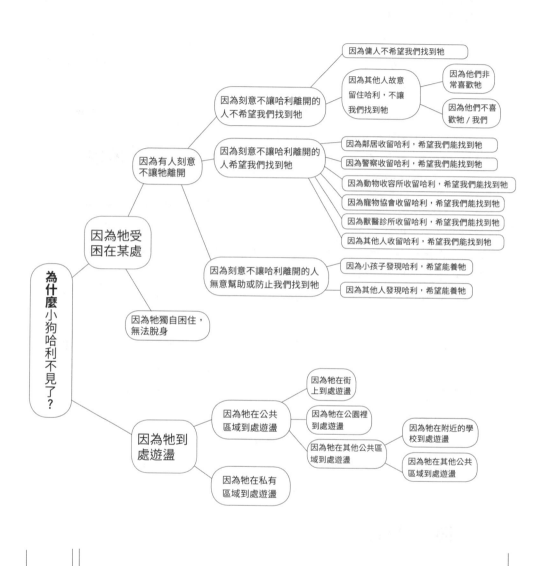

為什麼小狗哈利不見了？

因為牠受困在某處

　因為有人刻意不讓牠離開

　　因為刻意不讓哈利離開的人不希望我們找到牠

　　　因為傭人不希望我們找到牠

　　　因為其他人故意留住哈利，不讓我們找到牠

　　　　因為他們非常喜歡牠

　　　　因為他們不喜歡牠／我們

　　因為刻意不讓哈利離開的人希望我們找到牠

　　　因為鄰居收留哈利，希望我們能找到牠

　　　因為警察收留哈利，希望我們能找到牠

　　　因為動物收容所收留哈利，希望我們能找到牠

　　　因為寵物協會收留哈利，希望我們能找到牠

　　　因為獸醫診所收留哈利，希望我們能找到牠

　　　因為其他人收留哈利，希望我們能找到牠

　　因為刻意不讓哈利離開的人無意幫助或防止我們找到牠

　　　因為小孩子發現哈利，希望能養牠

　　　因為其他人發現哈利，希望能養牠

　因為牠獨自困住，無法脫身

因為牠到處遊盪

　因為牠在公共區域到處遊盪

　　因為牠在街上到處遊盪

　　因為牠在公園裡到處遊盪

　　因為牠在其他公共區域到處遊盪

　　　因為牠在附近的學校到處遊盪

　　　因為牠在其他公共區域到處遊盪

　因為牠在私有區域到處遊盪

關鍵命題

可能答案

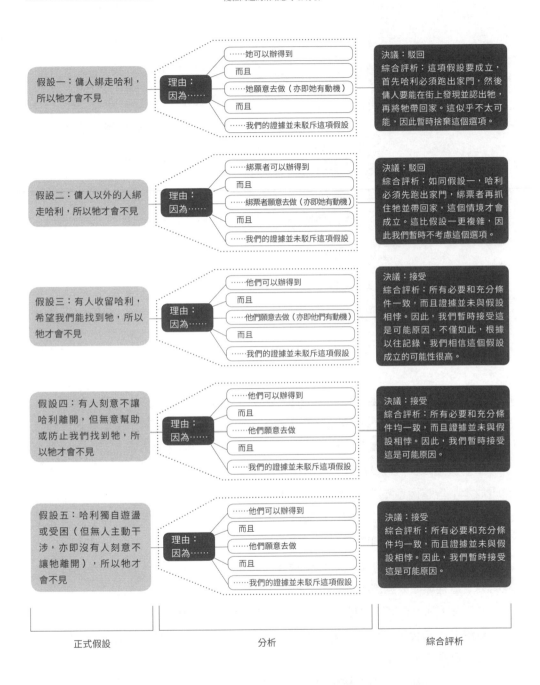

圖 3.1：問題分析圖將關鍵命題置於最左邊，向右開始發想所有可能答案。
接下來，列出正式假設。每個假設必須佐以分析與結論。

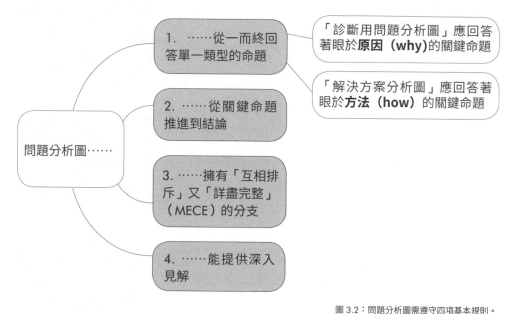

圖 3.2：問題分析圖需遵守四項基本規則。

時，往往容易失焦。若要避免產生疑惑，應針對關鍵命題的假設，在分析圖中填入完整答案，並記得使用「概念完整的肯定句」而非「標題」。要是使用標題，讀者勢必得猜測意思，進而產生疑惑。

　　請參照圖 3.3（a）的示範。將「為什麼我們的獲利這麼少？」分解成「營收」和「成本」等標題還不夠，因為讀者仍需要自行臆測。營收代表什麼意思？客戶太少、金額太少，還是過度仰賴景氣循環？相對地，圖 3.3（b）示範了如何使用完整概念，避免語意不明的問題。

　　每當談及增加獲利，似乎顯然是指提高營收及減少成本，但面對複雜問題時，輕易相信這種顯而易見的既有認知可能有點危險，理由至少有以下三點：

　　• 第一，你覺得顯而易見的事情，別人或許不這麼認為。

　　• 第二，隨著你從分析中發現更多證據，加上思考逐漸深入，現在顯而易見的事情日後可能不見得如此。

　　• 第三，輕易接受顯而易見的事情會阻礙創造力。有時候，我們需要先拋開舊有的思維模式，才能創新思考。換句話說，我們必須以嶄新的模式取代原來的思考

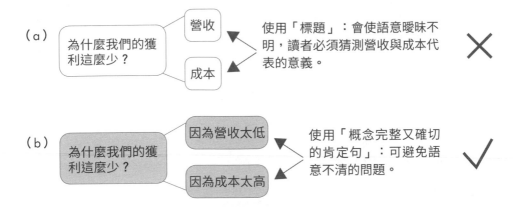

（a）

為什麼我們的獲利這麼少？
　　營收
　　成本

使用「標題」：會使語意曖昧不明，讀者必須猜測營收與成本代表的意義。

✕

（b）

為什麼我們的獲利這麼少？
　　因為營收太低
　　因為成本太高

使用「概念完整又確切的肯定句」：可避免語意不清的問題。

✓

圖 3.3：問題分析圖應針對關鍵命題的假設，在圖中填入完整答案，並使用概念完整的肯定句，以免讀者感到不解。

邏輯。[34] 然而，如果你隱約希望自己與專案團隊在某些情況下質疑原有的設想，有時候又試圖理解「顯而易見」的要素，便妨礙了創意過程。

　　誠如數學家 J. E. Littlewood 所言，「省略兩個小細節就足以陷入僵局。」應用數學家 Michael McIntyre 指出，寫作大師明瞭自己能夠接受的刪減程度，但對我們其他人來說，採取保險一點的做法還是比較明智。[35] 因此，盡力消除事情的灰色空間，要是任何事情模糊不明，也能很快發現，加以糾正。

　　此外，呈現問題分析圖的元素時，必須善用「動詞」來形成短句。使用對稱的動詞有助於消弭可能的縫隙，讓思考更為敏銳，第五章將進一步全面探討。

　　總之，診斷用問題分析圖的第一項規則是回答同一個著眼於原因的關鍵命題。接下來，讓我們看看這該如何進行。

3. 問題分析圖應從關鍵命題推衍至結論

　　回到圖 3.2。問題圖的第二條規則，是必須從關鍵命題逐步推衍到結論。一開始需先辨識不同面向，釐清問題的結構。問題分析圖的源頭始於關鍵命題，先將命題分解成不同部分，接著再分解成更小的單位，並隨著分析圖向右進展，逐步揭開問

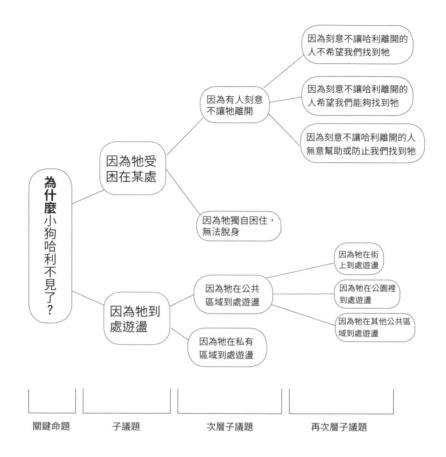

圖 3.4：問題分析圖將關鍵命題逐步分解，
呈現越來越深入的細節，揭示命題結構。

題的細節（參照圖 3.4）。

　　問題分析圖從追究原因的命題開始，先初步呈現假設：哈利受困在某處或四處遊走，所以才會失蹤。這能進一步細分成次要原因：他之所以受困，可能是因為有人收留牠，或因為圖 3.4、3.5、3.6、3.10、3.29 所示原因而受困。若是有人刻意留住哈利，目的可能是為了避免我們找到牠、希望能幫助我們找到牠，或兩者皆非。問題分析圖的其他分項也能如法炮製，進一步解析。這麼做的理由，是要發掘關鍵命題的所有可能根本原因，探索問題的範圍以確定框架，進而有系統地徹底分析所有原因。[36]

　　首先，清楚揭示關鍵命題的結構。持續解析各個元素，直到每個可能原因的說明夠清晰明瞭為止。這可能會讓問題分析圖衍生出大量組成元素。例如，從圖 3.5 可知，即使是相當簡單的問題，畫出來的分析圖也需要可觀的版面才能完整呈現。一旦分解到夠清楚徹底（下一節會說明如何判斷），就能停止拓展分析圖，改採聚斂式思考，收斂成假設。

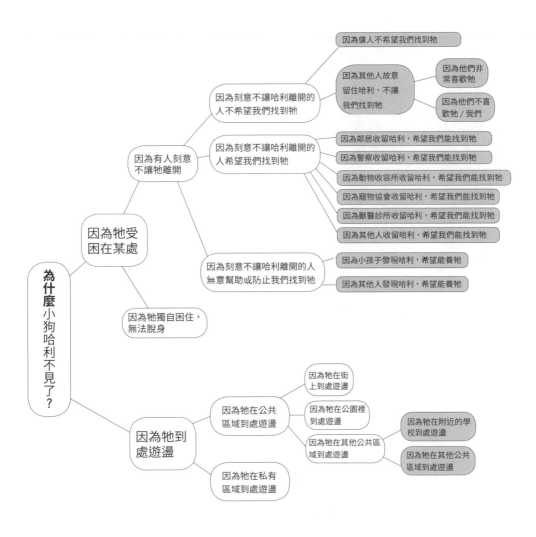

圖 3.5：挖掘新的結構層，持續深入探索問題。

接著，列出假設組合。當命題結構夠明朗之後，為分析圖的各個分項或元素群組提供一個假設。如圖 3.6 所示，假設可以連結終端元素（亦即其右側沒有任何子項目）、內部元素或兩者。

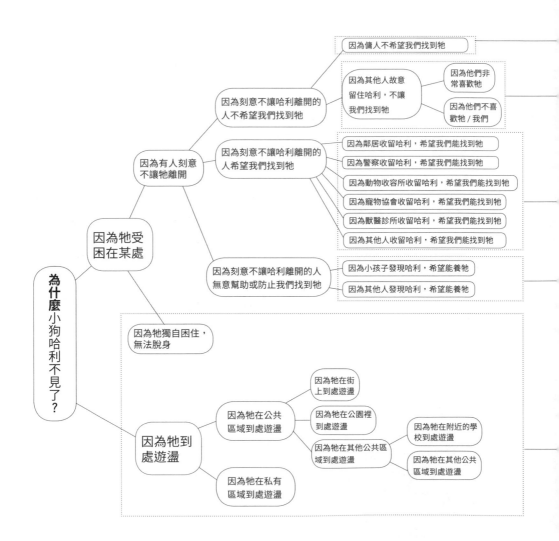

假設一：傭人綁走哈利，所以牠才會不見

假設二：傭人以外的人綁走哈利，所以牠才會不見

假設三：有人收留哈利，希望我們能找到牠，所以牠才會不見

假設四：有人刻意不讓哈利離開，但無意幫助或防止我們找到牠，所以牠才會不見

假設五：哈利獨自遊盪或受困（但無人主動干涉，亦即沒有人刻意不讓牠離開），所以牠才會不見

圖 3.6：為圖中的每個元素與正式假設建立連結。

　　問題分析圖普遍具有眾多終端元素。雖然可以個別分析，但通常比較麻煩。相反地，建議將元素謹慎分組，再為每組分配一個正式假設（第五章會詳細說明）。

　　就技術上而言，關鍵命題右側的所有元素都屬於假設，但「正式假設組合」是指由二至十句準確摘要所構成的群體，其中每一句都禁得起檢驗，並能肯定：問題分析圖的這個部分是關鍵命題的重要原因。

　　正式假設對於提升思考層次很有幫助，因為這有助於克服記憶限制，協助將問題範圍縮小。[37]

　　很重要的一點是，圖中的每個元素只能與一個假設建立連結，無論是直接連結或透過子元素連結皆可。如此一來，你的所有假設就能涵蓋整個問題。這很重要，因為若能正確找出關鍵命題的所有可能答案，代表解決辦法就藏在其中一個（或多個）假設之中。

　　第三步，解釋每個假設的檢驗方法。下一步是尋找檢驗各個假設所需的分析角度（請見圖 3.7）。

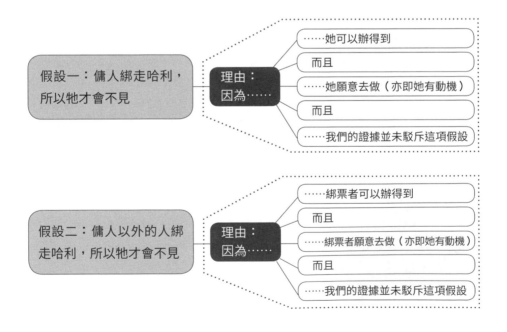

圖 3.7：找出每個假設所需的分析角度。

　　為了方便說明，我們回到本書的案例。哈利不見蹤影，而且如圖 3.7 所示，我們懷疑是傭人把牠帶走了。我們該如何檢驗？建議先列出各種必要和充分條件。尤其是，她有辦法做得到嗎？她願意做嗎（即她是否有動機）？以及，我們手邊的證據是否能支持這項假設？若這三道問題都能得到肯定的答案，將能大幅提升假設成立的機會。同樣的道理，如果這些條件受到任何有力證據的挑戰，就代表很有可能不是傭人所為。

　　或許有人不同意這樣分析，認為其他條件也該納入考量，或者不應根據必要和充分的條件來思考。許多判例法議題的確並非仰賴必要和充分條件做為判斷依據。[38] 舉例來說，偵探可能會尋找手段（犯罪能力）、動機（犯罪理由）和機會（犯罪契機）。這些都是值得思考的反方論點，專案團隊應該要有類似討論，決定採取的方法是否正確。不過，問題分析圖能明確呈現所有你提出來的分析，促使各方展開這類討論，進而強化分析，這才是最主要的用意所在。

　　第四步，排出分析的先後順序並加以執行。 到目前為止，我們採取的方法仍停留在盡力找出關鍵命題的所有可能答案，不管發生的機率為何，都先納入考慮，而在列出分析計畫之後，就該決定先檢驗哪個假設了。排列先後順序時，不妨依直覺決定從哪個假設開始分析。著手分析後，記得在圖中記下你的思考邏輯與證據。下頁圖 3.8 示範了分析圖對於記錄資訊的效用，可方便決定是否接受或駁回假設。[39] 換言之，這張診斷問題分析圖成了分析藍圖，同時也像是一個資訊儲存庫，一眼就能掌握已完成及遺漏的事項。由此可知，問題分析圖會隨著分析逐漸演進，也就是說，這張圖不會停留在你對問題的原始理解，而會反映最新的思考進度，顯示你已捨棄、仍在探究或偏好的想法。因此，每當發現證據時，務必立即刪除部分分支、標記留存的項目，並且開發新的構想。

　　第五步，下結論。 統整證據並判斷哪些假設有效之後，就可以針對問題的根本原因做出結論，並記錄於問題分析圖中（參見後頁圖 3.9）。第四章會詳細討論這些過程。

總而言之，問題分析圖的前兩項規則規範了一般目標與機制。如後頁圖 3.10 所示，分析圖的垂直方向羅列關鍵命題的各種答案，而水平方向則進一步探討這些答案的本質。後兩項規則主要說明分析圖的架構。

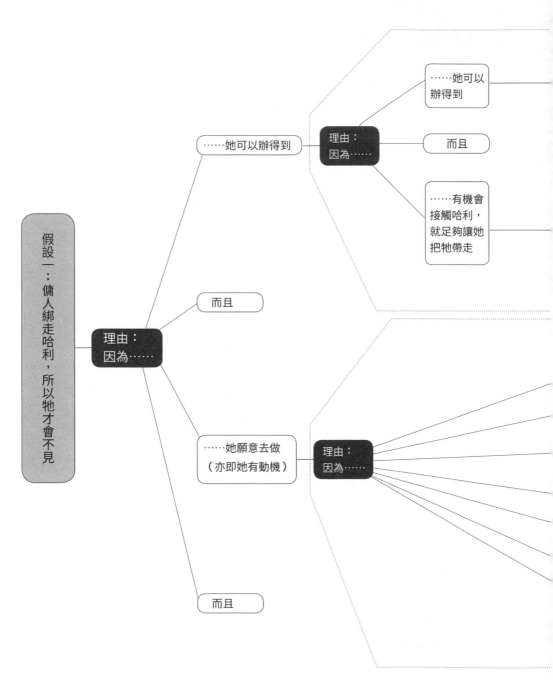

圖 3.8：問題分析圖也很方便記錄分析及統整各種假設。

理由：
因為……

……院子的門未上鎖，她可以逕自打開（消息來源：朋友說詞）

決議：∨
理由：未進一步調查的情況下，此假設值得相信，故判定為接受

而且

……開門就能進入院子

決議：∨
理由：顯然無需質疑，故判定為接受

而且

……進入院子就能接觸哈利（消息來源：朋友說詞）

決議：∨
理由：未進一步調查的情況下，此假設值得相信，故判定為接受

理由：
因為……

……哈利願意讓任何人（包括傭人）抱（消息來源：朋友說詞）

決議：∨
理由：未進一步調查的情況下，此假設值得相信，故判定為接受

而且

……能接觸哈利就足以將牠帶走

決議：∨
理由：顯然無需質疑，故判定為接受

……因為她的工作表現不佳，所以朋友那天將她解僱（消息來源：朋友說詞）

決議：∨
理由：未進一步調查的情況下，此假設值得相信，故判定為接受

而且

……她將表現不佳歸咎於哈利（掉太多毛），而遭解僱讓她不悅（消息來源：朋友說詞）

決議：∨
理由：未進一步調查的情況下，此假設值得相信，故判定為接受

而且

……憤怒時，一般人容易將過錯歸咎於某人（或某事），並試圖報復

決議：∨
理由：顯然無需質疑，故判定為接受

而且

……報復的方法之一就是帶走哈利

決議：∨
理由：顯然無需質疑，故判定為接受

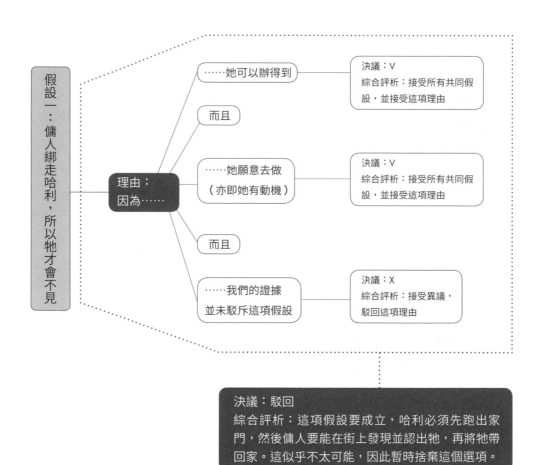

圖 3.9：問題圖的最後一個步驟，就是針對每個假設做出結論。

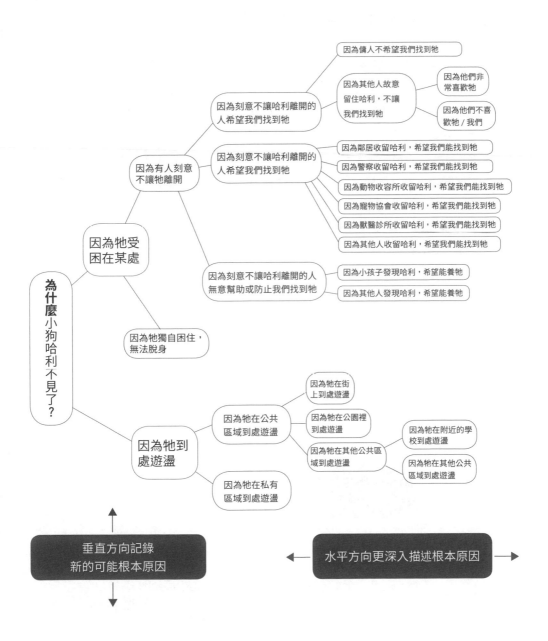

圖 3.10：問題分析圖透過兩種方向徹底探索關鍵命題。

4. 問題分析圖具有 MECE 結構

　　問題分析圖的第三條規則讓我們得以一次檢視所有可能答案，以免分析中出現不必要的重複或缺漏，進而協助我們完整而有效率地分析問題。

　　所謂沒有重複，意指分析圖的分支「彼此互斥」（ME）：若其中一個支線已討論過關鍵命題的某個可能答案，請勿在其他支線中再次提及。

　　圖 3.11 示範了 ME 概念。想像你開車逐漸靠近一個交叉路口。你可以直走或左轉，但不能同時直走又轉彎。換言之，選擇任一前進路線會使你無法選擇其他道路，這些行為就能視為彼此互斥。

　　至於沒有缺漏，意指分析圖的枝幹整體上「詳盡完整」（CE），也就是說，所有可能的答案都在圖中某處討論過至少一次。沿用上述比喻，假設你來到交叉路口，這時你可以選擇在原車道中直行、變換車道、左轉、迴轉或停車（參見圖 3.12）。

　　圖 3.13 是這兩種特質整合後的樣貌。架構符合彼此互斥又詳盡完整（MECE）的標準，即代表你已一網打盡所有可能元素。

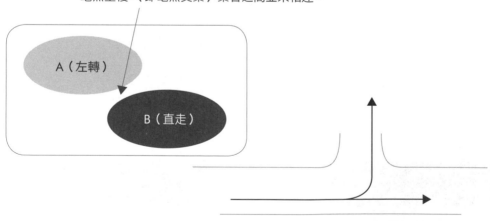

毫無重複：（即毫無交集）集合之間並未相連。

A（左轉）

B（直走）

遇到交叉路口時，你可以選擇左轉或直走，但不能轉彎又直走。

圖 3.11：「彼此互斥」意指問題分析圖結構上毫無重複之處。
如果某一元素曾出現在某個分支中，就不能再次出現在其他地方。

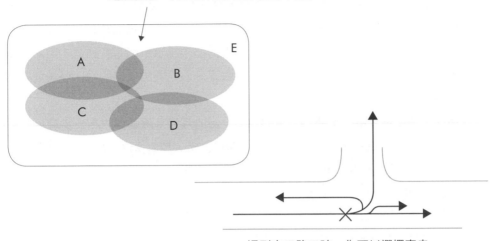

毫無空隙：代表所有選項皆已納入考量。

遇到交叉路口時，你可以選擇直走、
變換車道、左轉、迴轉或停車。

圖 3.12：「完整詳盡」意指思考毫無缺漏，也就是所有可能答案皆至少思考過一次。

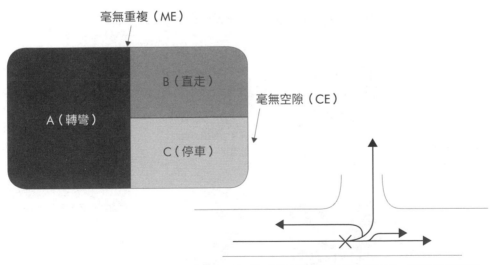

毫無重複（ME）

毫無空隙（CE）

A（轉彎）

B（直走）

C（停車）

遇到交叉路口時，你可以選擇（A）轉彎（包括左轉、變換車道或迴轉）、
（B）直走或（C）停車。這些所有可能選項完美形成 MECE 結構。

圖 3.13：（A）轉彎、（B）直走與（C）停車所組成的 MECE 結構，足可說明你在交叉路口的所有選擇。

　　問題分析圖的結構為 MECE。請注意，分析圖的 MECE 特質只適用於「結構」，不可用來要求答案本身。這是很重要的差異，以下進一步說明。

　　彼此互斥意味著互相排除：若在分析圖的某個分支中探討關鍵命題的某個答案，就無法在其他支線中重複討論。分析圖結構上的這項排除原則頗有助益，因為這能避免內容過於冗餘，進而協助你維持效率。如果想法已經思考過一次，便無需再大費周章討論一次。

　　然而，答案本身不一定需要遵循 MECE。上述互相排除的要求不一定適用於答案本身。例如，企業獲利低落的原因可能是營收太低與成本太高，如圖 3.14 所示。企業擁有「低營收」的問題，不代表就沒有「高成本」等其他問題。（醫學上，這種獨立症狀同時存在的情況稱為「共病現象」（comorbidity））。

　　只要記住，分析圖中的答案不具 MECE 特質，但應「獨立、完整而詳盡」（ICE）。這裡所謂的獨立是指獨樹一格：圖中的任一元素不需其他元素的輔助，就能完整回答關鍵命題。（這相當於批判思考的獨立主張，但有別於機率論所說的獨立，也就

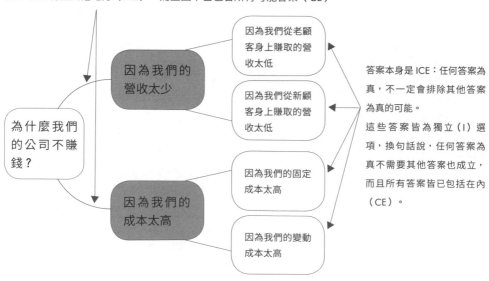

圖 3.14：雖然分析圖的結構為 MECE，但答案本身是 ICE。

是一個事件的發生與否不會影響其他事件的發生。）[40]

在企業獲利的例子中，圖3.15（a）顯示結構和答案可同時屬於MECE。該圖中，第一層有三個分支：其一是只有營收太低，其二是只有成本太高，而為了貫徹完整詳盡的目標，第三種情況是兩者同時發生。在前兩個分支中加上互斥條件（「只有」一詞），以及在第三分支中使用包含條件（「同時」），便能確保答案不只獨立，而且彼此互斥。[41]

只是，強制答案具備MECE特質需要付出代價。第一，分析圖會變得較不容易閱讀，有些讀者可能必須多花點時間思考，才能理解分析的整體架構。第二，構思子階層時，通常會遇到不小的挑戰：該如何分解第三分支呢？另外，相較於擁有ICE答案的圖3.15（b），堅守MECE原則所得到的分析圖是否更能深入剖析，其實成效並不清楚（下一節會進一步探討何謂深入剖析）。因此，在此案例中，強制答案符合MECE標準的意義不大。我們似乎可以歸納出一個結論：專心創造MECE結構，而不在意答案本身屬於MECE或ICE，通常才能對問題分析有所裨益。

瞭解問題分析圖具備MECE特質的重要性後，接下來說明如何讓結構更加MECE。

處理結構之前，先思考可能答案。面對不熟悉的主題時，先尋找可能的答案（盡可能完整而詳盡），再利用分析圖整理架構（符合互斥原則），或許比較容易一些。換句話說，先運用創意思考，再使用批判思考。

暫緩批評。目前還是點子發想階段，還沒到評估的時候（這是檢驗假設時才需要做的事，下一章會詳加說明）。創意思考需要先放下主觀判斷。[42]

套句創意理論學家Tim Hurson的說法，創意思考是從無到有的產出過程，但成果相當脆弱：腦力激盪所得的想法還禁不起嚴苛的批判。[43]你需要讓想法有點時間匯聚一些力量，所以別急著決定是否將想法放入分析圖中。太早評判新的想法會使創新受到侷限（請參考圖3.16的例子）。[44]因此，請盡量拋開批評的習慣，至少等到想法產生一些力量，足以承受批判思考的分析時才下論斷。還有，別忘了記下腦中想到的所有事情。[45]

心理學家Edward De Bono指出，有些候選答案很明顯並不恰當。[46]遇到這類情況，延後判斷時機的目的，就是希望能從這些想法中盡量擷取值得運用的內容，而非直接捨棄。例如，想法能否適度修改，成為合適的選項？還是能讓你更瞭解眼

前的問題？或者，促使你恍然大悟，認清當下的觀點其實有誤？二十世紀初期，談及派遣飛機投擲炸彈擊沈戰艦的想法，軍事專家（包括當時的美國作戰部長）通常一笑置之，不予正視。對此，賓州大學的 Paul Schoemaker 指出，聰明的人時常對未來做出錯誤的設想，而且信心十足。[47] 由此可知，有時以輕鬆的態度看待「愚蠢」的想法，不一定全然是浪費時間。

圖 3.15：問題分析圖可以兼具 MECE 結構與 MECE 答案，但不一定非得同時達到這兩項要求不可。

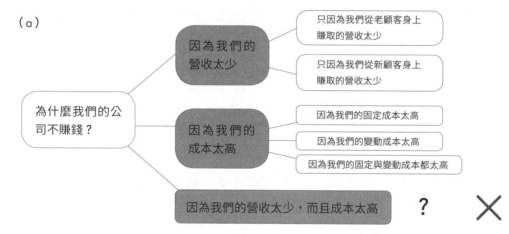

（a）

結構與答案均符合 MECE 要求
或許我們可以畫出這種結構，但分析圖會變得複雜……

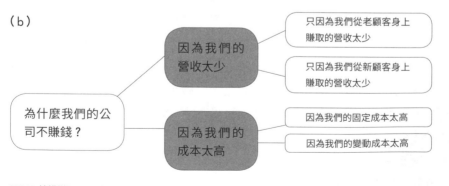

（b）

MECE 結構搭配 ICE 答案
……相反地，我們通常比較喜歡 MECE 結構的分析圖，即使答案本身只是 ICE 也無傷大雅。

「太棒了，但我們還需準備環境衝擊報告、保固服務、召回公告、
回收設備和二十四小時的客戶支援服務。」

圖 3.16：首先，記得克制評斷想法的衝動，將所有符合邏輯的想法納入考量。
《New Yorker》雜誌 The Cartoon Bank 專欄作者 Tom Cheney 授權使用。

　　工程師暨南加州大學前校長 Steven Sample 將此過程稱為「自由思考」（free thinking）：「自由思考的關鍵，是必須先允許你自己無拘無束地大膽思考，之後再加諸實際性、實用性、合法性、成本、時間與道德等各方面的限制。自由思考是種不自然的行為，幾乎沒人可以毫不費力地輕易做到。」[48]

　　所以，記得要克制評論想法的衝動，先別考慮想法是否太不切實際，不是導致問題的原因。只要是符合邏輯、切合關鍵命題的答案，而且不在 Why 卡的「自願捨棄」欄位中，無論多麼牽強，都應該放進分析圖中。

　　在「但求滿意」與「最佳化」之間取得平衡，盡可能追求 CE 境界。「但求滿意」（satisficing）融合了「滿意」（satisfying）與「足夠」（sufficing）的意思。這個詞是經濟學諾貝爾得主 Herbert Simon 在 1950 年代所提出，定義為：尋找問題的解答時，一旦找到足可符合最低門檻的選項，就先立刻接受。[49]面對許多選項時，若不清楚問題的結構，往往很難評估每個選項，這時「但求滿意」不失是種決策原則。[50]

另一方面，「最佳化」（optimizing）是指尋找最佳答案。無論你在過程中發現多棒的解答，依然繼續追尋更好的選項。

以品嚐美食為例。「但求滿意」的人總是走進同一家餐廳、點相同的餐點（參見圖 3.17）。畢竟，如果喜歡的話，為何還要冒險嘗試其他家？相反地，追求最佳化的人總是不厭其煩地開發新餐廳、試吃新餐點，因為不管之前吃過多少佳餚美饌，一定還有更美味的料理。

但求滿意的人只要找到夠好的答案，就會堅守到底，因而將創新拋諸腦後，扼殺了進步的空間。反觀追求最佳化的人則時常罔顧實務上的考量，例如期限。事實上，現實不可能調整至最佳狀態。[51] 任一極端做法都不理想，應該從中找到平衡才對。或許你可以嘗試無數家餐廳的巧克力舒芙蕾，或是鎖定一家餐廳，嘗試菜單上的每一道菜。不管哪一種方式，不妨考慮多次造訪試吃。

首先，盡力「最佳化」。決策科學家 Baruch Fischhoff 與共同研究人員指出，若向受試者展示經過刪減的故障分析樹狀圖，由於他們不清楚遺漏的項目，容易高估樹狀圖的完整度。因此，你必須盡可能讓診斷分析圖完整而詳盡才行。[52]

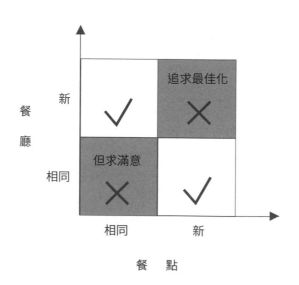

圖 3.17：「但求滿意」的人總是固守著已知、可接受的解決方案，
而追求最佳化的人從不停止尋找更好的選擇。解決複雜問題時，偏重任一種都不是理想的方法。

套句美國心理學家 Osborn（是他讓腦力激盪的概念普及化）的話，在找到好想法之前，你需要先有許多想法才行，就算有些不好的點子也沒關係。[53] 著名化學家 Linus Pauling 深表同意，他認為：「找到絕佳想法的方法，就是先擁有許多想法，再把不好的想法丟掉。」[54] 最好的例子是愛迪生著名的導電實驗，他在好幾年間試過數百種材料，才終於選中碳絲。[55]

所以，要找到問題的解答，必須從最佳化做起。這屬於「擴散式」思考階段，必須尋找足以回答關鍵命題的創新方法。只要積極探尋新的答案（即使是荒謬的答案也不打緊），就能讓你踏出舒適圈，強迫你探索新的道路。[56]

請勿從尋常的角度尋找答案。最好能放膽追尋不理性的答案，也就是愚蠢的想法，那種一說出來會被嘲笑的建議。[57] 這個階段中，不需在意答案的可行性，應盡力探索所有可能選項，亦即力求完整而詳盡。（第五章會更進一步說明如何達成。）

你可以妥善利用問題分析圖，提升你的擴散式思考能力。例如，請勿輕易使用「其他」。相反地，你應該有意識地思考，為該選項所包含的元素想點其他名稱（參見圖 3.18），尤其是分析圖前半部分的節點更應如此，因為這些節點會影響分析圖的一大半項目。

現在把這個道理套用到資訊科技公司的例子中，這家企業想知道為何公司獲利始終無法提升。圖 3.19 中，我們一開始使用營收（上分支）和成本（下分支）將獲利因素一分為二，中規中矩。接著，營收可進一步依照產品類型分解，亦即維護授權與維護服務。循著這個概念，此分支可以再繼續解析，例如：銷售量太低可能是因為部分客戶改用競爭廠商的產品，或是即使尚未離開，但仍未簽下維護授權合約。

至於客戶投入競爭廠商的懷抱，原因可能包括我們的產品不如競爭對手，或者我們的產品仍有競爭力，但客戶依然不滿意。若是產品不如別人，可能是因為價格、產品、推廣及／或銷售據點不佳（行銷上的「4P」，本章會再深入說明）。

當然，這些因素可以繼續解析。價格或許不合人意，原因包括定價太高或感覺太貴；或者是因為收費方式不妥，例如客戶希望每月結算，但我們只接受現金付費；或是設定的月費太高，收費期限太短。目前為止，我們已經來到第七層，而分析圖可以繼續往下延伸好幾層。

第一次看到這張圖，有些人會感到狐疑，認為分析圖只會讓解決問題的過程更加複雜。另外，繪製分析圖需要時間，「跟著感覺走」似乎比較輕鬆容易。

但不管是否畫成問題分析圖，問題本身就很複雜。就像地圖能幫助我們探索新地方一樣，分析圖也能協助我們釐清不熟悉的問題，透過尋找所有相關元素並加以分析，能讓複雜的問題逐漸明朗。此外，分析圖也能指出必須分析的項目，幫助我們擬定檢驗假設的全面性計畫。

繪製問題分析圖的確需要時間，有時甚至需要花上好幾天。對於比較簡單，或是你很熟悉的問題，或許不太值得。但若是 CIDNI 問題，尤其當誤判的代價高昂時，這個程序可能會是比較恰當的選擇，免得隨性套用答案，日後再來面對決策錯誤的下場。

決定停止的時機。如果你照字面意思，認真地朝完整而詳盡的分析圖努力，可能會陷入無止盡尋找其他原因的惡夢之中。這並非我們想要看到的結果。

當然，資訊有經濟性，獲取額外資訊需要付出成本，然後享受好處。不過，第四章將進一步說明，資訊越多不一定越好。例如，尋求額外資訊會產生機會成本，意味在你尋找資訊的同時，你無法做其他可能更有利於解決問題的事情。或者，如果取得更多資訊的代價所費不貲（時間和／或金錢），此時成本超過好處，那麼追求更多資訊可能並非明智之舉。

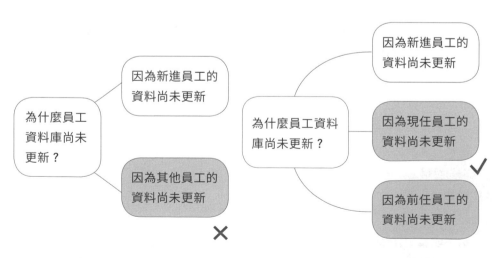

圖 3.18：詳盡列出分析圖的所有元素。

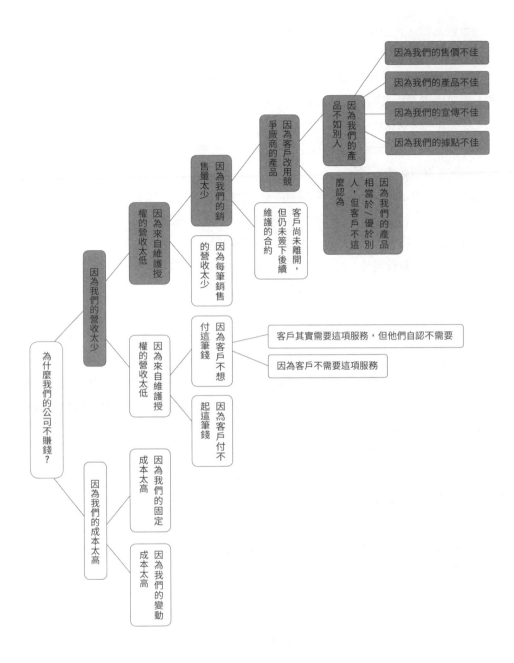

圖 3.19：從問題分析圖可以看出節點較少的分支，
協助你繼續運用擴散式思考。

也就是說，你必須決定何時停止拓展問題分析圖，開始著手擬定假設。這個時機說不準何時到來，因為這亟需取決於每個案例的情況，但有幾個指標可以參考。

如果時間緊迫，你可以設定分析的時間上限。但請注意：時間壓力可能扼殺創意，而且通常有損表現，因此請盡量避免追趕著期限行事。[58]

或者，你可以為想法數量設定一個目標。這麼做也有風險，因為你可能為了達成目標而犧牲品質，濫竽充數。如果採用這個方法，可考慮預設一個很高的數字，並設下標準，決定何種想法才能算數。

還有一種方法，是根據解析的階層數設立目標。例如，品管工程師與主管經理廣泛使用由五個「為什麼」所組成的根本原因分析法，即關鍵命題應至少經過五層解析。[59]

這同樣有風險，因為要是目標設的太低，你可能會失去督促自己的動力，但如果設定太高，則可能魚目混珠，為了達成目標而刻意增加不必要的階層。

或許，最好的方法是著眼於各個節點的附加價值。[60]判斷何時停止時，不妨自問「還有哪些？」以及「究竟為什麼？」

「還有哪些問題成因？」可幫助你<u>縱向</u>拓展分析圖，確保你已思考所有可能項目或面向。[61]

「究竟為什麼會發生問題？」可幫助你<u>橫向</u>拓展分析圖。這能協助你發現各項目的所有可能狀態。要是回答這個問題已無法提供任何其他實質見解，就是可以安心停止解析的時候了。

圖 3.20 顯示「哈利事件」達到這個境界的時刻。我們大膽猜測，有人因為太喜歡哈利或不喜歡牠／我們，而刻意留住牠，讓我們遍尋不著。究竟為什麼他們這麼愛牠？可能哈利太可愛。或許是牠容易親近、逗趣，或是毛色與愛慕者家的沙發顏色一樣。雖然都有可能，但我們感覺（就是一種知道該下判斷的直覺）這些因素無法帶來其他有意義並可闡釋哈利失蹤的原因，所以我們決定就此打住，不再往下追究。如同解決 CIDNI 問題的其他規則一樣，決定是否繼續發展問題分析圖的主導權就在你的手中。

截至目前為止，我們示範了問題分析圖如何一致回答關鍵命題、從關鍵命題推展至結論，並具備 MECE 結構。分析圖的第四與最後一條規則將說明如何以有助於釐清問題的方式拓展分析圖，一言以蔽之，就是要具有洞察力（深入剖析）。

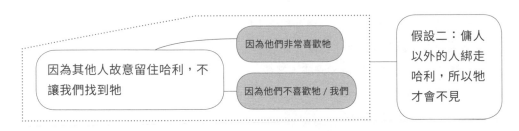

因為其他人故意留住哈利，不讓我們找到牠

因為他們非常喜歡牠

因為他們不喜歡牠／我們

假設二：傭人以外的人綁走哈利，所以牠才會不見

圖 3.20：要是繼續發展分析圖也不能帶來額外實際價值，就該停止向下深究。

5. 分析圖應具有洞察力

任何關鍵命題都有多種解析方式，每一種都能符合前三項規則。但你必須從中挑選一條路徑，而理想上，你應該選擇分析最透徹的那一種。

前三項規則黑白分明，分析圖是否符合規則一目瞭然。「分析圖」和「規則」是唯二需要在意的事。反觀洞察力則是相對標準，必須多方比較才能判斷分析圖是否符合這項要求。

這裡所謂的洞察力可以創造更多價值。舉例來說，假設你走在路上，遇到一輛車停在路旁。司機搖下車窗問說：「這裡是哪裡？」你回答：「你的車上。」當然，你應該回答：「＿路和＿路的交叉路口。」兩種回答都符合事實，但提供的價值不同。絕大多數情況下，第二種答案創造的價值最大，相形之下，第一種反而顯得荒謬，甚至令人莞爾。

但第一種答案會惹人發笑，原因在於我們認定司機迷路了，需要向人問路。相反地，若認定他剛發生車禍、失去意識，這一刻才清醒過來，那麼第一種答案還缺乏洞察力嗎？這種情況下，第二種答案反而答非所問，引人發噱。[62]

這就是洞察力的相對性質。若要評估答案的洞察力，你必須比較該答案與其他備案所創造的價值。以下說明如何運用這項特質，繪製一張具洞察力的問題分析圖。

首先，思考圖中第一個節點的可能內容。一開始，先針對關鍵命題想出至少兩個可能選項。

舉例來說，假設你必須分類賭場輪盤上的數字，如圖 3.21 所示。

選項一可能著眼於數字，分成「偶數」和「奇數」。

選項二可能著眼於顏色，分成「黑色」、「紅色」和「綠色」。這些都是標準方式，但還有其他選擇。選項三可能再次著眼於數字，分成「從 0 到 10」、「從 11 到 27」及「從 28 到 36」，諸如此類。這些所有選項都是 MECE 結構，所以都是可能的選擇。

要找到解析的方向可能有點困難，因為一般人很難看破那一或兩個最明顯的結構（心理學家稱為僵化，本章稍早曾提過）。你的任務是尋找可能選項（即變項），做為深入解析的基礎。在賭場輪盤的例子中，我們找到了兩個方向：顏色與數字，其中包含幾個與數字相關的變項。你可以讓團隊成員分別獨立思考，以完成這個任務。[63] 圖 3.22 是我們為「哈利事件」找到的幾個可能結構。

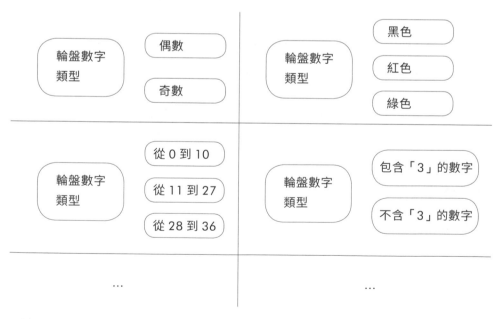

圖 3.21：繪製問題分析圖時，總有不同結構可以選擇。至少找出兩種選項，然後挑選最具洞察力的一種。

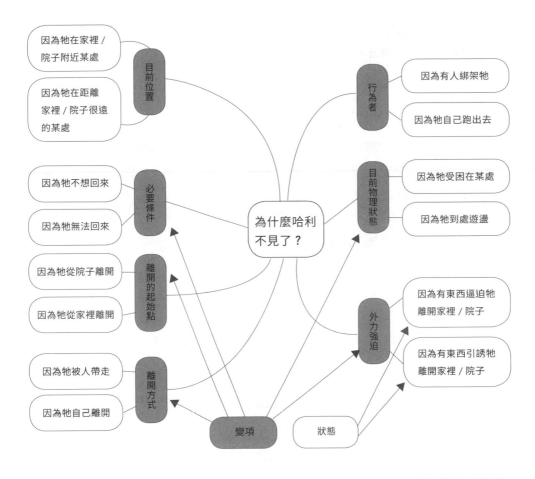

因為牠在家裡 /
院子附近某處

因為牠在距離
家裡 / 院子很遠
的某處

目前位置

行為者

因為有人綁架牠

因為牠自己跑出去

因為牠不想回來

因為牠無法回來

必要條件

為什麼哈利
不見了？

目前物理狀態

因為牠受困在某處

因為牠到處遊蕩

因為牠從院子離開

因為牠從家裡離開

離開的起始點

因為牠被人帶走

因為牠自己離開

離開方式

外力強迫

因為有東西逼迫牠
離開家裡 / 院子

因為有東西引誘牠
離開家裡 / 院子

變項

狀態

圖 3.22：尋找可能的解析方向時，請思考可用來描述關鍵命題的所有可變選項。

　　先找到這些變項，接著思考這些變項可能會有的狀態。[64] 由於每個變項都能涵蓋整個關鍵命題，所以必須只選一個，否則分析圖會有所重複，顯得冗餘。

　　接下來，探究每個可能選項的「所以呢？」，個別評估洞察力。選項的洞察力取決於當下情況。以輪盤的例子來說，你不會選擇與數字相關的架構，向不會算數的小孩子介紹輪盤。同樣地，如果你的溝通對象有色盲，顏色相關的分類就不是理想的選擇。

　　讓團隊成員輪流報告自己想到的方向，以發掘每種可能的優缺點。診斷時，分

析每個選項的「所以呢？」。這時可考慮使用案例研究的正式範本，例如表 3.1，而記錄下來的想法也可供日後參考，算是另一種好處。

比較這些變項有助於我們做出決定。首先，我們可以很明顯地發現，有些項目聚焦於哈利失蹤事件上，而有些則強調哈利的最新狀況。從實際的角度來看，只有攸關尋找哈利的方式，哈利的失蹤原因才會顯得重要。因此，我們比較需要著重於最新狀況的結構，這比較是以解決問題為導向。此外，有些結構似乎有助於選擇找回哈利的方式，但有些不行。最後，有些解析法可讓我們掌握主導權（相較於由其他人主控），例如「我該怎麼做才能找到牠？」我們的方法一再強調，你應該盡可能從你解決問題的角度出發，調整描述問題的措辭。即使需要他人幫忙，仍應思考你能如何發揮影響，讓他人的協助達到最大效益。

表 3.1：比較各個變項，以瞭解個別的洞察力

變項	意涵	決議
行為者：	協助判斷我們是否需要報警，進而幫助我們篩選尋找哈利的方法。然而，這主要聚焦於失蹤原因，並非哈利的最新狀況，因此不是以解決問題為導向（或許有人綁架了牠，然後再放了牠）。	✗
目前物理狀態：	有助於篩選尋找哈利的方法，且聚焦於哈利的最新狀況。	✓
外力強迫：	主要聚焦於失蹤原因，無關哈利的最新狀況。	✗
目前位置：	有助於篩選尋找哈利的方法，且聚焦於哈利的最新狀況。	✓
必要條件：	聚焦於哈利本身，無關我們可以如何找回牠。	～
離開的起始點：	聚焦於失蹤事件本身，無關哈利的最新狀況。	✗
離開方式：	聚焦於失蹤事件本身，無關哈利的最新狀況。	✗

以上述考量篩選我們想出的各種變項後，我們會得到兩種可能方向：目前物理狀態與目前位置。我們無法進一步評等各自相對的洞察力，所以認定兩者都是繪製分析圖時，初步解析方向的理想選擇，而在必須挑選一個的情況下，我們偏好前者。

選擇最具洞察力的方向後，就能捨棄其他選項，開始拓展分析圖了。上述的比較步驟對於初步節點尤其重要。隨著分析圖衍生出越深層的節點，特定變項的影響力會逐漸減少，因為每個項目影響的問題範圍會越來越小。因此，越到後期，或許可以不需像一開始時那般謹慎，以加快繪製分析圖的速度。

我們以 MECE 為標準寫下變項的狀態：哈利會不見，是因為牠受困於某處，或者因為牠四處遊盪。接著，寫下各種狀態的 MECE 列表，直到你認為已達到希望的明確程度為止。

6. 著手繪製分析圖的幾點建議

下面提供幾點建議，期能協助你開始繪製問題分析圖。

選擇適合自己的工作環境。每個人的工作習慣不盡相同。舉凡工作時間、每個工作階段的長度、分心事物的多寡、攝取的咖啡因份量、能否與其他團隊成員互動、最近是否看了喜劇等其他諸多因素，都會影響一個人的思緒與生產力。[65] 解決越多問題，你會越知道自己的需求。留意你在不同環境中的工作成效，並根據這項觀察打造一個最適合你自己的工作環境。

善用類比手段來處理不熟悉的問題。不必每次都從頭架構新的分析圖，相反地，你可以適時考慮利用之前的成果。類比思考是將不同情況加以比較，以瞭解類似情況下，你所扮演的角色有何規律（來源），再進一步運用到不熟悉的問題（目標）。[66]

假設你目前遇到物流問題，例如你必須診斷公司無法將產品準時送到顧客手上的原因，但你對物流領域一竅不通。這時，只要從你熟知的領域中找到足可類比的問題，例如上班遲到，就能稍微瞭解那個你不甚熟悉的問題（詳見圖 3.23）。

同樣地，假設你想知道為何某種產品的銷量不高，但你對企業經營所知不多。只要將顧客數比喻成你能理解的東西（例如蛋糕），就等於將原始問題轉換成探討蛋糕不夠吃的原因，而這種情況，相信有兄弟姊妹的人再熟悉不過了。或許是因為你分到的那片蛋糕太小／顧客數太少，也可能是因為你的兄弟姊妹／競爭廠商眾多

而導致如此景況。又或者，可能是因為整個蛋糕／市場太小，也就是目前購買這類產品的人不夠多，導致你或競爭對手都面臨了相同窘境。

理想的類比必須具備一個重要條件，亦即結構與內容都必須與目標問題契合。[67] 因此，你必須忽略表面特徵，專心探索問題的基底結構[68]，鎖定兩者的關係而非個別的屬性。[69] 在此前提下，你可以輕易找到各種類比，從結構與問題相近的事物（例如，借助流體力學研究車流狀況），乃至於關聯較為疏遠的兩件事情（例如以高電流為電池充電，其中石墨上的離子排列可類比為乘客在尖峰時段湧入地鐵車廂），都能形成類比，而關係遙遠的類比尤其能刺激創意。[70]

不過請記住，類比手段有兩個危險之處。首先，類比可能會是一種限制，導致當事人只從一種角度看待問題，但其實可能有多個角度值得考慮。[71] 例如，流行病學家 Roberta Ness 指出，我們接受的訓練一向是將癌症視為敵人，但這反而限制了我們處置癌症的方式。若能把癌症視為鄰居，或許就能發現其他處理方法，例如某些案例就採取圍堵癌細胞的策略。[72]

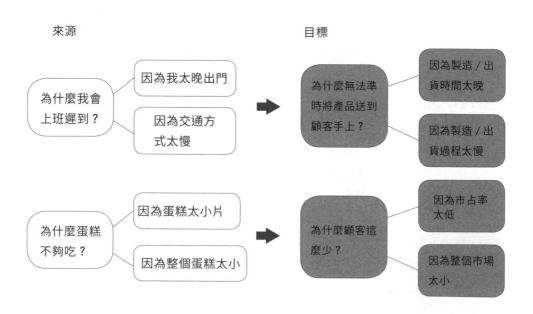

圖 3.23：類比法可幫助你掌握不熟悉的問題。

此外，由於類比推論屬於一種歸納過程，因此並不穩定。[73] 雖然整個過程可能對問題有所幫助，但務必定期查驗，確定你的推導結果正確無誤。

回收捨棄的變項。選出分析圖第一個節點的變項之後，記得保留其他選擇，因為這能協助你深化圖中的其他節點。以哈利事件為例，在「因為牠受困在某處」分支中，後續你可能決定追究是否有人扣留了哈利。因此平心而論，你在思考第一個節點的可能方向時所投入的心力其實並未白費。

考慮使用既有架構。繪製分析圖是項艱困的任務，但適時使用現有架構，有時能讓一切輕鬆不少。圖 3.24、圖 3.25、圖 3.26 和圖 3.27 是各種學科的幾個常見架構。這些架構可提供可能的結構建議，供你運用在問題分析圖的部分區域。只要能謹慎運用，或許會是不錯的開始（尤其別先入為主地認為既有架構符合 MECE 要求，可以一體適用）。

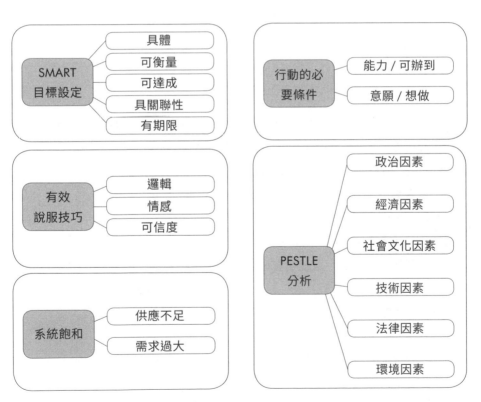

圖 3.24：現有的 MECE 架構對於建構新的分析圖很有幫助。

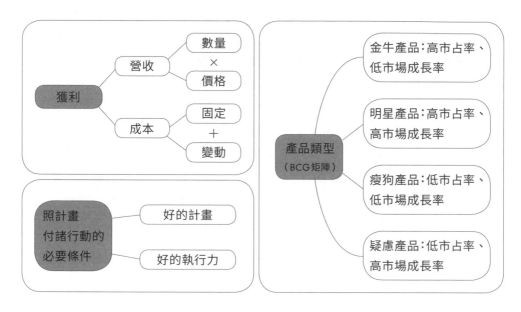

圖 3.25：（續）現有的 MECE 架構對於建構新的分析圖很有幫助。

　　以圖 3.26 的行銷組合為例。這個概念在 1960 年代首次出現，認為行銷產品時應採取全面的方法，一併考量 4P 因素，亦即產品本身（Product）及其價格（Price）、地點（Place）和推廣情形（Promotion）。[74]

　　雖然對全球許多經銷商而言，這仍然是種著重於市場進入的方法，但這種結構並不全然符合 MECE。例如，曾有兩位學者 Van Waterschoot 與 Van den Bulte 指出，「推廣的次分類『促銷』與『廣告』和『人員銷售』其實多所重疊。」[75]

　　至於完整詳盡的程度，可能也會發生問題。例如，圖 3.26 中英國哲學家 Grice 提出的合作原則是促進人際合作的法則，繪製與溝通議題相關的分析圖時，或許是個不錯的參考。但該架構是否具備 CE 屬性，其實並不清楚，例如就有人認為，還需要加入第五條原則：禮貌。[76]

　　因此，雖然既有架構可能是種捷徑，但你應將這些架構視為一種可能需要調整的參考基礎，而非可以完全信任的正確答案。最後，你依然必須確定所使用的結構符合 MECE，而且能對你想解決的問題提出深入見解。

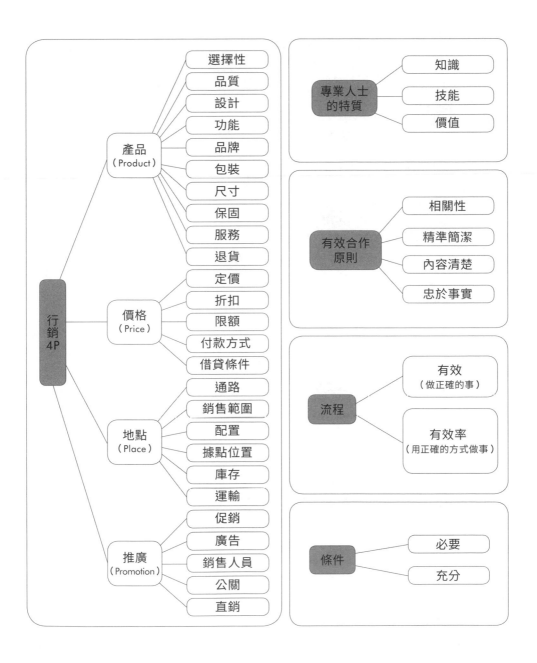

圖 3.26：（續）現有的 MECE 架構對於建構新的分析圖很有幫助。

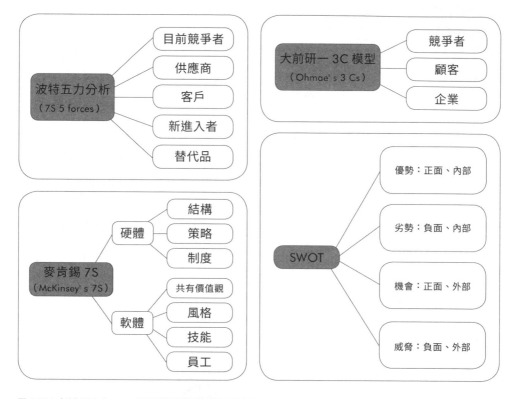

圖 3.27：（續）現有的 MECE 架構對於建構新的分析圖很有幫助。

依照 MECE 程序塑造分析圖的結構。繪製部分診斷問題的分析圖時，若依循具有多個步驟的程序思考，可能會有所幫助。如果問題起因於程序中某個部分並未正常運作，此時你必須依循 MECE 步驟重建該程序，並逐一測試每個步驟，找出失靈的地方。例如，假設你想知道為何工廠向供應商訂購的零件無法準時送達（詳見圖 3.28）。首先，你可能會編排步驟順序，確定整體程序，做為診斷分析圖的可能基本結構。

利用現有的架構或程序或許有助於分析圖的繪製，但你依然需要決定該架構或程序能否深入剖析問題。因此，請勿先入為主地認定，現有架構或程序一定優於你自行構思的問題分析圖。相反地，將其視為一種可能選項，並與其他選擇互相比較，評估其剖析的效果，才是正確的心態。

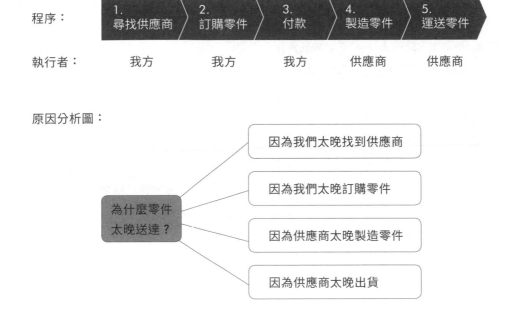

程序：

1. 尋找供應商	2. 訂購零件	3. 付款	4. 製造零件	5. 運送零件

執行者：　　　我方　　　　　我方　　　　　我方　　　　供應商　　　供應商

原因分析圖：

為什麼零件太晚送達？

- 因為我們太晚找到供應商
- 因為我們太晚訂購零件
- 因為供應商太晚製造零件
- 因為供應商太晚出貨

圖 3.28：MECE 程序可能是形塑診斷分析圖結構的理想基礎。

7．對「哈利事件」的啟示？

圖 3.29 是本書案例研究的診斷問題分析圖。之前提到，最具洞察力的初步變項應該專注於探究哈利的目前物理狀態，做出這項決定後，我們繼續拓展分析圖。有些分支很快就停止開枝散葉（例如圖 3.29 中的「因為牠獨自困住，無法脫身」），因為我們覺得這些分支很快就達到了預期中的明確程度。其他分支則繼續發展。

探討有人刻意扣留哈利這一個支線時，我們進一步想到，他們的目的可能是避免我們找到哈利，或是為了幫助我們找回愛狗，但光是這樣還不夠。若要達到完整而詳盡的標準，解析中的選項也必須包括兩種意圖都不具備的人。循著該分支繼續分析下去，我們的腦海中浮現一個確切的景象：一個小孩撿到哈利，因為太喜歡牠，

所以決定把牠留下，沒意識到這會對我們帶來什麼結果。當然，其他人可能也會有相同舉動，但我們想不到明確的對象，加上我們認為這不會對分析圖帶來任何價值，因此統稱為「其他人」。這相當於使用「其他」，稍早提到應該避免，但某些情況下仍可接受，尤其是對分析圖的深層階層而言，其影響力其實有限。圖 3.29 的最終分析圖徹底解析了我們的關鍵命題，或至少我們認為已經分析透徹。這是很重大的成就，因為如果我們的做法正確，哈利失蹤的原因就在圖中（無論真正原因為何）；換句話說，我們已經確立了解決方案的範疇。

第五章會繼續提供有關繪製出色分析圖的其他建議。或許你想立刻翻頁查看，但其實你已具備足夠認知，可以繪製可靠的分析圖了。開始嘗試構思分析圖的前幾次，通常很容易感覺力不從心，所以不如試著化繁為簡。盡可能遵守前述的四條規則，並抵抗初期所出現「但求滿意」的衝動。不過，別太急著做到百分之百完美。如果過程尚稱順利，現在理應已找到問題的所有可能原因。接下來，你需要決定哪些才是真正的原因，而這就是第四章的目標。

回顧與補充

問題分析圖。許多訓練有素的策略顧問擅長以圖表分析複雜問題，而最終的分析圖也有不同名稱，例如議題樹狀圖、邏輯樹狀圖或假設樹狀圖。可惜的是，坊間很少資料介紹這些分析圖的繪製方法。顧問使用樹狀圖已有一段時間（大前研一[77]曾在 1980 年代提及），但使用圖表整合問題與潛在答案的技巧至少必須等到第二次世界大戰才開始普及。[78] 從我的個人經驗來看，大多數顧問在繪製樹狀圖時只注重一個原則，亦即 MECE。然而，要求學生同時運用其他三個原則，似乎有助於他們建立前後一致、更理想的樹狀圖／問題分析圖。與墨爾本大學的 Tim van Gelder 教授討論之後，我開始改用「結構分析圖」這個稱呼，部分原因是希望人們別再將這些圖視為「決策樹狀圖」（這些圖的本意並非如此），同時也與策略顧問所用的某些議題樹狀圖有所區分。這些議題樹狀圖的目的在於連結關鍵命題與相關命題，而非尋找潛在答案。[79]

與問題解決和策略思考相關的圖表工具。另可參閱以下著作：Ainsworth, Prain, and Tytler（2011）、Buckingham Shum, MacLean, Bellotti, and Hammond（1997）、

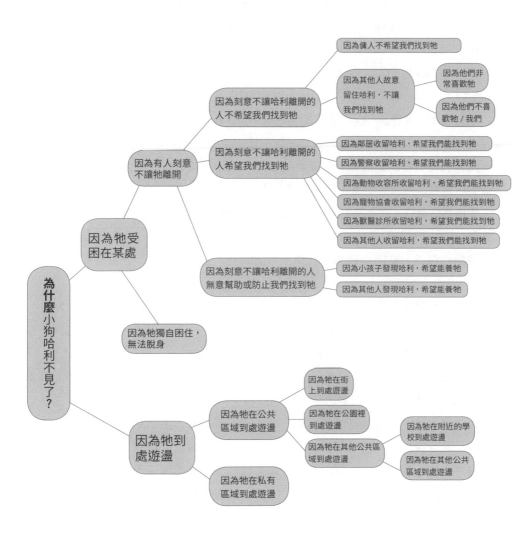

圖 3.29：哈利事件的診斷問題分析圖從牠目前的物理狀態出發，
隨後每個分支逐漸發展出層數不同的原因細節。

Clark （2010）、Conklin （2005）、Diffenbach （1982）、Dwyer, Hogan, and Stewart （2010）、Eden （1992）、Eden （2004）、Eisenfuhr, Weber, and Langer （2010）、Eppler （2006）、Fiol and Huff （1992）、Kaplan and Norton （2000）、Ohmae （1982）、Okada, Shum, and Sherborne （2010）、Rooney and Heuvel （2004）、Shachter （1986）、Shum （2003）。

避免使用「其他」。心理學家 Smith 與 Ward 指出，擴散式思考就像為類別中的項目一一命名，而這些工作都需要從記憶中擷取資訊及發揮想像力。[80]

為假設與資料建立連結。在鑑識科學中，減少連結盲點（無法辨識事情之間的關聯）已證實能帶來有價值的深入見解。[81]

使用多個假設。請參閱美國物理學家及生物物理學家 Platt 與地質學家 Chamberlin 的著作，其中所列舉的案例好讀易懂又精采，能幫助你瞭解為何應該使用多重假設。[82]

驗證性偏誤。美國心理學家及作家 Nickerson 強烈主張應努力避免犯下這項錯誤。[83]

以圖表呈現分析過程。墨爾本大學的 van Gelder 教授與喬治梅森大學的 Twardy 教授強烈提倡以圖表分析法提升批判思考。van Gelder 教授與澳洲國際事務評論家 Monk 還提供簡單易懂的線上教學。[84]

MECE 與 ICE。管理顧問廣泛使用「MECE」，大概是得力於麥肯錫前顧問暨溝通專家 Minto 的提醒。[85] 只是，他們普遍誤用了「ME」部份。區別互斥與獨立性質並非為了賣弄學問。如果可能的解決方案並不互相排斥，那麼應該考慮將其合併。有時候，結合幾個不完整（但獨立）的解決方案，問題就能迎刃而解。長尾理論就是很好的印證。例如，若能賣出大量某類書籍，即使其中每一本都只能吸引少數讀者，最終依然可能累積出可觀的營收。[86] 在此感謝劍橋大學的 Matthew Juniper 教授在電子郵件中針對這個主題交流意見，讓我獲益匪淺。

ME 的反例。盡力實踐互斥原則有助於避免不必要的項目，進而協助我們提高效率。然而，有些情況反而需要冗餘項目。例如，飛機的控制系統就需要設置額外備援的操控機制，萬一主系統故障，機長多少還能維持對飛機的操控能力。[87] 同樣地，輸電網路的誕生，就是為了因應其中一個關鍵元件故障（若是較周全的設計，則能應付多組件故障的狀況），以免停電。[88] 再一個例子，FedEx 之類的貨運公司會在夜間派出空機，只要某處出現供不應求的現象，就能引導飛機迅速前往支援。[89] 這些例子的

共同啟示,就是有些情況不一定非得符合 ME 要求,有時未達標準反而更有利。

洞察力與參考架構。我們採取的洞察力概念與學者 Spellman 對情報分析員的建議有關:分析時,務必找到正確的「比較對象」,這點相當重要。[90]

矯正過度自信的建議。請參閱(J. Edward Russo & Schoemaker, 1992; Arkes, Christensen, Lai, & Blumer, 1987)。

提升批判思考技巧。我們都能在他人的幫助下有所成長。一項研究比較 30 名科學博士與 15 名保守牧師解決問題的技巧,結果發現兩組並無顯著差別,其結論指出,「我們往往先入為主地認定,科學家的邏輯和解決問題的技巧必定比較優秀,但從目前的研究成果來看,至少部分科學家的這些能力其實相當值得懷疑。」[91]

「我覺得這些是最有可能的原因。」

接下來，把剛剛所有可能的原因分組，並連結到個別的假設。每個假設都代表一個可能的解答，因此怎麼分析、評估、驗證假設都十分重要，切記不要灰心且盡量客觀。就像美國科學家愛迪生說的：「我並非失敗七百次，我一次都沒失敗。我成功證明了七百種行不通的方法。當我排除這些不可行的方法之後，就能找到可行的辦法。」

第
4
章／

確定實際原因

現在你已畫好診斷問題的分析圖，找到問題的所有可能根本原因。接下來，你需要把這些原因審慎分組，個別以正式假設概括其內涵，並決定驗證假設的順序，實際測試後做出結論。

1. 擬定具洞察力的假設組合

利用診斷問題的分析圖釐清關鍵命題的結構，已算得上是一大進展。當然，現在眼前的問題已經過妥善定義：無論問題的答案為何，只要你已按部就班完成各個步驟，那麼答案已經在你的分析圖中。[1] 現在要做的，「只是」把答案找出來罷了。由於問題分析圖通常具備許多元素，逐一分析可能不切實際。比較適切的做法，是將元素審慎分組，各自歸納成一個正式假設。假設等於是種主張，亦即關鍵命題的可能答案，不一定正確。在診斷問題的分析圖中，假設代表著「圖中這個部分是問題的重要原因」。

1.1 將分析圖歸納成假設組合

只要集中心力探討問題的重點部分，就能獲得更高的投資報酬。以下提供幾點建議。

將分析圖中的所有元素個別連結一個假設。如同學者 Anderson 等人所言，「假設像是一面網，只有拋出才有捕獲的機會」[2]，所以必須將分析圖中的每個元素連結一個假設。另外，若將元素與一個以上的假設建立關連，則會產生不必要的疊床架屋。因此，為了兼顧成效與效率，每個元素務必只與一個假設連結即可。

控管假設的數量。雖然所有元素都必須連結一個假設，但這不代表需要為每個元素想出不一樣的假設。圖 4.1 示範如何將幾個元素分成一組，並為該群組擬定一個假設。這能減少視覺和認知上的龐雜感受，讓問題分析圖清楚易懂。

假設組合應至少包含兩個假設，以降低評估單一假設時發生檢驗性偏誤的機率。[3] 同時也應講求實際，因此假設組合也不應太多。礙於工作記憶的限制，一旦超過七項元素就會產生出錯風險。[4] 然而，由於分析圖能讓我們記下這些元素，藉此擴充我們的工作記憶，因此能將上限提高一些。就個人經驗而言，建議假設不要超過十至十五個，事實上，若能將總數控制在二至五個假設，專心思考，或許反而有利。

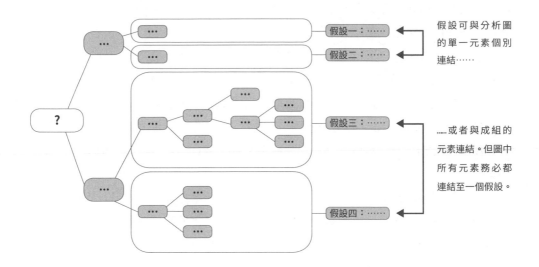

假設可與分析圖的單一元素個別連結……

……或者與成組的元素連結。但圖中所有元素務必都連結至一個假設。

圖 4.1：分析圖中的每個元素必須與一個假設連結，不可多也不能少。

1.2 專心處理你認為重要的部分

分析圖中，你覺得不太可能是最終解答的部份可配以涵蓋範圍較廣的假設。這樣一來，如果你能找到推翻該假設的充分證據，就能去除診斷問題分析圖的一大部分。以下比喻或可幫助你理解這個方法，並運用至哈利事件。

設計機械零件時，工程師必須確定零件承受得起受力，其中一種熱門的測試方法，是使用「有限元素分析」（finite element analysis，FEA）。這是一種零件的電腦化模型，可讓工程師以數值模擬零件對於物理限制條件的反應。

如同問題分析圖將複雜的問題分解成較小的組成元素，有限元素模型也可將機械零件分解成由微小元素構成的網狀結構，接著由工程師在網狀結構上施加載重（設定數值），觀察每個元素的反應。這些元素的反應加總起來，就是整個零件的反應。元素越小，分析越精準，因此細緻的網狀結構可說相當難能可貴。但網狀結構要夠細緻必須付出代價，因為同樣大小的區域需要更多元素才能完全填補，因此工程師的電腦相對需要更強大的運算效能才能執行模擬作業。

機械零件的壓力通常每處各不相同。例如，若在中間挖洞的零件上施力，壓力會集中在孔洞周圍。同樣地，懸臂樑（一端固定、另一端無支撐的橫樑，想想跳水

板就可理解）在承受重力的情況下，整根樑產生的壓力並不相同，如圖 4.2 所示，越靠近支撐的一端壓力越大。

我們已經知道，樑體承受的壓力並不一致，因此在所有地方一律使用細緻網狀結構或粗糙網狀結構都是不甚理想的做法。相反地，最好依情況決定合適的元素大小。換句話說，你可以在你認為比較可能出現問題的地方設計較細緻的網狀結構，藉此獲得最佳 FEA 結果。這通常需要初期投資，因為你必須思考哪裡最需要分析，而非所有地方都採用一致的網狀結構。雖然辛苦，但在某些情況下，這項投資相當划算。

決定如何分配分析圖中的假設時，就可以善加運用這個技巧。分析圖一般擁有至少三十個元素，而且通常只會更多。你大可將每個元素都視為獨立的假設（亦即到處都使用細緻的網狀結構，以執行 FEA 作業），但這會衍生其他問題，主要有三項理由。首先，分析很費時間。其次，可能沒必要這麼做：如果你的分析圖已經完整而詳盡，理應早就網羅了所有可能原因，當然其中也包括了不可能的項目，而比起前者，後者其實不需要太多關注，至少一開始並不需要。最後，這樣可能混淆視聽，因為要是每個元素得到的比重相同，便很難找出真正重要的項目。

所以，只有分析圖的核心重點才需使用較細緻的假設。根據「帕雷托法則」（Pareto principle，又稱為 80/20 法則），分析圖勢必會有最重要的部分。這種經驗法則指出，在任何因果關係事件中，少數原因（例如 20%）會產生大部分的效果（例如 80%）。義大利經濟學家 Vilfredo Pareto 在進入二十世紀之際使用這項法則說明財富分配，根據他的觀察，義大利 20% 的人口持有全國 80% 的土地。若允許幾個百分比的落差，這個比例對各領域的多種事件也能成立。[5]

讓我們用「哈利事件」詳加說明。我們釐清牠失蹤的可能解釋之一是有人把牠帶走，而我們懷疑傭人可能是扣留牠的兇手，所以我們認為，這值得獨立形成一個假設，如後頁圖 4.3 所示，但我們沒有其他懷疑的對象。因此，雖然除了傭人之外，還有其他七十億人也可能綁架哈利，而每個人理論上也應該自成一個假設，但我們選擇將這些不可能的嫌疑犯概括成一個假設，最後「哈利被綁走」一項總結成兩個假設：H1（傭人綁走了牠）或 H2（除了傭人以外的人綁走了牠）。如果分析期間，我們發現的證據足以支持是傭人以外的人綁走哈利，我們隨時可以修改該決定，將 H2 分解成不同群組。

　　若要用假設組合代表整張分析圖，我們還需要思考其他情況，諸如人們發現並留下哈利，協助我們找到牠（假設三）；有人留下哈利，但無意避免或幫助我們找到牠（假設四）；以及哈利四處遊走或受困，但沒有其他人介入（假設五）。[6] 也就是說，這五項假設就能涵蓋一切根本原因。

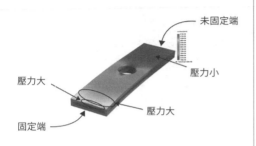

1.　一端固定於牆壁上的懸臂樑受垂直重力所影響，導致所受壓力不均。工程師可使用各種有限元素分析模式，以調整數值的方式加以分析：

2.　<u>粗糙的網狀結構</u>不需要太高的運算需求，但得到的結果也不準確。

3.　<u>細緻的網狀結構</u>能得到精準的結果，但相對也需要高運算效能。

4.　最理想的網狀結構只會在重要處產生精準結果，因此得以維持合理的運算需求。這需要付出的代價，在於必須投注心力提早規劃（尋找需要高度關注的地方）。

圖 4.2：以多種大小的元素組成網狀結構，可幫助 FEA 模式產生最佳數值，將心力投注在最需要的地方。這種方法也能套用到問題分析圖上。

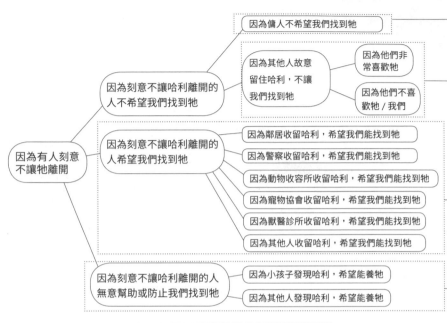

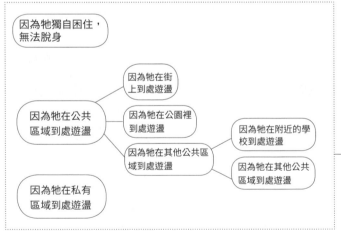

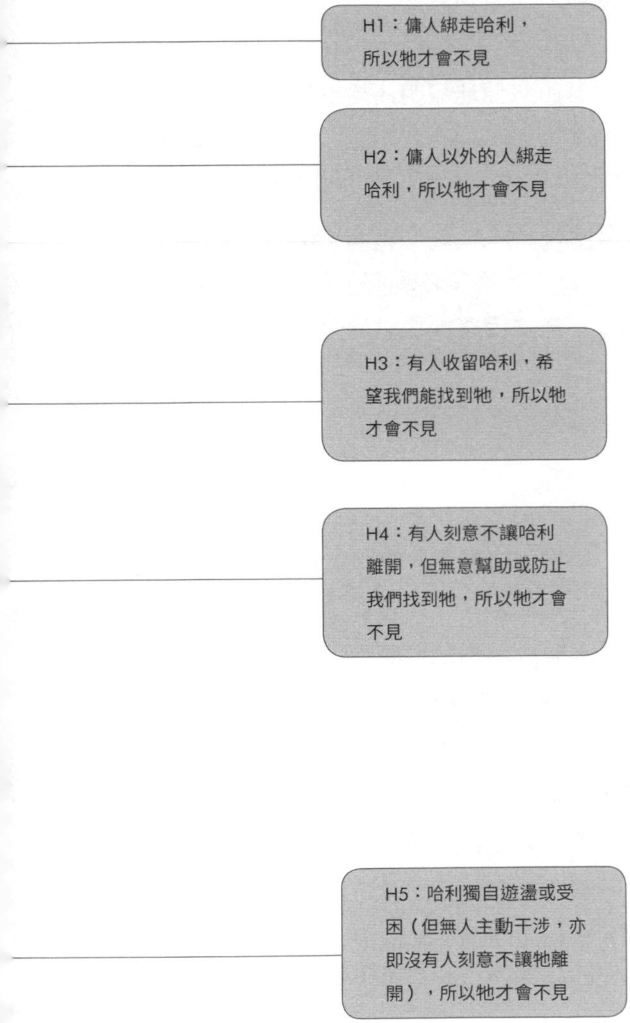

H1：傭人綁走哈利，所以牠才會不見

H2：傭人以外的人綁走哈利，所以牠才會不見

H3：有人收留哈利，希望我們能找到牠，所以牠才會不見

H4：有人刻意不讓哈利離開，但無意幫助或防止我們找到牠，所以牠才會不見

H5：哈利獨自遊盪或受困（但無人主動干涉，亦即沒有人刻意不讓牠離開），所以牠才會不見

圖 4.3：在哈利事件中，五種假設已能概括牠失蹤的所有可能原因。

1.3 妥善擬定假設

優良的假設應該能接受檢驗、清晰明確，而且與關鍵命題相關。此外，若有需要，也可考慮將假設並置比較。

讓假設可以接受檢驗。假設的陳述內容應該要能證明為錯誤或值得支持。套句美國物理學家及生物物理學家 Platt 的說法，「無法證明為錯的假設沒有意義，因為這表示假設空洞沒有內容。實證科學系統必須要能禁得起經驗的挑戰。」[7] 學者 Gauch 引用猶太哲學家 Karl Popper 與美國科學促進會（American Association for the Advancement of Science）的說法，指出：「假設必須能透露哪些證據可以支持假設、哪些可以反駁，這樣才有用。基本上無法受證據檢驗的假設可能有趣，但在科學上卻毫無用處。」[8]

不妨將假設視為一場公平賭注：你想讓假設有機會被證明為錯，同時也有機會證實為真。[9]

讓假設清晰明確。清晰明確的假設有助於釐清檢驗所需採取的作為。圖 4.4 就是語意清楚的範例：這些假設一目瞭然、毫無模糊空間，若說每個人閱讀後都能獲得相同的認知，其實也不為過。要有清晰明確的假設，內容務求具體確切，可以的話，盡可能輔以數據資料。例如，比起「導致成本增加的原因中，不容忽視的因素之一是製造部的時程延誤，而這其實可以避免」，我們寧願選擇「15% 的成本來自製造部的時程延誤，而這其實可以避免」。

讓假設與關鍵命題有所關連。「傭人綁走哈利」比「因為傭人綁走哈利，所以牠才會不見」來得簡短，因此在其他條件不分軒輊的情況下，我們比較偏好前者。但事實上，並非所有條件都相同：第二種陳述為假設與關鍵命題建立了關係，而這能讓假設更清楚，有助於讓分析與整體目標相互呼應。一般而言，撰寫假設時使用含有關鍵命題的完整陳述句，通常會是不錯的選擇，例如「因為傭人綁走哈利，所以牠才會不見」就是很好的範例。[10]

可以的話，考慮使用「比較型假設」。或許你能考慮使用比較型假設，讓這些陳述方便並置比較。例如，「傭人綁走哈利是牠失蹤最有可能的原因」。若能將不同情況的發生機率量化，這類比較型假設尤其更加實用。

圖 4.5 歸納了優良假設組合的主要特色。

H₁：因為傭人綁走哈利，
所以牠才會不見

H₂：因為傭人以外的人綁
走哈利，所以牠才會不見

圖 4.4：確認你的假設可以接受檢驗、清晰明確，
而且直接呼應關鍵命題。

優良的假設組合意指：

1. 假設的數量仍在可以掌控的範圍內。　　　2 ≦ 假設數量 ≦ 10

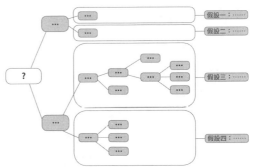

2. 問題分析圖中的所有元素
　 皆只與一個假設建立關連。

3. 每個假設都是獨立完整的肯定句，
　 且直接回答關鍵命題。

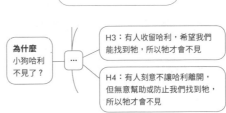

為什麼
小狗哈利
不見了？

H3：有人收留哈利，希望我們
能找到牠，所以牠才會不見

H4：有人刻意不讓哈利離開，
但無意幫助或防止我們找到牠，
所以牠才會不見

4. 為分析圖中不可能是真正解答的部份
　 配以廣泛的假設即可。

圖 4.5：務必確認你擁有理想的假設組合。

2. 決定假設的檢驗順序

確定假設之後，必須決定檢驗假設的順序。雖然可以將假設在分析圖中的出現次序視為不容更動的先後順序，但若能以更明智的方式決定順序，或許更有意義。不過，在缺少有關特定情況的具體資訊下，決定分析順序是解決問題的過程中，最需要仰賴直覺的一個環節。

有幾種方法可以決定假設的順序。一種常見方式是從最有可能是事實的假設開始[11]，類似在醫學上的薩頓原則（Sutton's law）：「向錢看齊」（意即以最小的代價得到最高的收益）。[12]

兩位學者 Anderson 與 Schum 建議，不應只考慮假設的可能性，也要將假設的「嚴重性」和「驗證難易度」列入考量。[13] 不過，還有一種方法是先挑出會對解決方案策略影響深遠的假設，率先檢驗：如果我們可以排除哈利遭到綁架的選項，我們就能得知，請警方調查傭人是不恰當的做法。

（暫時）捨棄極不可能的假設。 在追求完整而詳盡的分析圖過程中，暫且不論命題答案的可行性，我們其實已經考慮了合乎邏輯的所有可能。現在該決定這些答案是否過於不切實際了。如果某些答案不太可行，應適時做出判斷，放棄繼續深入分析。還有一點也很重要，要是其他選項的分析結果指出，這些當初認為可能的選項完全不可行，那麼就需要回到當初捨棄的假設，著手檢驗。套句福爾摩斯的話：「汰除完全不可能的情況後，留下來的即使再不可能，也必定是事實。」[14]

如果你仍無法決定從何開始，以下追加其他想法供你參考。

先求廣再求深。 如果你對問題尚無充分的深入見解，因而無法判斷假設的本質，建議你反覆探討，逐步掌握更多細節。換句話說，全力分析任一假設之前，可預先初步檢驗不同假設，看看你能否有所收穫。

尋求他人協助。 如果你有合作的一組人馬，或許可以向他們尋求幫助，確定假設的優先順序，因為團隊的力量通常能勝過個人。不過美國記者 Surowiecki 建議，團隊必須符合四項要求，才能有臭皮匠勝過諸葛亮的功效：意見多元（diversity of opinion）、獨立思考（independence）、去中心化（decentralization），以及想法彙整（aggregation）。[15]

「意見多元」是指成員應對問題提出個人看法，即使不完整也無所謂，重要的是他們從不同的角度思考問題。[16]

「獨立思考」是為了確定參與者的想法並未受他人影響。如果你把團隊成員集合在同一個空間，詢問他們認為哪個假設最為可行，不管第一個出現的答案為何，都可能影響後續回答的人。[17] 為避免這個現象，請個別記錄團隊成員的意見，匿名記錄或許是不錯的方式。

「去中心化」可讓參與者各自鑽研不同領域，運用各種學門的知識。

最後，「想法彙整」是指擁有一個蒐集及整合答案的機制。

在「哈利事件」中，我們的第一個假設與犯罪行為有關：傭人綁走了哈利。由於小狗慘遭綁架和獨自跑出家門是兩種天差地遠的情況，加上朋友約翰相信是傭人帶走了哈利，因此我們決定率先分析這項假設。

3. 分析

確定假設內容和分析順序後，就可以開始檢驗假設了。刑事司法教授 Ronald Clarke 與 John Eck 建議應與假設保持距離：「你應該（1）清楚陳述假設；（2）避免過於執著；並（3）利用資料客觀地檢驗假設。仔細查驗相關資料後，決定修改或直接捨棄任何假設都是可能的後續做法，因為沒有任何假設可以完全正確，因此，最好能檢驗多個互相矛盾的假設。」[18]

一筆資料或資訊項目與假設建立關連後，就成了證據[19]，套句學者 Dunbar 和 Klahr 的說法，假設檢驗其實就是「蒐集事實相關證據，並據此評估命題的過程。」[20]

關於如何在論述中妥善結合資訊與邏輯，學者 Gauch 提出的預設——證據——邏輯（PEL）模型可供借鏡。預設是證明假設為真的必要信念，但就個別假設的可信度而言，預設並無任何鑑別能力。證據是有鑑別度的資料，能依照可信度區別各個假設。邏輯能透過有效的推演過程，將預設與證據相互結合，進而做出結論。學者 Gauch 指出，「若將科學研究徹底拆解開來，會發現所有研究結果都包含三大根基，分別與預設、證據和邏輯相關。」[21]

總的來說，分析應涵蓋實證醫學所使用的步驟：擬定清楚的問題以檢驗假設；找出所需的證據與蒐集方法，包括搜尋文獻、設計實驗等；嚴格評審證據；以及將發現融入對於問題的整體認知中。[22]

3.1 善用「演繹法」、「歸納法」和「提設法」

處理假設時，我們通常採用演繹、歸納與提設等邏輯論法。

演繹法(deduction)是在特定案例中使用通則，以獲得明確結論。演繹邏輯的經典例子是：所有人都會死。蘇格拉底是人類，因此得知蘇格拉底會死。（請參見圖4.6，該圖使用推理圖的概念呈現推理過程；本章稍後會進一步說明。）

如果演繹法推論的前提為真，那麼其結論也會為真。[23] 然而，如此肯定必然需要付出代價。除了已知的事實之外，演繹法無法提供其他額外資訊，只能讓資訊更加清晰明確。[24] 另外還有一點需要留意，演繹法主要仰賴通則，但在數學與邏輯領域之外，放諸四海皆準的通則相當罕見。例如，圖4.7（a）中，通則是「所有狗都有四隻腳」，但現實中，有些小狗可能因為意外或基因缺陷而四肢不全。除了這項限制之外，演繹法在產生新假設時其實很有效，例如海王星的發現就是最好的例子。[25]

歸納法(induction)是仰賴特定案例推論出可能成立的通則。由於太陽在這幾十億年中每天升起，因此假定太陽明天也會升起似乎是個安全的說法。獲取這項新知的代價在於發生錯誤的機率：有別於演繹法的是，根據正確前提所做的歸納法推論，不一定保證成立，其本質會牽涉機率問題。要是太陽等一下爆炸，明天我們將無法看見太陽升起。歸納法的實用之處，在於可以根據現有證據評估假設成立的可能性。[26]

歸納法出錯的例子之一，是曾為交易員的哲學家 Nassim Taleb 所提出的感恩節火雞，或是英國哲學家、數學家及邏輯學家 Russell 的「養雞問題」（借用的鳥類不同，但意涵並無差別）。例子中的這隻美國火雞從日常觀察中發現農夫每天都會餵食，因此認定農夫是牠的朋友，進而期待農夫會這樣永無止盡地餵養牠。可惜的是，感恩節決定了火雞的命運，同時也證明牠的想法大錯特錯。[27]「三角驗證法」（triangulation）是迴避歸納法這項限制的方法之一：我們應該尋找其他獨立的替代方式，多方評估結論是否正確，而非完全仰賴一個資訊來源。例如，故事中的火雞應該尋找農場中的老火雞，看看有沒有老火雞存活下來。

提設法(abduction)又稱為「最佳解釋推論」（inference to the best explanation，IBE），亦即透過觀察出乎意料的事件來形成假設[28]，或是在持有證據的情況下尋找假設[29]。當我們認定演化論是物種多樣性的最佳解釋，或是認為拿破崙的存在最能解釋歷史上與其相關的記錄，使用的就是提設法。[30] 創造提設法一詞的哲學家 Charles

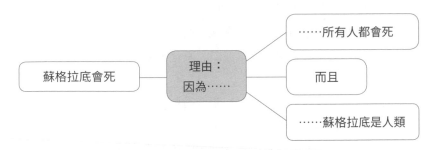

圖 4.6：演繹法推論是將通則運用到特定案例中。

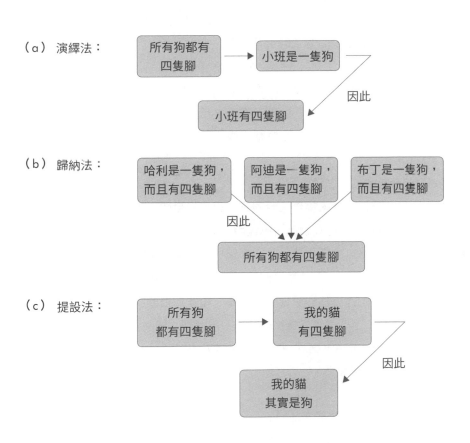

圖 4.7：演繹法、歸納法和提設法分別以不同方式結合各種元素，從前提逐步推演出 a 結論。

Peirce 認為，這是唯一可以發現新知識的推論方式。[31]

繪製診斷用問題分析圖時，我們反覆觀察哈利失蹤的事實（證據），並推想可能的原因（假設一：傭人綁走哈利；假設二：其他人綁走哈利等等），其實已經廣泛使用提設法。

提設法的主要缺陷與歸納法一樣，都隱含著<u>機率</u>問題：這種推論法可以找到可能的事實，但仍然可能出錯。[32] 圖 4.7（c）就是這類例子。忽視提設法的機率本質可能衍生更多問題，因為證據通常能與多個假設相容，可能導致你做出錯誤結論，而且這類情形不在少數。

同時運用向前與向後推論策略。借助假設引導分析的方法稱為「假設演繹法」（hypothetico-deductive approach）或「向後推論」（backward- driven reasoning）。有些人指出這個方法的侷限之處，加以批評。[33] 雖然問題分析圖經過謹慎編排，從假設自然推演到資料，但這並不代表分析圖會將思維限制在單一方向。如果出現的新資料與圖上所列的任何假設不一致，就應該修改假設組合，將該筆新資訊納入圖中。因此，採用問題分析圖不等於自我設限，也不代表僅使用假設演繹法。相反地，有效的分析過程勢必需要結合向後推論與向前／資料導向推論（參見後頁圖 4.8）。[34]

因此，你的分析會包括三種情況：[35]

● 先觀察單一證據，然後據以連結假設，相當於自問：「何種假設可以解釋這些觀察結果？」這是從證據尋找假設，需運用「提設法」思維。

● 先擁有假設，據以判斷需要哪些證據來檢驗假設，相當於自問：「如果假設為真，應觀察其他哪些面向？」這是從假設尋找證據，需運用「演繹法」思維。

● 根據所掌握的證據評估假設成立的機率，相當於自問：「根據現有證據，假設成立的機率有多高？」這是以證據檢驗假設，需運用「歸納法」思維。

由此可知，著手分析時，應同時記下意外發現的資料，並將資料與適當的假設整合，或者視需求擬定新假設。

3.2 識別各個假設需要的分析

檢驗假設時，應設法避開常見的診斷問題，包括錯誤診斷、假性診斷和過度診斷，方法是尋找可協助你排除其他競爭假設的資料與變項。以圖整理假設可能會是

不錯的做法。

避免診斷問題：「假性診斷」、「過度診斷」和「錯誤診斷」。「假性診斷」（pseudodiagnosing）是指在診斷過程中追尋價值不高的資訊，並根據該資訊修改結論。[36]「錯誤診斷」（misdiagnosing）是指診斷方向錯誤，其中原因可能是證據有問題，例如證據不全或不夠精準。此外，錯誤診斷也可能肇因於邏輯問題，尤其一項證據通常可相容於多個假設。農夫餵養火雞，可能因為他真的喜歡火雞，或是喜歡吃火雞肉（或是火雞可以賣錢等原因）。斷然做出第一個結論實屬不幸，但如同哲學家 Taleb 所說，我們太常根據過往事件推斷未來發展，但其實不該如此。[37]

「過度診斷」（overdiagnosing）是指診斷的情況不會造成任何損害，例如診斷一種不會導致病患出現症狀或死亡的癌症。[38]這與錯誤診斷不一樣，在這個例子中，疾病真實存在，但沒有治療的必要，事實上，倘若貿然動刀，反而會對病患造成傷害。

資料並非多多益善，因為蒐集大量周邊資料不僅需要時間，還可能淹沒重要資料，並導致你產生無來由的自信。[39]此外，若充斥大量不重要的資訊，也可能遮掩住重要但微弱的訊號[40]，或是大幅削減診斷性資訊的影響，這個現象稱為「稀釋效應」（dilution effect）。[41]因此，光是蒐集與主題相關的資訊不一定足夠，一般而言，仔細思考應蒐集的確切資訊才是正道。[42]

換個方式來說，誠如美國動物學家 Marston Bates 所言，如果研究是沿著小巷行走、確認盡頭是否為死路的過程[43]，那麼培養犀利的眼光（相當於選擇正確資料）應是合理的做法，如此才能在走進巷弄之後及早判斷是否誤入死巷。

至於分析計畫提出後是否需要實際執行，學術醫師 Gilbert Welch 可以提供一些看法。他建議，如果病患懷疑醫生安排的檢測項目過多，可向醫生詢問兩個問題：「我們在找什麼？」以及「如果找到想找的東西，我們的處置方式會有什麼不同？」。如果尋找的資料不會改變原本預定的行動，就不應該著手尋找。[44]

另外也請注意，缺少可能的證據與發現意料之外的證據一樣，對我們都能有所啟發。小說《銀星神駒失蹤案》（Silver Blaze）中，福爾摩斯睿智推敲，看守馬廄的狗或許對偷走神駒的兇手很熟悉，所以案發當時才沒有吠叫。[45]誠如學者 Schum 所說，「（證據短少的原因）似乎有三種可能：（1）證據根本不存在；（2）尋找的方向錯誤；或（3）有人刻意隱瞞。」[46]

專心留意足可排除競爭假設的變項。理想上，分析的目標在於發掘足以排除競

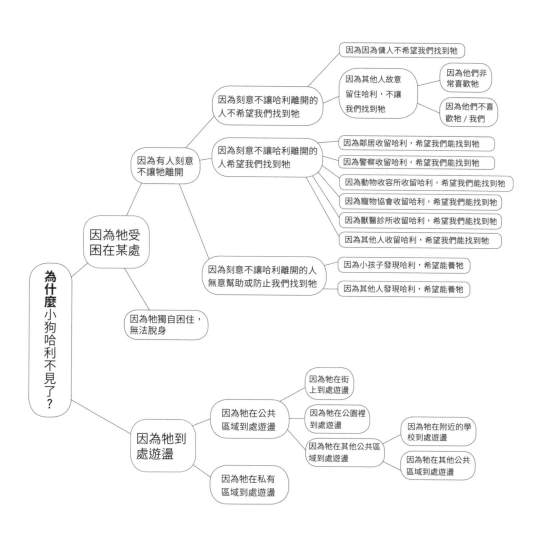

圖 4.8：尋找答案的過程應該是假設與資料的雙向互動。

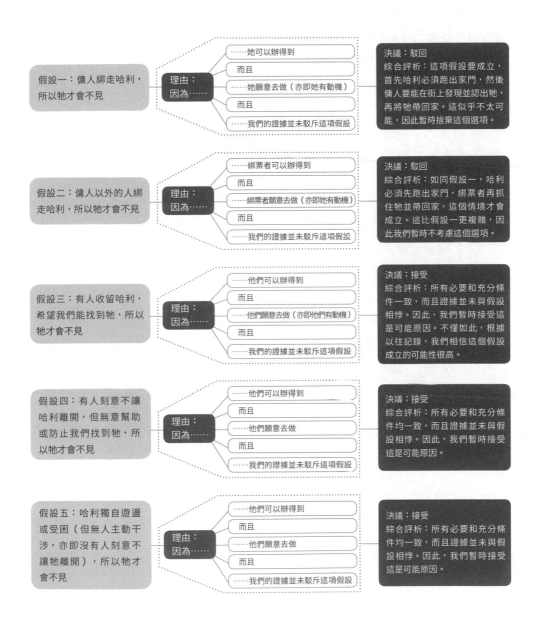

假設一：傭人綁走哈利，所以牠才會不見

理由：因為……

……她可以辦得到

而且

……她願意去做（亦即她有動機）

而且

……我們的證據並未駁斥這項假設

決議：駁回
綜合評析：這項假設要成立，首先哈利必須跑出家門，然後傭人要能在街上發現並認出牠，再將牠帶回家。這似乎不太可能，因此暫時捨棄這個選項。

假設二：傭人以外的人綁走哈利，所以牠才會不見

理由：因為……

……綁票者可以辦得到

而且

……綁票者願意去做（亦即她有動機）

而且

……我們的證據並未駁斥這項假設

決議：駁回
綜合評析：如同假設一，哈利必須先跑出家門，綁票者再抓住牠並帶回家，這個情境才會成立。這比假設一更複雜，因此我們暫時不考慮這個選項。

假設三：有人收留哈利，希望我們能找到牠，所以牠才會不見

理由：因為……

……他們可以辦得到

而且

……他們願意去做（亦即他們有動機）

而且

……我們的證據並未駁斥這項假設

決議：接受
綜合評析：所有必要和充分條件一致，而且證據並未與假設相悖。因此，我們暫時接受這是可能原因。不僅如此，根據以往記錄，我們相信這個假設成立的可能性很高。

假設四：有人刻意不讓哈利離開，但無意幫助或防止我們找到牠，所以牠才會不見

理由：因為……

……他們可以辦得到

而且

……他們願意去做

而且

……我們的證據並未駁斥這項假設

決議：接受
綜合評析：所有必要和充分條件均一致，而且證據並未與假設相悖。因此，我們暫時接受這是可能原因。

假設五：哈利獨自遊盪或受困（但無人主動干涉，亦即沒有人刻意不讓牠離開），所以牠才會不見

理由：因為……

……他們可以辦得到

而且

……他們願意去做

而且

……我們的證據並未駁斥這項假設

決議：接受
綜合評析：所有必要和充分條件均一致，而且證據並未與假設相悖。因此，我們暫時接受這是可能原因。

爭假設的證據。[47] 的確，這種極為全面的系統式探索，或許就是 Pasteur 這類傑出科學家可以每隔二至三年就跨足新領域並取得突破性發現的原因所在，相較之下，本科的專業人士即使比他更瞭解相關領域，但卻難以進步。[48]

為了掌握所需的分析、蒐集的證據，以及當事人面對各種競爭假設的立場，情報圈中有人採用一種稱為「競爭假設分析」（Analysis of Competing Hypotheses，ACH）的方法。[49]ACH 主要使用「矩陣」，將所有競爭假設逐一置入每一行，現有證據則全數放入列中。接著，分析師會記錄每個項目是否一致，或是否與各項假設之間的關係模糊不明。

雖然情報界幾位極具影響力的思想家極力提倡 ACH[50]，但也有人指出，這套方法的效果其實少有證據可以證明。[51]

除了 ACH 之外，繪製「論述 / 假設分析圖」是另外一種方法，利用圖示呈現假設與證據的關係，與問題分析圖之間有不少共通點。論述分析圖已獲證實，能提升學生的批判思考能力 [52]，因此簡單介紹如下。

繪製論述 / 假設分析圖。「問題分析圖」和「論述分析圖」都是以「二維平面」呈現分析立場的方式。繪製時從最左邊的立場開始，中間篇幅列出支持或反對初步立場的各種主張，最右邊則是不需特別佐證支持的主張（不必進一步探究或不證自明，直接就能接受）。[53] 表 4.1 介紹了論述分析圖的四種元素：主張、理由、異議

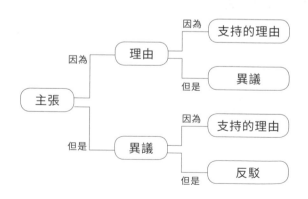

圖 4.9：假設分析圖包括四種元素：主張、理由、異議和反駁。

表 4.1：假設圖由主張、理由、異議和反駁所組成

項目	說明	範例

主張： 認為某人所言為真的看法，以完整的敘述句呈現。

假設、推論、異議和反駁全是不同類型的主張。

理由： 一套主張經過歸納整合，證明另一個主張成立，事實上，其目的在於<u>支持這個新的主張</u>。

綁架哈利的人願意這麼做（亦即他／她有付諸行動的動機）

理由：因為……

……綁架哈利是綁架者獲取金錢的手段

而且

……綁架者想要獲取金錢

異議： 一套主張經過歸納整合，證明另一個主張無法成立，事實上，其目的在於<u>反對</u>這個新的主張。

綁架哈利是綁架者獲取金錢的手段

異議：但是……

……哈利沒有任何謀利的價值

而且

……哈利必須具有謀利價值，綁架者才能獲取金錢

反駁： 對異議的駁斥。

……哈利必須具有謀利價值，綁架者才能獲取金錢

反駁：然而……

……綁架者會利用我朋友對哈利的感情勒索贖金

而且

……即使哈利沒有任何謀利價值，但我朋友對哈利的感情的確能讓綁架者順利獲取金錢

和反駁，而圖 4.9 則說明論述中這些元素之間的關係。

喬治梅森大學的 Twardy 教授指出，論述分析圖最常見的錯誤，是把多前提的理由與獨立理由混為一談。[54] 獨立理由可在沒有額外輔助的情況下支持一項主張，但多前提的理由必須在所有前提皆成立時才有效。圖 4.10 就是論述分析圖的錯誤例子：光是「她願意去做」無法保證傭人就是綁走哈利的人，反而是三個前提（「她願意去做」、「她可以辦得到」及「我們的證據並未駁斥這項假設」）都必須成立，這項主張才能獲得支持。

由於三個條件必須同時成立，我們才能接受假設，因此應將其視為一個多前提理由，如圖 4.11 所示。使理由正式成為多前提理由的方法之一，是在不同前提之間加上「而且」。換句話說，理由要成立，傭人必須願意綁架哈利，而且必須有能力辦得到，再加上我們的證據也未駁斥這項假設才行。此外，若要進一步區別多前提理由和獨立理由，可注意這種以圖分析的方法中，多前提理由的所有前提都是源於單一「理由」方塊（圖 4.11），而獨立理由則是從不同「理由」方塊衍生而來（圖 4.10）。

相反地，獨立理由不需要其他理由的支持就能達到支持論述的目的，因此，你可以使用「而且／或者」來連結理由，如圖 4.12 所示。[55] 即使其中一個理由遭到駁回，剩下的理由仍然可以支持主張。

圖 4.12 解釋了哈利可以自己離家的兩個理由，包括可能從院子或房子的門出去。即便其中一個理由不成立，論述依然可以獲得另一個理由的支持。

所有簡單的論述都有至少兩個共同前提。想要明確表達思緒，務必先找到這些前提，並繪製成圖。這對找出邏輯漏洞相當有幫助。例如，試著將經典的歸納法論述繪製成圖：由於我們知道的所有天鵝都是白色，所以全部天鵝必定都是白色（圖 4.13）。[56]

將論述畫成分析圖後可以發現，光是列出案例只能掌握推論的一部分。若要使論述完整，還必須假設你所知道的天鵝足以代表所有天鵝（圖 4.14）。

這是關鍵所在，因為這是論述的第二部分（通常隱晦不明），也是上述歸納法推論的漏洞。

多前提理由誤植成獨立理由：

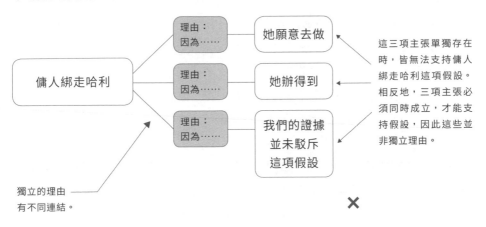

這三項主張單獨存在時，皆無法支持傭人綁走哈利這項假設。相反地，三項主張必須同時成立，才能支持假設，因此這些並非獨立理由。

獨立的理由有不同連結。

✕

這些<u>並非</u>獨立理由，因此不應以上方的方式呈現。

圖 4.10：若前提需要其他前提一起支持主張，就稱不上獨立。

多前提理由：

若要支持一項論述，多前提理由的所有前提皆必須成立。換言之，所有前提都是必要條件。

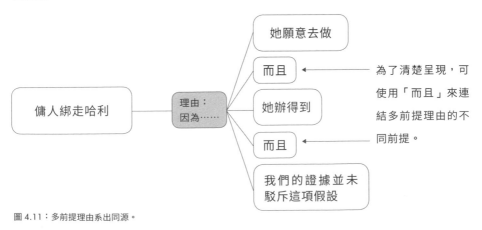

為了清楚呈現，可使用「而且」來連結多前提理由的不同前提。

圖 4.11：多前提理由系出同源。

3.3 處理證據

「國家參戰前，政府有義務向美國人民清楚說明我們面臨的威脅。很遺憾的是，委員會的研究結果指出，政府做出的重大主張並未獲得情報的支持。」Rockefeller 表示。「解釋參戰原因時，政府不斷引用情報，彷彿情報忠實反映了實際狀況，但事實上，該情報並未獲得證實，反而遭到反駁，甚或根本不存在。在此等誤導下，美國人民才會相信伊拉克的威脅比實際上更為嚴重。」[57]

著手處理證據時，應思考證據的固有屬性，包括「相關性」、「可信度」和「推論強度」，並尋找支持與駁斥的資訊。此外，你也應該找到一個適當的證明標準。以下五大特質可說明證據（無論個別或整體看待）與假設的關係：[58]

● 證據非完整全貌，因為支持假設的證據無法達到無懈可擊的境界，永遠都有值得懷疑和確定的空間 [59]

● 證據時常不具關鍵決定性，因為同一個證據通常可與多個假設相容

獨立理由：

若理由各自獨立，即使任一理由不成立，

論述依然可獲得其他理由的支持。

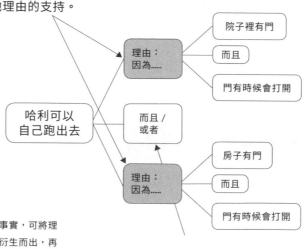

為了清楚呈現理由各自獨立的事實，可將理由繪製成分別從不同理由方塊衍生而出，再使用「而且／或者」加以連結。

圖 4.12：獨立理由不需借助其他元素，自成一家。

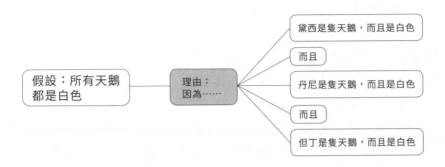

圖 4.13：論述分析圖可幫助我們瞭解一點，亦即光是列出支持結論的事件無法完整呈現整體論述。

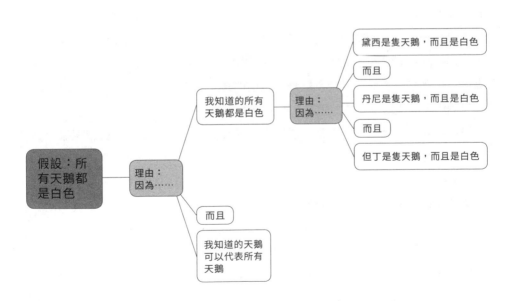

圖 4.14：以圖表達歸納法的論述過程，或許可以幫助我們找出思維中的漏洞。

● 證據時常曖昧不明，亦即無法清楚瞭解證據傳達的真正意涵

● 證據之間時常出現不一致的現象，有部分項目支持某些假設，就有項目背道而馳

● 證據的來源不是完全可信，其可信度或可靠性不盡相同

衡量「相關性」、「可信度」和「推論強度」。每項證據都有三個主要特質：相關性、可信度和推論強度（或稱為權重）。[60]

「相關證據」是指能增加或減少假設成立機率的證據。[61]「假設分析圖」可幫助你評估每項證據與各假設之間的相關性，圖中項目應與所有相關假設（往往超過一個）建立連結。

「證據可信度」主要衡量證據值得相信的程度。除非證據完全值得信任，否則不該因為擁有事件發生的證據，就直接認定事件確實發生過。[62] 因此，即使鄰居表示曾看見哈利獨自出現在屋前，也不代表哈利確實曾獨自待在家門前面。或許鄰居看錯（說不定是另一隻狗），或是他對我們說謊。

若要評估證據的可信度，學者 Anderson 等人建議將有形證據（包括文件、物品和測量結果）和證詞分開處理。表 4.2 概述證據的幾項重要可信度屬性。

假設分析圖中，你可以質疑證據與其支持的主張，藉以評估證據的可信度，直到你能在最基本的程度上接受未經證實的主張為止。後頁圖 4.15 示範我們如何在哈利事件中做到這點，即聽見朋友堅稱院子的門未上鎖時，我們大可選擇親自到場檢查，但我們反而決定接受他的說詞，不再繼續追問。

證據的第三項特色是「推論（或證明）強度」，也就是證據對於所調查主張的支持或駁斥程度。[63]

要想確定相關性、可信度和推論強度，須同時具備創意與批判推理的能力才行。[64]

同時尋找支持與駁斥假設的證據。假定證據與假設相關，該證據勢必能有助於支持或反對假設。（請參考表 4.3，瞭解表達假設與證據之間關係的不同方式。[65]）

一般普遍認為，檢驗假設時，人們通常傾向使用正面的檢測策略，試圖尋找與假設相容的證據，亦即兩位學者 Klayman 與 Ha 所謂的「+Htest」，有別於「－Htest」尋找不相容證據的做法。[66] 學者 Klayman 和 Ha 指出，這種預設模式有其優勢，因為這能排除假性證實的現象，尤其當我們不得不「與錯誤和平共存」時，這種方法通常會是不錯的選擇。[67] 某些情況下，這可能是幫助你做出正確結論的唯一辦法。不過，他們也提

出警告，這種方法可能不適合其他某些情況，會有誤導你做出錯誤結論之疑慮。認知心理學家 Wason 已透過實驗映證了上述說法，亦即一般熟知的「華生 2-4-6 任務」（Wason 2–4–6 task）。[68]

表 4.2：證據的可信度屬性。

證據類型	可信度屬性
有形證據	**真實性：** 證據是否名實相符？刻意的欺騙或錯誤都會影響真實性。 **準確度／敏銳度：** 是否透過任何錄製裝置取得證據？該裝置是否提供需要的解決方案？ **可靠性：** 證據的取得過程是否可以重複、值得信賴或前後一致？
證詞	**主張基礎：** 證人如何取得資料？證人是否擁有評論的適當資格？ **誠實：** 證人是否誠摯坦白？是否有利益衝突？ **客觀性：** 證人的看法是否以證據為本，抑或只是個人期許或願望？該看法是否得到相關專業人士的一致認可，沒有重大爭議？ **觀察敏銳度：** 證人在當時的情況下（例如喝酒、現場光線昏暗）是否擁有充分的感官能力（視覺、聽覺、觸覺、嗅覺和味覺）？

ª 統整（Anderson et al., 2005）[pp. 64–67] 和（Twardy, 2010）所述內容。另請參閱（D. A. Schum, 2009）[p. 213]，以瞭解一系列有關證詞可信度受損的各種觀點，而（D. A. Schum & Morris, 2007）中所提的問題，則可幫助我們分析特定證詞應獲得何種程度的信任。

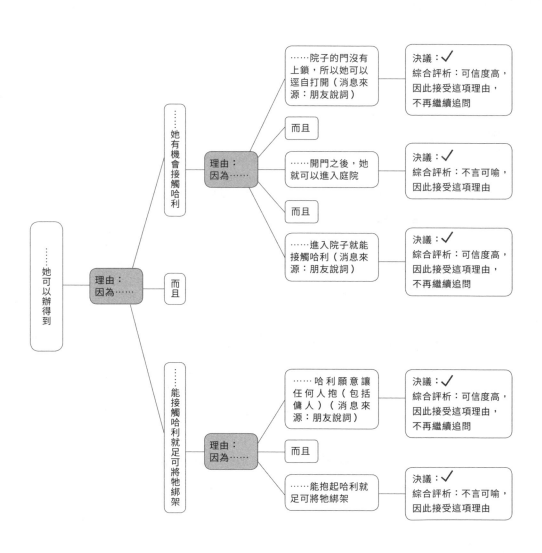

圖 4.15：檢驗證據的可信度，試圖達到主張未經證實也能坦然接受的境界。

表 4.3：假設與證據之間的關係可用不同方式表達

有力的 偏好的 可證實的 篤定的	……證據……	符合 驗證 支持 鞏固 證實 承認 斷定 （確認） （證明）	……你的假 設，導致你 可能……	認為假設更有可能成立。 無法反駁假設。 認為假設為真。 暫時接受假設。 （接受假設。）
那麼，你 的假設便 能……	符合 順從 呼應	……證據。		
相反的 持反論的 相違背的 負面的 反駁的 不利的 證明為不實的 無法確信的 不相容的 不一致的	……證據……	違反 破壞 反駁 駁斥 否定 質疑 挑戰 扭曲 無法確認	……你的假設， 導致你可能……	認為假設更不可能成立。 反駁假設。
那麼，你 的假設便 會……	不符合	……證據。		

「2-4-6 任務」中，受試者先猜測實驗者對三個數字所套用的規則，接著實驗者給受試者二、四、六這三個數字，告訴他們這個數列符合他所設想的規則，並請他們寫下以三個數字為一組的數列與心中猜想的規則。然後，實驗者告訴受試者其數列是否符合他預設的規則，如果不符合，則請他們再試一次。等到受試者對心中挑選的規則相當有把握時，再宣布其猜測的規則。

原始 29 位受試者中，只有 6 人一次就猜中正確規則。受試者傾向提出太鉅細靡遺的假設，而且寫下的數列也會符合他們心中認定的假設。例如，假如受試者認為數字以二遞增，就會提出呼應規則的數列（4–6–8 或 10–12–14），而非逆向操作，寫下 2–3–4 或 7–54–5 等類似數列。對了，實驗者預想的規則其實只是「升冪排列」（ascending numbers）。

根據英國科學家培根（以及後來猶太哲學家 Karl Popper）的看法，檢驗假設的科學做法是要尋找能夠證明假設不成立的證據。[69] 這個建議有其道理，因為就算有再多的證據支持，只要有一個證據能夠證明假設為偽，就足以推翻假設，而就技術上來說，一個人無法真正接受假設，最多只能暫時接受，原因在此。[70] 換句話說，我們只能以證明假設不成立來做出結論，無法以證明假設為真作結[71]，或是如哲學家 Taleb 所言，「你對找到錯誤的信心遠多於確認何者正確。」[72] 因此，學者 Platt 等人建議，尋找證據時，應謹記反駁假設所需的資訊。[73] 依照這個觀點，我們應該強烈攻擊每個假設，最後只挑選最能抵抗這些攻擊的假設。這個過程稱為「排除歸納法」（induction by elimination）。[74]

問題在於，我們試圖尋找足以證明假設不成立的證據時，我們急欲證明假設成立的天性時常會成為阻礙。即使是訓練有素的科學家也是如此，比起非從事科學領域工作的人（包括牧師），他們在這方面的表現不會比較傑出。[75]

幸好，還是有辦法繼續證明假設不成立。根據學者 Cowley 與 Byrne 的觀察，人們很容易找到反駁他人假設的證據[76]，而且專家比新手更擅長此道。[77] 因此，或許你可以將專案中檢驗假設的設計工作「外包」，請置身局外的同事幫忙，只要記得明確指示，請他們以尋找反證為目標即可。同樣地，你也可以商請主題內容專家為你設計檢驗方式。

尋找反證還有其他問題，例如反證本身可能出錯。[78] 當然，即使學生在檢驗過程中提出地球重力場的平均強度並非 9.81 m/ s2 的說法，我們依然不應否決這個既

有事實[79]，此時建議逐一質疑每項證據，尤其複雜問題中，證據之間互相衝突的現象相當普遍。總之，面對新證據時，不妨自問「我一定得相信嗎？」，藉此維持合理程度的懷疑，對解決問題或許會有幫助。[80]

從正面和反面證明的效果似乎會受不同因素影響，包括是否有人回饋意見、解決方案是由一個人或一群人執行，以及試圖反證前是否先證明假設成立。[81]

所以，先瞭解支持和駁斥假設的證據都能有所助益，再同時尋找兩種類型的證據，似乎才是謹慎的做法。學者 Tweney 等人建議，先尋找正面證明的證據，以幫助擬定理想的假設，然後再尋找反證的證據。[82] 接著，檢視各假設與整體證據的契合程度，從中確定每個假設的價值。[83] 用 Thagard 的話來說，「如有任何說明性假設比其他候選假設更能與整體證據相符，就應予以接受。」[84] 完成這些步驟後，再將最後的結果記錄到問題分析圖中。

要注意的是，你可能在主動尋找證據的過程中發現其他證據，或是在無意間發現。雖然我們試著為所採取的方法建立架構，專心尋找需要的資訊，但有時候我們也會意外發掘意料之外的資訊。關鍵在於，當這類資訊富有價值時（下一節會詳細說明），我們必須要能即時辨認，並務必將其納入考量。以哈利事件為例，我們或許主動向鄰居詢問，看看他是否清楚哈利的下落。他不知道，但他主動提供一項重要證據：他曾看到哈利單獨出現在房子前面。這個消息頗具診斷效果，因此算是重要證據：證據屬實的機率會因不同假設而大相逕庭。[85] 如果我們相信鄰居的話，認定哈利曾單單獨出現在屋前，那麼他會遭到綁架，就意味著他因為某種原因跑到路上，在四下無人的情況下被人帶走（H1 或 H2），並非他獨自遊走而不見蹤影（H3、H4 或 H5）。

3.4 坦然接受(並加快)意外發現

雖然我們可以說服自己相信，人類的進步是因為策略統合及謹慎執行的成果，但歷史有不同解釋，也就是說，機率扮演著很重要的角色。意外收穫（尋找過程中，偶然巧遇其他有價值的事物並欣然接受）在所有學科領域中佔了很大一部分。舉凡脈衝星、X 光、咖啡、地心引力、放射線、便利貼、繪畫風格、盤尼西林、美洲、冥王星的發現，都要歸功於美麗的意外，而且這些還只是冰山一角。[86]

要注意的是，意外收穫不只是無意間找到證據，還要能發掘其價值才行。弗萊

明（Alexander Fleming）發現盤尼西林就是很好的例子：培養皿中生成的黴菌殺死了他正在觀察的細菌。其他人也遇過這個問題，但在弗萊明之前，沒人發現研究契機並加以運用的人。[87] 由此可知，務必將意外的邂逅統整、轉化成深入見解（也就是有些人所謂的遠見 [88]），而這就是正確運用提設法的典範之一。

學者 Van Andel 歸納出 17 種意外收穫的模式，包括使用「類比法」（Laënnec 觀察小孩子在木頭一端用針刮出聲音，另一個從另一邊聽，因而發明聽診器） 或善用「明顯錯誤」（3M 公司發現疑似做壞的膠水，卻意外催生一種「可以暫時牢固黏貼」的黏著劑，進而發明可撕除的便條紙）。[89]

由此可知，意外收穫的前提是從觀察中領悟「所以呢？」這一層意義，並願意將表面上看似不成功的事件視為勝利果實。因此，這個過程需要採取一種特別的心態，或許畢卡索說得最為貼切：「我不刻意尋找，我只是單純地發現」[90]。

4. 決定

完成分析後，就能初步決定哪個（哪些）假設最能解釋問題發生的原因了。接下來介紹偏誤、貝氏推論與奧坎的剃刀，以協助你判斷。

4.1 避免偏誤

學者 Tversky 與 Kahneman 在 1970 年代指出，人們利用啟發法（heuristics，心理策略）解決複雜的機率預估問題。雖然啟發法有其成效，但也可能導致「系統性偏誤」。[91]

檢驗假設時，我們需要防範各種不同偏誤，其中一種就是「信念保護」（belief preservation），亦即我們通常傾向選擇能支持個人觀點的證據，捨棄與自己想法相違背的資訊。[92] Van Gelder 教授確切說明了信念保護的運作原則：我們會尋找能支持個人信念的證據，無視或根本不願尋找違反個人觀點的證明。我們比較重視能支持個人信念的證據，即使論點相反的證據再多，我們仍舊堅持己見。[93]

接續前一節所述，檢驗假設時，應試著證明假設不成立。[94] 若要改掉信念保護的習慣，必須有意識地留意自己是否顯露相關跡象，並適時採取補救措施，例如尋找及額外重視反面證據，並培養改變想法、承認錯誤的能力。

若能正確執行，這個方法其實蘊藏著有趣的一面。學者 Davis 指出，「如果研究人員能夠檢驗其研究領域中盛行的多項假設，但採取從反面論證的檢驗角度，而非一味袒護自己的觀點，那麼科學反而比較像是一場遊戲，而非充滿煙硝味的戰爭。」[95] 要讓一個人意識到自己的錯誤，其實也能透過教育來達成；兩位學者 Bazerman 與 Moore 指出，「我們之所以瞭解如何達成目標，大抵是從失敗中學習，而不是效法成功案例。」[96]

如果同時檢視多個假設，就能擁有這種彈性。一旦確切列出所有假設，就能一眼知道其中勢必會有幾個是錯誤選擇。因此，你的工作不再是確定這些假設是否錯誤，而是找出錯誤之處，而這也比較不容易傷及自尊。

若想盡量減少驗證性偏誤，可行的辦法是分析假設的所有面向並詳實記錄，而不是只鎖定可能產生合意結果的假設深入分析。建議在問題分析圖中使用勾號和刪除線，明白標記你已接受和推翻的論述（如圖 4.15 所示）。

4.2 運用「貝氏推論」（Bayesian inference）

「若事實改變，我會隨著改變想法。您會怎麼做呢？」—英國經濟學家凱因斯

貝氏推論可在你發現新證據時，為你提供更新想法的框架，幫助你減少發生偏誤的機會。[97] 確切來說，在新證據的輔助下，這能讓你修改原本針對假設所預估的「成立機率」（稱為「事前機率」），得到假設的「事後機率」：事後機率等於假設除以證據機率，再乘上事前機率。如果列成數學算式的話，假如 n 個假設為真，則取得證據 d 後，假設 hi 的事後機率為：

$$P(h_i|d) = P(h_i)\frac{P(d|h_i)}{P(d)}$$

$$P(h_i|d) = P(h_i)\frac{P(d|h_i)}{\sum_{i=1}^{n} P(d|h_i)P(h_i)}$$

方程式 1：貝氏定理。

人們通常未能在判斷中充分融入新資訊，因此對需要解決問題的人來說，貝氏推論是一種功能強大的工具。[98] 以下藉助一個簡單的例子加以說明，並探討實際運用上的幾個好處與限制。

貝氏推論的基本說明。想像面前放著一個深色圓筒，裡面有四顆球。你看不見球的顏色，但知道以下兩道假設成立的機率相同：[99]

$$h_{blue}：圓筒裝了三顆藍球和一顆白球$$
$$h_{white}：圓筒裝了三顆白球和一顆藍球$$

你的任務是衡量 h_{blue} 錯誤的機率是否會超過 1/1,000。為了完成這項任務，你可以一次抽出一顆球並記下顏色、調整一下想法，然後將球放回桶子中，全程不能偷看其他球的顏色。瞭解規則後，你該如何達成這項任務？

完成任務的一種辦法就是使用貝氏定理。套用定理後，可得到以下方程式：

$$P(h_{blue}|d) = P(h_{blue}) \frac{P(d|h_{blue})}{P(d|h_{blue})P(h_{blue}) + P(d|h_{white})P(h_{white})}$$

方程式 2：將貝氏定理套用到圓筒問題。

現在，我們要用實際的數字取代算式中的符號。假設你第一次抽到白球（d= 抽到白球）。我們知道，兩個假設成立的機率相等，因此事前機率也相同：$P(h_{blue}) = P(h_{white}) = 0.5$。

由於 h_{blue} 中，四顆球只有一顆是白色，那麼 $P(d|h_{blue}) = P(drawing\ a\ white\ ball|h_{blue}) = 0.25$（意思是「$h_{blue}$ 成立的前提下，抽到白球的機率」），所以反過來說，$P(d|h_{white}) = 0.75$。

因此，

$$P(h_{blue}|white) = 0.5 \frac{0.25}{0.5 \cdot 0.5 + 0.75 \cdot 0.5} = 0.25$$

假設第二次抽球時，你抽中了藍色球。此時，第一次測試的事後機率變成了事前機率，而本次的事後機率可以更新為：

$$P(h_{blue}|blue)=0.25\frac{0.75}{0.75\cdot0.25+0.25\cdot0.75}=0.5$$

反覆上述實驗，最後會得到類似表 4.4 的數據。

表 4.4：實驗過程中，圓筒裝著三顆藍球的機率變化

	觀察	$P(d|h_{blue})$	$P(h_{blue})$	$P(d|h_{white})$	$P(h_{white})$	$P(h_{blue}|d)$
實驗 1	白	0.250	0.500	0.750	0.500	0.250
2	藍	0.750	0.250	0.250	0.750	0.500
3	白	0.250	0.500	0.750	0.500	0.250
4	藍	0.750	0.250	0.250	0.750	0.500
5	藍	0.750	0.500	0.250	0.500	0.750
6	藍	0.750	0.750	0.250	0.250	0.900
7	藍	0.750	0.900	0.250	0.100	0.964
8	藍	0.750	0.964	0.250	0.036	0.988
9	藍	0.750	0.988	0.250	0.012	0.996
10	白	0.250	0.996	0.750	0.004	0.988
11	藍	0.750	0.988	0.250	0.012	0.996
12	白	0.250	0.996	0.750	0.004	0.988
13	藍	0.750	0.988	0.250	0.012	0.996
14	藍	0.750	0.9959	0.250	0.004	0.9986
15	藍	0.750	0.9986	0.250	0.001	0.9995

貝氏推論的好處與限制。 在此例子中，利用貝氏推論有助於避免不必要的實驗。試想現在不使用貝氏定理，只憑直覺解決上述問題，例如邀請一組專家，請他們以 99.9% 的信心保證，抽球 15 次可抽中 4 顆白球和 11 顆藍球。可想而知，光要說服這一群專家，就要耗費超過 15 次實驗所需的心力。然而，若使用貝氏推論，只要抽 15 次球，就能擁有必要程度的信心，所以不必繼續無止盡地抽球。在這種情況下，產出新數據不太需要付出成本，因此即使數據過多也不成問題。只是，許多真實情況未必能如此順利。現實中，你可能必須先確定，信心要達到一定程度至少需要多少數據。

貝氏推論需要透過量化數據做判斷。 處理抽球這類實驗案例時，利用數據做出判斷並不會太過複雜。然而，若是問題的相關資訊有限，就會顯得較為複雜。我們回到「哈利事件」來說明。假定你想確定哈利是否遭到綁架，因為這關係到你應不應該報警，而且你認為這是當下最重要的考量。接下來，你可能會考慮圖 4.16 所示的兩種假設，並希望檢驗哈利遭到綁架的假設 $h_{hostage}$，以及哈利因為其他原因而失蹤的假設 $h_{non\text{-}hostage}$。若套用貝氏定理，這個情況可表示為：

$$P\left(h_{hostage}|d\right) = P\left(h_{hostage}\right)\frac{P\left(d|h_{hostage}\right)}{P\left(d|h_{hostage}\right)P\left(h_{hostage}\right) + P\left(d|h_{hostage}\right)P\left(h_{non\text{-}hostage}\right)}$$

現在，你需要找出等號右邊的所有數值。

你可能會根據之前取得的資訊（例如過去的經驗、從鄰居口中聽到的消息，或是你從當地報紙或期刊看到的內容）做出判斷，認為寵物遭綁架的案例遠比因為其他原因而失蹤的情況更少見，使你將事前機率分別設為 $P\left(h_{hostage}\right) = 0.1$ 和 $P\left(h_{non\text{-}hostage}\right) = 0.9$。（或者你可能認為這些事前機率並不適當，應該設為 0.01/0.99 或 0.5/0.5，而這正好說明，資料不完整時，主觀判斷就會介入，而且每個人抱持不同意見。[100]）

接著，思考你認為應該納入的第一筆資訊：d_1，哈利在你朋友開除傭人的同一天失蹤，而她似乎是個性情不穩又易怒的人，而且把丟掉工作的原因歸咎於哈利，並揚言報復。況且，哈利已經好幾個月沒有發生失蹤的意外。你的朋友氣憤難平，堅持這起事件不是單純的巧合。因此，你可能決定 $P\left(d_1|h_{hostage}\right) = 0.9$，且 $P\left(d_1|h_{non\text{-}hostage}\right) = 0.1$。套用貝氏定理後，得到的第一個事後機率 $h_{hostage}$ 為 $P\left(h_{hostage}|d1\right) = 0.5$。

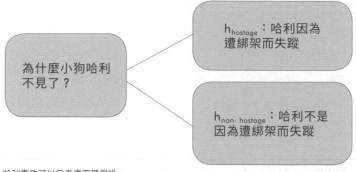

圖 4.16：哈利事件可以只考慮兩種假設。

接下來思考 d_2，即鄰居看見哈利獨自出現在屋前的證詞。或許你會暗自忖度，哈利跑出家門／院子（所以才能被目擊單獨出現）並遭人帶走，實在不太可能。的確，比起剛好被人目擊，然後出現願意且有辦法將牠帶走的人，哈利繼續到處遊走的可能性遠遠更高。因此，你可能會設定 $P(d_2|h_{hostage}) = 0.05$，且 $P(d_2|h_{non\text{-}hostage}) = 0.95$。現在，新的事後機率為 $P(h_{hostage}|d_2) = 0.05$（參見表 4.5）。

檢視其他資訊之後，你可能覺得兩個假設的鑑別度不高，亦即 $P(d_i|h_{hostage}) \simeq P(d_i|h_{non\text{-}hostage})$，因此即使納入相關分析，也無法為你提供額外的深入見解，所以你決定不予以考慮。

根據所檢視的證據，哈利遭人綁架（無論是傭人或其他人）的機率為 5%，而失蹤另有其他原因的機率為 95%。到此應該已算完成充分診斷，可以做出結論：你可以合理假設哈利並非遭人綁走，因此應該出外尋找。如前所述，真實情況的主要困難之處在於決定事前機率與可能性。根據學者 Zoltnick 的觀察，崇尚直覺行事的人指出，人們可能會對機率抱持不同意見，但他們也發現，無論是否加以量化，都會存在這種情形 [101]，而且如同我們一樣，並非所有人對「很有可能」或「不太可能」等選項的認知都相同。我們希望，這些概念都能具備明確的價值內涵。[102] 有些領域（例如氣象預測）會為預測內容賦予數值，而美國國家研究委員會也鼓勵情報界改用類似的明確衡量方式。[103]

對此，貝氏推論比直覺更適合研究情報相關問題，至少在某些情況中確是如此。[104]Fisk 提出的貝氏推論法可統整及更新多人意見（如表 4.6 所示），方便應用到其他情況。假設你想邀請五位分析師，將兩國在四星期內爆發戰爭的機率量化（第 t 天）：

4.3 使用「奧坎的剃刀」（Occam's/Ockham's razor）

「精簡原則」（parsimony principle）又稱為「奧坎的剃刀」，其原理可簡單概述如下：其他所有條件相同的前提下，盡量挑選能解釋觀察結果之最簡約的假設。[105]

「奧坎的剃刀」可視為另一種旨在挑選較佳假設的理論，但所謂「較佳」可能難以定義。學者 Pardo 與 Allen 建議，「其他條件相同的前提下，解釋若具有前後一致、較容易理解、說明更多及不同類型的事實（融通）、更符合背景信念（連貫性）、較不特異突出等性質，就是相對較佳的選擇。」[106]

「奧坎的剃刀」是科學研究法的核心元素，至今已成就無數重大突破。[107] 然而，雖然這是不錯的參考原則，但仍算不上是放諸四海皆準的通則，不應盲目跟從。例如，伽利略就是不當使用此一原則，才會誤以為所有無擾運動都繞著圓形進行。[108] 再舉個比較現代的例子：大多數時候，汽車引擎油位的警示燈熄滅時，通常表示油量充足。但若採用奧坎的剃刀原則，你會做出警示燈熄滅是因為油量充足的結論，而且你相信燈號能正常運作，因而省下手動檢查油位的時間。只不過，燈號也有可能因為油量過少而故障，無法亮起。在此案例中，相信奧坎的剃刀可能會賠上整顆引擎。如同解決問題時的許多細節一樣，除了仰賴你自己的判斷力之外，沒有硬性規則可以遵循。

4.4 下結論

總結本章的重點概念並遵從學者 Platt 等人的告誡[109]，可知我們應盡量避免只選一個最中意的解釋。相反地，應以假設形式針對關鍵命題提出可能的答案，並在整個分析過程中秉持這種心態。如果分析結果推翻了你最愛的假設，別感到灰心氣餒，反而應該將此視為解決問題之路上的一大進展。

> 「我並非失敗七百次，我一次都沒失敗。我成功證明了七百種行不通的方法。當我排除這些不可行的方法之後，就能找到可行的辦法。」—美國科學家愛迪生

一旦發現新證據，務必不斷添加到問題分析圖中，並與假設建立連結。接著，保持客觀距離，定期自問診斷是否夠精準，或是否需要其他資訊。若是後者，則進一步尋找需要的額外資訊。這個客觀審視的過程相當重要，若無法確實執行，可能導致你

表 4.5：考慮新證據的情況下，哈利遭綁架的機率變化

	觀察	$P(d|h_{blue})$	$P(h_{blue})$	$P(d|h_{white})$	$P(h_{white})$	$P(h_{blue}|d)$
d_1	在傭人遭開除的同一天失蹤	0.90	0.10	0.10	0.90	0.50
d^2	遭目擊單獨現身	0.05	0.50	0.95	0.50	0.05

表 4.6：評估四星期內爆發戰爭的貝氏推論流程[a]

步驟	任務
1	第 t 天時，請五位分析師評估事前機率，即四星期內爆發戰爭的機率 $p(h_{war})$。
2	第 t+7 天時，請每位分析師列出過去一星期中足以影響他們看法的事件。
3	將這些事件統整成清單，整理出分析師提及的所有要素，並確保要素之間大致彼此獨立。
4	請每位分析師評估各事件實際發生的機率。
5	請每位分析師針對清單上的每個事件 d_1 推估 $p(d_1|h_{war})$ 和 $p(d_1|h_{non\text{-}war})$。
6	使用貝氏定理計算每位分析師的事後機率。
7	第 t+14 天時，重複步驟 2 至 6，並使用你剛計算所得的事後機率作為新一輪的事前機率。
8	第 t+21 天（或你想重新評估機率的任何一天）時，重複步驟 7。

[a] 參考 Fisk, C. E.（1972）。The Sino- Soviet border dispute: A comparison of the conventional and Bayesian methods for intelligence warning. Studies in Intelligence, 16（2），53-62。

持續診斷問題，以致於無法進入尋找解決方案的階段。以氣候變遷為例，長久以來，決策者和媒體一直將科學界塑造成意見分歧、爭論不休的景況。然而，科學歷史學家 Oreskes 冷靜分析 928 篇期刊論文後發現，這個印象並不正確，其實科學界普遍認同人為活動的確造就了氣候變遷，共識相當強烈。[110] 如果你發現，你對問題的診斷結果已夠理想，務必記下結論，然後進入尋找解決方案的階段。

5．對「哈利事件」的啟示？

從我們的假設組合出發，我們決定訪問幾個重要的人，以更深入瞭解事發當天下午的真實情形。我們將蒐集到的資訊整理成表 4.7。

我們仔細檢視這些資訊，從中發現一處差異：照理說，哈利會在草坪養護工人進入房子時大聲吠叫，而且他們是在下午一至兩點之間抵達，但他們並未看見哈利，所以哈利應該在一點前就已失蹤。這與鄰居宣稱下午兩點二十分還在屋前看見哈利的說詞不一致。（我們知道，哈利通常會循著香味四處遊走，因此不太可能待在屋前超過一個小時。）這樣看來，如果不是園藝公司的經理搞錯或說謊，就是鄰居的說法有誤或說謊。我們認為前者較有可能，鄰居的說詞反而是值得相信的證據，也就是說，哈利的確在下午兩點二十分左右出現在屋子前方。

所以，任何認定哈利遭人綁架的假設都必須符合以下前提：哈利先跑出屋外，有人從夠遠的地方發現哈利，如此鄰居才會誤以為哈利附近沒人，然後那個人再將哈利帶走。這聽起來比另一種假設複雜許多：哈利自己跑到外頭。

因此，套用「奧坎的剃刀原則」後，我們得到哈利一定是自己跑出去的結論，而且將證據、思考過程和綜合評析記錄在問題分析圖中（參見圖 4.17）。

雖然我們不知道剩下的三個假設何者為真（請見圖 4.18），但我們的結論大抵和一般小狗失蹤的案例一樣，應該出外尋找哈利，而非採取小狗遭人綁架的因應措施。因此，在搜尋過程中動用警力或控訴傭人都是無意義的做法。於是我們認為，這樣的診斷程度已經足夠，應該著手研究解決方案，好將哈利找回來。

尋找解決方案的過程與診斷程序有點相似：我們會先擬定主要的關鍵命題，連同命題脈絡一併記錄在卡片上，接著利用問題分析圖來尋找及釐清所有可能答案，針對這些答案加以分析後，最後做出結論。第五章將說明如何完成上述前三個步驟。

回顧與補充

有限元素分析(finite element analysis)：感謝 Javier Arjona 的指引與貢獻，懸樑才能擁有最理想的 FE 網狀結構。

帕雷托法則(Pareto principle)：80/20 法則是個大概的比例，實際的分布情形可能更為集中。例如，紐澤西康登市（Camden）的醫療成本中，超過 30% 集中在 1% 的病患身上。[111] 同樣地，現今錄製和演出的古典音樂中，50% 的樂曲出自 16 名作曲家之手。[112] 除此之外，矽谷每年創建的 30,000 家科技新創公司，創業投資人 Mike Maples 估計，最終會有 10 家佔掉總價值的 97%，其中甚至會有一家獨大，市值高達其他所有公司的總和。[113]

表 4.7：蒐集哈利失蹤的相關資訊

採取的行動	資訊
向朋友詢問：	朋友在中午外出，下午四點之前都不在家
	哈利可以在屋子和後院之間自由活動
	自從朋友把門修好之後，哈利已有好幾個月沒有跑到外頭
	哈利沒戴頸圈
	朋友到家時，後院的門是關上的
	圍籬本身或下方沒有破洞或縫隙
	後院的門無法上鎖
	哈利無法跳過籬笆或門
	傭人的表現不盡理想，所以朋友當天將她開除
	傭人很生氣，怪罪哈利很會掉毛，並威脅要報復
	哈利一有機會就會跑到外頭，循著香氣四處遊走，最後迷路
	不管草坪養護工人何時來訪，都會聽見哈利大聲吠叫
向鄰居詢問：	下午兩點二十分時看見屋前停了一輛警車
	大約兩點二十分時看見哈利獨自出現在馬路上
向園藝公司的主管詢問：	草坪整理工人在今天下午一至兩點之間抵達
	草坪整理工人認得哈利，但今天沒看見牠

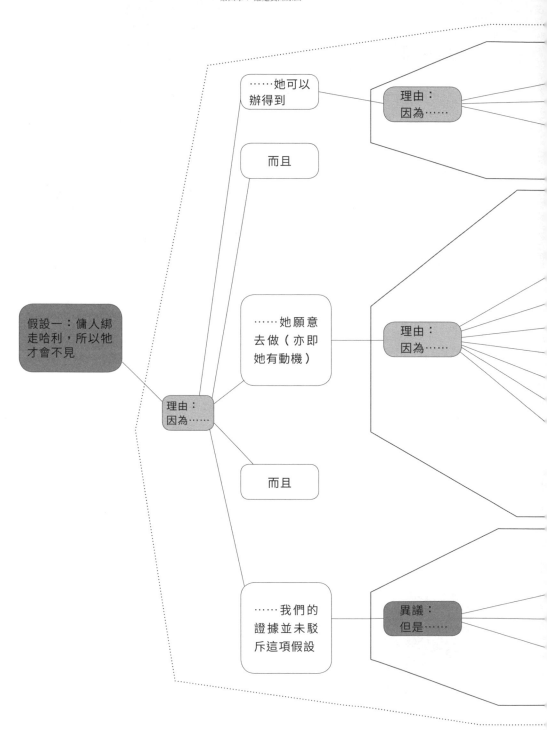

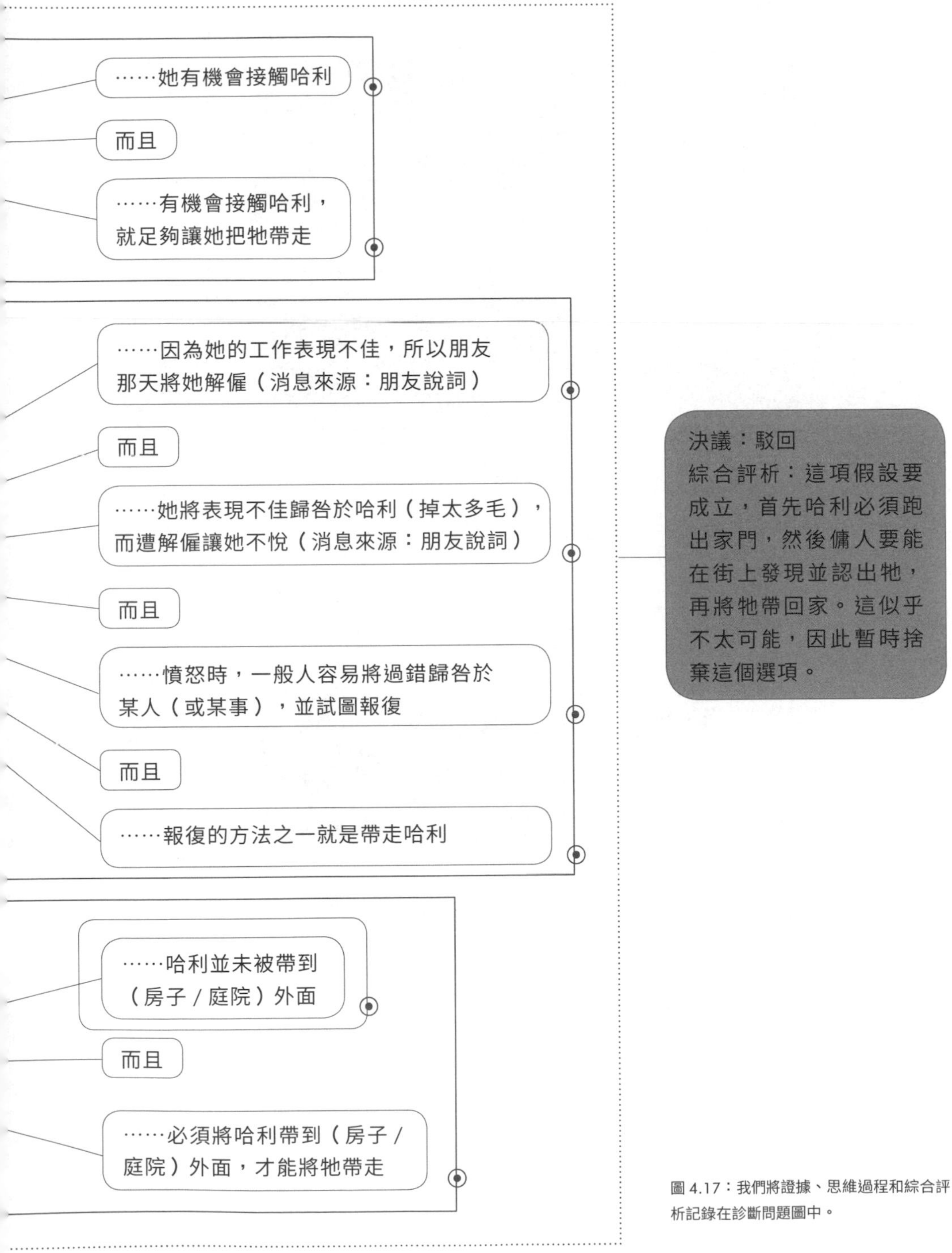

……她有機會接觸哈利

而且

……有機會接觸哈利，
就足夠讓她把牠帶走

……因為她的工作表現不佳，所以朋友
那天將她解僱（消息來源：朋友說詞）

而且

……她將表現不佳歸咎於哈利（掉太多毛），
而遭解僱讓她不悅（消息來源：朋友說詞）

而且

……憤怒時，一般人容易將過錯歸咎於
某人（或某事），並試圖報復

而且

……報復的方法之一就是帶走哈利

決議：駁回
綜合評析：這項假設要
成立，首先哈利必須跑
出家門，然後傭人要能
在街上發現並認出牠，
再將牠帶回家。這似乎
不太可能，因此暫時捨
棄這個選項。

……哈利並未被帶到
（房子／庭院）外面

而且

……必須將哈利帶到（房子／
庭院）外面，才能將牠帶走

圖 4.17：我們將證據、思維過程和綜合評
析記錄在診斷問題圖中。

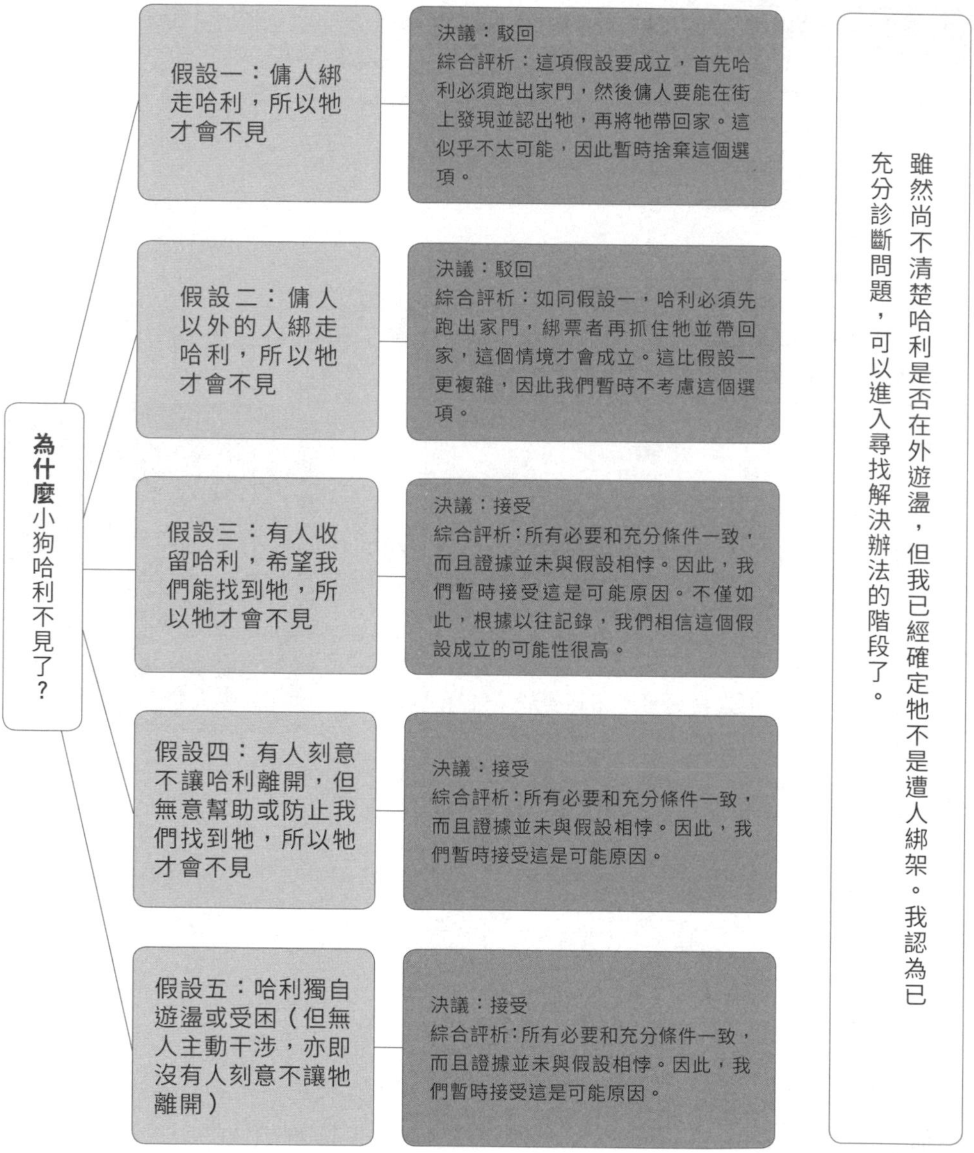

假設一：傭人綁走哈利，所以牠才會不見

決議：駁回
綜合評析：這項假設要成立，首先哈利必須跑出家門，然後傭人要能在街上發現並認出牠，再將牠帶回家。這似乎不太可能，因此暫時捨棄這個選項。

假設二：傭人以外的人綁走哈利，所以牠才會不見

決議：駁回
綜合評析：如同假設一，哈利必須先跑出家門，綁票者再抓住牠並帶回家，這個情境才會成立。這比假設一更複雜，因此我們暫時不考慮這個選項。

為什麼小狗哈利不見了？

假設三：有人收留哈利，希望我們能找到牠，所以牠才會不見

決議：接受
綜合評析：所有必要和充分條件一致，而且證據並未與假設相悖。因此，我們暫時接受這是可能原因。不僅如此，根據以往記錄，我們相信這個假設成立的可能性很高。

假設四：有人刻意不讓哈利離開，但無意幫助或防止我們找到牠，所以牠才會不見

決議：接受
綜合評析：所有必要和充分條件一致，而且證據並未與假設相悖。因此，我們暫時接受這是可能原因。

假設五：哈利獨自遊蕩或受困（但無人主動干涉，亦即沒有人刻意不讓牠離開）

決議：接受
綜合評析：所有必要和充分條件一致，而且證據並未與假設相悖。因此，我們暫時接受這是可能原因。

雖然尚不清楚哈利是否在外遊蕩，但我已經確定牠不是遭人綁架。我認為已充分診斷問題，可以進入尋找解決辦法的階段了。

圖 4.18：定期回顧診斷內容，以判斷是否充分做出結論。如果是的話，就無需繼續深究，可以開始尋找解決方案了。

先求廣再求深：呼應人工智慧的「廣度優先搜尋法」（breadth-first search）。
[114]

資料與證據：關於資料與證據的區別，（Mislevy, 1994）引用學者 Schum 的說法：「當資料與一或多個抉擇中的假設確定相關，即可成為所分析問題的證據……。如果證據能提高或減少假設成立的機率，就能猜測該證據與假設相關。一旦沒有假設，就無法建立與任何資料的關係。」資料、資訊、實用知識，最後是智慧，四者彼此之間存在階層關係。想像一支解碼團隊，像是二次世界大戰期間，英軍監控德軍無線電，將流量轉譯成電碼：[115]

- 資料是加密的無線電流量，相當於觀察成果
- 資訊是資料解密後代表的意義，經過處理的資料才能發揮作用
- 實用知識是資訊所傳達有關敵軍意圖的內容，屬於資料和資訊的應用層面
- 智慧是指藉助知識做出行動決定

ACH 的限制：請參考 van Gelder 教授對此方法相關議題的概述。[116]

問題分析圖與其他圖表：推論分析圖的繪製最早可回溯至兩位學者 Toulmin（1958）與 Wigmore（1913）。[117] 就我所知，「假設分析」（hypothesis mapping）一詞是由 Tim van Gelder 教授所創。

衡量證據可信度：證據的可信度理應不會完全相同。即使是專家，有時也會產生及過度信任不理想的推論。[118] 例如，比起專家意見，醫學界更重視隨機對照試驗的結果。[119] 評估證據的價值時，臨床醫師會盡可能將其視為客觀因素。[120]

關於信念保護，另請參閱（Bazerman & Moore, 2008）[pp. 29-30]，其中寫道：「即使能證明假設不成立的資訊更為實用，人們還是會自然而然地尋找能符合自身期望和假設的資訊。」

驗證性偏誤。「人們傾向於懷疑或重新詮釋與其所持假設相違背的資訊。」[121] 這與「動機性推理」（motivated reasoning）遙相呼應：以不同標準的證據衡量他們希望成立及反對的論點。換句話說，評估自己欣然同意的論點時，人們通常會問「我可以相信嗎？」，但若論點與自己的立場不同，通常會改為自問「一定得相信嗎？」[122] 強烈偏袒某一個假設，可能增加驗證性偏誤的風險。[123] 如需瞭解如何克服驗證性偏誤，請參閱（K. N. Dunbar & Klahr, 2012）[pp. 750-751]。

非對稱懷疑論的彈性空間：學者 Ask 等人證實，當事人評估證據時，往往認為反

面證據的可信度低於可支持假設的證據。[124] 他們也注意到，這樣的不對稱情形依證據類型而定，例如：證詞類證據的可信度變化，取決於該證據是否支持或反對當事人的先入之見，但這又不會比 DNA 證據所呈現的不對稱現象顯著。

再多反面證據都無法改變對方心意時的因應之道。若遇到當事人強烈堅持特定立場，學者 Neustadt 與 May 建議借用亞歷山大的問題：需要什麼新資料才會讓你改變立場？[125] 這能強迫對方直接說出他心目中具有高度診斷力的反向證據與構成要素，藉以減少證據浮現時，反而遭受扭曲或捨棄的機會。

建立因果關係：流行病學中，「希爾條件」（Hill criteria，以 Bradford Hill 爵士之名所命名） 有助於發掘兩個實體之間的因果關係。 這些條件包括：一、強度（strength）；二、一致性（consistency）；三、專一性（specificity）；四、時序性（temporality）；五、生物漸增性（biological gradient）；六、可信度（plausibility）；七、合理性 （coherence）；八、實驗（experiment）；九、類比（analogy）。[126]

「個殊式」（idiographic）與「律則式」（nomothetic） 假設：個殊式假設適合特定案例，而律則式假設適用於一整組案例。[127] 學者 Maxfield 與 Babbie 指出，「評估個殊式解釋的條件為：（一）值得相信的程度；以及（二）是否認真思考對立面的假設，而後發現此假設從缺。」[128]

蒐集證據：學者 Hoffman 等人綜合評述了向專家討教的各種方法。[129]

證據相關性：「聯邦證據規則」（Federal Rule of Evidence，FRE）401 規定，「如果證據：（一）可能讓事實比原本沒有證據時有更多或更少機率成真，以及（二）事實對決定行動方案很重要，證據即具有相關性。」[130]

矛盾證據的實用度：學者 Koriat 等人指出：「若想妥善評估自己所知多寡，應努力蒐集與衡量證據。然而，這些額外付出的心力若非用於蒐集相互矛盾的理由，很有可能會白費工夫。」[131] 此外，另外兩位學者 Arkes 和 Kajdasz 也指出，尋找論點相反的理由可大幅改善自信與準確度之間的對應關係。[132]

尋找論點一致的證據不一定是壞事。假設（或故事）必須要有足夠的論證支持，才有考慮的價值。[133] 在此同時，若能抱持開放的心胸，或許能有助於擬定其他正確的假設。[134]

擁抱無法驗證的假設：學者 Dunbar 的觀察指出，某些情況反而需要無法驗證的假設：「要是達爾文認為無法驗證的假設一無是處，甚或棄如敝屣，或許永遠都寫不

出《物種起源》。即使到了今天，達爾文的演化論依然有很大一部分無法獲得驗證。我們之所以接受達爾文學說，並非基於邏輯，而是該理論對眾多現象的『解釋』最讓人滿意。」[135]

意見回饋對搜尋策略的影響：學者 Gorman 等人建議，無法詢問他人意見時，可將目標設在證明假設不成立；若有意見可以參考，則可結合正反兩面的論證。[136]

以資料與假設為導向的推論策略：學者 Patel 等人認為，經驗豐富的醫師面對臨床問題會採用「向前／資料導向」推論法，但處理不熟悉的情況時，則改用「向後／假設導向」的推論策略。他們指出，在後面這一類情況中，醫師缺少辨識臨床模式所需的必要知識。[137]

意外收穫與精心安排的研究：這兩者並非彼此互斥。學者 Van Andel 表示，「兩者為互補關係，甚至能彼此補充。現實情況不全然仰賴精心安排或意外收穫，而是精心安排搭配意外收穫，反之亦然。」[138]

證據的診斷能力：學者 Anderson 等人指出，證據的可能機率將證據的可信度與相關性結合在一起（若乘以假設的事前機率，則可得到事後機率）。[139]

「我們該用什麼方法找回哈利？」

診斷出最有可能的原因後，就可以開始研究解決方案了。這次我先使用「解決方案定義卡」（How 卡）再繪製「解決方案分析圖」，概念其實與前幾章提到的 Why 卡和問題分析圖有異曲同工之妙。不過既然已到了解決問題的步驟，務必將精力放在使得上力的地方，才有助於下一步有效率的執行。

第5章

尋找可能的解決方案

找到問題的根本原因之後，現在我們可以著手尋找可能的解決辦法了。程序與診斷過程相去不遠：首先製作「解決方案的定義卡」，接著再繪製分析圖。該圖主要呈現回應關鍵命題的各種方法，提出正式的解決方案假設組合，以便形塑這些假設的分析架構並記錄結果，為決定解決方案的最終步驟做好準備（第六章）。

1. 製作「解決方案定義卡」

如同診斷階段一樣，無論是專注於解決正確問題，還是在專案團隊內確立共同認知，都是不可或缺的環節，而製作解決方案定義卡或所謂的「How卡」，正可幫助我

現況：	提供必要且充分的資訊，以明確指出你所關注的時空背景。只納入必要資訊。這類資訊必須具有正面意義（在現階段沒有問題）、毫無爭議（人們通常感到熟悉且同意）
難題：	上述時空中的特定一項問題，亦即你期待改變的獨特需求（或許因為一或多個癥狀／後果而變得顯著）
診斷用關鍵命題：	你想回答的唯一一個診斷命題，該命題必須 1. 以**「方法」(How)** 為出發點　　2. 緊扣合適的主題 3. 具備適當的範圍　　4. 使用合適的措辭
決策者：	擁有主導專案／核准建議等正式權力的人
其他關係人：	沒有正式權力，但能夠影響專案的人
目標與 後勤事項：	預算、期限、文件類型、數值上的目標等等
自願捨棄的答案 （可以採取但決定暫緩的行動）：	掌控範圍中，可以採取但選擇放棄的行動

圖 5.1：以「How卡」描述解決方案遭遇的問題。

現況：	我的朋友約翰養了一隻小狗名叫哈利，但幾個小時前，哈利不見了
難題：	雖然我們一開始懷疑哈利可能遭人綁架，但現在我們認為，沒人刻意阻擋我們找回哈利
診斷用關鍵命題：	既然知道沒人刻意阻擋我們找回哈利，我們該**如何**找回小狗哈利？
決策者：	朋友夫婦
其他關係人：	約翰的鄰居，以及我們在搜尋過程中請教的其他人
目標與後勤事項：	四小時內找出所有可能的解決方案 十二小時內選出解決方案並執行 二十四小時內找回哈利
自願捨棄的答案（可以採取但決定暫緩的行動）：	請鄰居空出大量時間，協助我們尋找哈利

圖 5.2：就哈利的例子來說，我們選擇在「How 卡」中加入診斷結果。

們做到這點。請參見圖 5.1。

　　你的 How 卡不必與 Why 卡刻意區別。事實上，你所記錄的現況與難題可能只會稍微變動。這兩種卡片的主要差別之一在於「關鍵命題」。擬定關鍵命題時，請先決定是否要將診斷結果融入關鍵命題中。圖 5.2 以「哈利事件」為例，顯示我們已經整合了診斷結果，而且從中已知沒人刻意阻礙我們找回哈利。不過，將問題設定為「我們要如何找回小狗哈利」也同樣可行。整合診斷結果後，解決方案的範圍就能隨之縮小：我們的目標不在於列出找回失蹤小狗的所有方法，而是只考慮綁架以外的情形。

2. 繪製「解決方案分析圖」

　　雖然很想直接採用腦中浮現的第一個解決方案，但靜下心來考慮其他方案其實有所幫助與價值。為了解釋其中的道理，以下案例可供思考[1]：飯店賓客投訴電梯等太久。

為了解決這個問題，經理請教工程師，得到裝設另一部電梯的建議。詢問電梯的價格後，經理決定尋求其他人的意見。這次他找上一位心理學家，對方建議他讓賓客等電梯時有些事情可以做，例如安裝鏡子或電視，或者提供雜誌。飯店採用心理學家的建議後，賓客就不再投訴了。學者 Verberne 發現，若能善加運用擴散式思考的能力，就能避免貿然採用顯而易見（通常也是最貴的）解決辦法。[2]

若運用到尋找問題的解決辦法上，這種不願立即獲得滿足的思維，意味著採取任何可能方案之前，應至少先考慮幾個不同方案，如圖 5.3 所示。

覺得聽起來事倍功半？決策理論學家 Hammond 和同事指出兩點，顯見他們並不認同事倍功半的想法：一，你不會選擇未經思考的方案；二，不管找到幾個可能方案，最後只會選擇最理想的那個。他們總結說道，「因此，若能積極尋找創新的替代辦法，最終獲得的效益可能極高。」[3]

是不是聽起來很耳熟？這是因為這種避免太早決定解決方案的做法，與我們診斷問題時採行的策略類似（詳見第二章與第三章）。好消息是，解決方案分析圖依循的四大主要原則與診斷問題分析圖相同（詳見圖 5.4），所以我們可以藉助之前討論的成果，利用問題分析圖展開第二種思考模式。本章也會介紹其他有助於拓展兩種分析圖的其他想法。

圖 5.3：尋找解決方案時應有意識地下定決心，先列出可行選項，再加以評估與選擇，而非貿然挑選腦中自動浮現的方法。

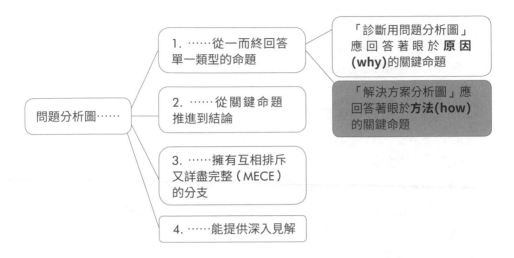

圖 5.4：解決方案分析圖的四項主要規則和診斷分析圖相同。

2.1 尋找可行方案而非流程

可從兩種角度回答著眼於方法的命題。第一種是描述一個流程，透過一連串的步驟，以某種特定方式回答命題。第二種是描述各種可行方案或管道，其中各個選項都可能是命題的解答。

務必將解決方案分析圖用於後者，展示足可解決問題的各種選項，而非描述一連串步驟，以特定方法回答關鍵命題（參見圖 5.5）。這或許困難重重，在我的經驗中，人們傾向於描述一整個流程，因為這比尋找各種可行選項來得令人自在。由此可知，要能堅持不懈地尋找各種可行選項，可能需要有意識地投注心力。

確認分支的獨立性。若要避免分析圖落入一味描述流程的窠臼，一種方法是定時確認分支彼此獨立。由於解決方案分析圖是將可行辦法全數列出，因此圖中的每個分支都必須自成一家，換句話說，任一分支皆不需其他分支的輔助，即可完整回答命題，尤其分支之間不可產生時間關係，即彼此之間不可存在先後順序。也就是說，分析圖中的所有元素都是關鍵命題的可能答案。舉例來說，圖 5.5（b）中，「搭火箭」或「游泳」都能獨立回答「如何從紐約前往倫敦？」這些解決方案不需搭配其他任何解答，就能完整回答命題。對比之下，圖 5.5（a）中的「買票」就不屬於這類。

忽略當下個人喜好和可行性。在這個階段，我們尚不考慮個人喜好與答案的可行

性。只要合乎邏輯、足以成為關鍵命題的可能答案（而且不在 How 卡的自願捨棄區中），就應該列入分析圖。談判專家 Roger Fisher 與同事發現，這需要共同努力才能達成，畢竟「這些選項不會自然而然出現」。[4]

2.2 從關鍵命題推進到結論

和診斷分析圖一樣，解決方案分析圖也必須始於關鍵命題，接著尋找各種可能答案，再以正式的假設組合加以概括，並在驗證後記下結論。

讓分支向外發散。如同決策樹狀圖一樣，在出現假設組合之前，議題分析圖只有分裂節點，又稱為分歧路徑；換句話說，每個元素至少都有兩個子項目。如果你遇到圖 5.6 的情況，希望以相同方式解析多個議題，依然需要為各個議題發展不同分支。原因在於，一旦議題開始分出不同支線，就會產生截然不同的元素，以不同的方式演進，而分析圖的部分價值，就在於揭露元素之間的差異。

流程：
（a）

管道 /
可行方案：
（b）

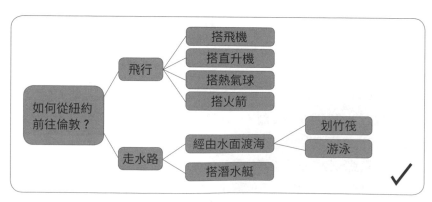

圖 5.5：解決方案分析圖的功用在於尋找可行辦法，並非列出順序流程。

　　若要避免眾多元素重複出現，一種實用的做法是將相同的分支圈起來並標上號碼，只要圖中任一部分使用相同結構，只要註明該號碼即可（參見圖 5.6 [b]）。

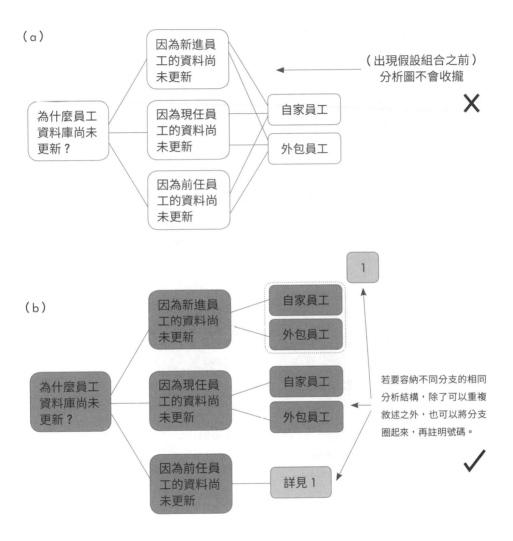

圖 5.6：達到假設組合的階段之前，分析圖只會有擴散節點，也就是向右進展時不斷擴散。若要避免同樣的分支反覆出現，可以善用標記號碼的方式。

刪除只有一個子項目的節點。元素只有一個子項目時，代表你遇到了兩種問題的其中一個：要不是不符合力求完整而詳盡的要求（亦即漏掉其他可能項目），就是「元素＋子項目」的群組多餘而不必要。無論何種情況，都必須修改群組：前者需要添加遺漏的子項目，後者則需要修改元素、子項目，或同時朝這兩種方向調整。

進一步控制子項目的數量：太多會顯得不切實際，但只有兩個也不一定理想。將元素分解成兩個子項目，或許是最簡單的方式。但這種二分法的分析圖要達到一定的詳細程度，比節點下有更多子項目的分析圖需要更多時間。這種過於簡潔的代價是分析圖變得更大張，更難聚焦於重要部分，因此請勿輕易採取二分法。另一方面，假如一個元素具有五個子項目，到時檢驗 MECE 特性時可能會無比複雜。決定特定節點的解析方式時，應在上述考量中找到平衡，而根據我的經驗，二至五個節點通常是最適中的數量。

明辨各個節點的值。每個節點理應具有清晰可見的值，否則就只是濫竽充數，分析圖很快就會無比龐雜，但不一定真正有用。為了讓每個節點具有實際價值，請認真為節點中的「變項」命名（參見圖 5.7）。如此一來，子項目就是變項可能具備的各種狀態。

若無必要，分支不一定得發展到相同的程度。分析圖中，有些分支只需幾個回合就能充分發展，但也有一些分支需要更多時間去拓展。這種差異無傷大雅。不必覺得為了保持一致，所有分支都必須達到相同的發展程度，需要注意的，反而是必須確認每個分支都已深入探討，展現明確清晰的意義（詳見下一點）。

分析圖夠清楚明確時就該停止向下探究。第三章中，有關何時應停止發展分析圖的判斷依據，對解決方案分析圖一樣有效：唯有讓解決方案更加明確，同時創造更多價值，發展分析圖才有意義，否則就不該繼續拓展下去。想想哈利的例子（參見圖 5.8）。我們可以從家裡開始尋找，接著朝四個不同方向搜尋。

指明這些方向能創造任何價值嗎？專家說小狗通常喜歡迎著風走，所以特別標註這點似乎有其道理，因為這能為我們指出具體方向，以便展開搜尋工作。至於是否需要明示其他三個方向，則只能仰賴個人判斷，但要是你找不到夠好的理由，不如暫且就此打住，轉而發展其他分支。

一般而言，元素內容越明確越好。除了能幫助你朝 MECE 和有見地的方向梳理思緒，議題分析圖的大半價值還是在於找到具體、準確的答案。發展分析圖的初期階段

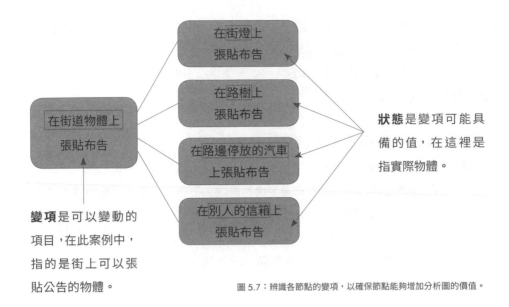

狀態是變項可能具備的值，在這裡是指實際物體。

變項是可以變動的項目，在此案例中，指的是街上可以張貼公告的物體。

圖 5.7：辨識各節點的變項，以確保節點能夠增加分析圖的價值。

如果繼續淬鍊想法有可能創造價值的話，就值得去做。
在此案例中，指出小狗可能行進的方向有其道理。

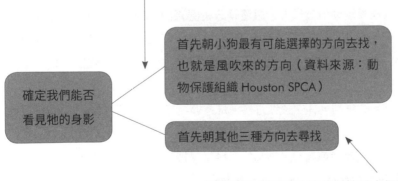

如果額外細節不太可能創造重大價值，就不需要為此增加一個節點。例如，指出其他三個方向的意義不大，所以我們姑且就此打住。

圖 5.8：若要判斷新增節點是否合理，可先思考增加節點所能創造的價值。

中，我們花了許多時間歸納整理，但分析圖真正的精髓在於著手創造第二種價值：<u>找到確切的解決方案</u>。別到這裡就心滿意足，讓思考停留在答案流於廣泛或模糊的層次上。相反地，你該強迫自己更深入探究，因為即使你所蒐集的大部分想法都未獲採用，還是可能觸發其他實用的想法。

2.3 讓分析圖更顯 MECE 特質

確認分析圖達到 MECE 的分類標準，並列出關鍵命題的所有可能答案，對於解決方案分析圖及診斷分析圖其實同等重要。也就是說，不管個人喜好、可行性或其他任何因素，只要合乎邏輯，關鍵命題的所有可能答案都應該納入分析圖中。第三章介紹了幾個有助於達成 MECE 要求的基本概念，以下再提供幾點建議。

遵從「牽手原則」，讓整張分析圖更顯 MECE 特質。一開始介紹分析圖時所討論的「牽手原則」（詳見第二章）也適用於議題分析圖，即元素與其子項目的內容不應只出現在一個方塊中[5]。圖 5.9 中，我們只修改哈利為了返家而採取的行動類型，其餘維持不變，藉此符合牽手原則。

區別原因和結果，讓整體分析圖更顯 ME 特質。如果各個項目屬於不同類，將無法產生 MECE 特質。必然的前提是，清單中的項目不能是同一清單中其他項目的原因（或結果）。

以合適的大規模活動激發想法，讓整體分析圖更顯 CE 特質。許多人不甚擅長擴散式思考。我們容易落入多種窒礙難行的模式，限制了自己的創意，其肇因可能是自我設限（例如仰賴原有的認知、複製過去的經驗、對不確定性感到手足無措）或受他人影響，也就是所謂的「團體迷思」（groupthinking）。所以我們需要外部協助，以克服先天上的限制，其中一種方式，是透過特定的動態活動激發想法。「腦力激盪」（brainstorm）、「腦力傳寫接龍」（brainwrite）以及「德菲法」（Delphi method）是讓點子貢獻者擁有更多隱私的三種常見技巧。[6]

腦力激盪(brainstorm)。團體腦力激盪是指多人一起分享解決問題的想法：將幾個人集合到會議室，請他們分享對某一主題的看法，並記錄所有結果。有效的腦力激盪需要四到六名不等的參加成員、一名主持人、一個安靜舒適的空間，以及三十分鐘左右的時間。[7] 此外，還需確認所有人遵守四項規則：[8]

● 禁止批評。不用擔心想法是否可行，腦力激盪的重點在於產生想法，而非評論

圖 5.9：元素與其子項目應該相互牽手。

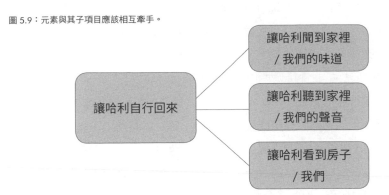

● 鼓勵「愚蠢」的奇思異想。參加者不該受到任何形式的限制

● 著重於點子的數量，而非品質

● 鼓勵從他人想法中產生其他創意（認知刺激，即以他人的點子為基礎，接棒發想）

　　腦力激盪蔚為流行，許多組織不約而同地採用，包括以研發多種創新產品而聞名的設計創新顧問公司 IDEO 也不例外（首款 Apple 滑鼠就是他們的作品）。[9] 某些情況下，團體腦力激盪與個人獨立思考的成效不相上下，甚至有過之而無不及，其流行程度不言可喻。[10] 然而，不少人的經驗顯示，以同樣人數各自腦力激盪所產生的想法，無論在量或質上都勝過團體腦力激盪。[11] 本節接下來將討論與腦力激盪相關的問題，並介紹克服方法。美國西北大學的 Leigh Thompson 教授指出，腦力激盪的效果受限於四大問題：[12]

● 「社會性懈怠」（social loafing）是團體工作常見的現象，意指與他人一起工作時，個人的努力往往少於一個人單獨工作時投注的心力。尤其當人們認為自己的貢獻無法與他人有所區別時，懈怠的現象更為嚴重 [13]

● 由於擔心受到負面評價而主動修改想法，產生「順從」（conforming）的現象，導致每個人的貢獻趨於保守，內容也相似 [14]

● 聽取他人的想法而喪失自己的獨到思維，落入「生產力阻塞」（production blocking）的困境 [15]

● 團體成員的表現減退，以配合團體中表現較差的成員

縱使上述限制的確存在，團體腦力激盪的做法依然普遍，且無論研究或實踐上，也有不少人提出各種方法，期能避免問題發生。IDEO 的合作夥伴 Tom Kelley 就提出幾個想法，試圖改善腦力激盪的效果，例如提出開放式問題，並以清楚的定義界定需要解決的問題；將想法編號，藉此激勵參與者（例如每小時以發想一百個點子為目標）；以及善用便利貼或其他輔助用品，以清楚顯示討論進度並協助日後歸納想法。[16]

有鑑於背景多元的團隊較有可能發揮創造力，不妨試著集結不同專長的人組成團隊。[17] 學者 Ancona 與 Caldwell 發現，團隊成員的背景越多元，越能與團隊之外的更多人溝通，也較能在組織中跨部門合作，而管理階層對於這種團隊的創新評價也會較高。[18] 此外，他們也發現「任期多樣性」（tenure diversity）所能帶來的價值。

前 CIA 分析師 Morgan Jones 強調「接納」（receptivity）的重要：如果團隊提出的想法會當場遭到否定，再多的想法都毫無意義。[19] 因此，務必避免驟下評論，不管是正面或負面評價都應一律避免。身為主持人的你聽到成員提出的想法後，不該當下說出鼓勵的言論，比如「很棒」或「我喜歡這個想法」等評論或許可以激勵那位表達意見的成員，但那些發言後並未受到稱讚的人可能會因此感覺受挫。有人提供想法時，你應該複誦內容並記錄，只要如實記錄下來就好，必要時再請成員詳加說明。

別在單一想法上花費太多時間：只概略描述雛形，旁枝末節留待稍後再談。此時的目標是在短時間內產出大量想法，以提高其中出現創意想法（即新奇又實用）的機會。[20] 其他階段一定還有時間可以針對每個想法深入研究。

學者 Oxley 等人發現，訓練有素的協調者能帶領團體在腦力激盪中，得到比個人腦力激盪更豐碩的成果。他們認為，成功的原因可能在於協調者擁有豐富經驗、受過發掘點子及引領團體專心發想的相關訓練，以及／或他們反覆帶進未經徹底探討的想法，讓成員能夠一再反思。[21]

正式開始腦力激盪之前，或許可以先來點暖身，例如請大家說出十種樹的名稱。另一種方法是請參加者輪流說出一個句子：成員兩人一組（也可不分組），用「很久以前」開頭，並隨意套用一個主題（例如我搬去倫敦）。這能幫助參加者拋棄自己的想法，以他人的點子為基礎繼續發想。[22]

有鑑於腦力激盪在許多情況中都曾出現成效低落的現象，學者 Diehl 與 Stroebe 建議，「先讓每個人獨自發想，再利用團體討論的方式檢視及評估所有想法，或許會更有效。如此一來，團體討論的目的變成了評論想法，不再是發想點子。」[23]

Thompson 教授同意這種做法，指出個人在擴散式思考上比團隊更勝一籌，但在聚斂式思考上，後者反而比前者更能勝任。[24] 由此看來，若要朝上述方向改進，使用腦力傳寫接龍或許會比腦力激盪更為恰當。

腦力傳寫接龍(brainwrite)。腦力傳寫接龍與腦力激盪的相似之處，在於同樣需要召集一小組人馬，定義共同需要面對的問題後，再請每個人提出解決問題的看法。不過，腦力傳寫接龍先讓每個人獨立思考、安靜寫下想法，最後再彼此分享意見，藉此減少成員間的互動。

一開始，發給每個成員一張白紙，請他們在有限時間中（例如五分鐘）寫下幾個想法。預定的時間結束後，請每個人將自己的紙張交給坐在右邊的人，然後請大家思考前一個人在紙上所寫的想法，以此為基礎發展自己的看法。若有必要，可重複這個流程。

在此活動中，記得也要遵守腦力激盪的規則：記下可能合乎邏輯的所有想法，先別考慮實際效用，並鼓勵大家提出獨特想法。進入分享想法的階段時，切勿給予正面或負面的評價。你也可以時常提醒在場的每個人，此活動的重點在於點子的數量而非品質。

相較於腦力激盪，腦力傳寫接龍可以減少生產力阻塞的風險，因為參與者不需等候，就能表達自己的看法。另外，由於參加者不必從他人的觀點看待問題，加上書寫比發言更為隱匿，因此錨定效應 [25] 和順從現象 [26] 都能因此減少。這種方法的第三項優點是越多人參與越能彰顯成效，而且因為所有人同時發想，因此更節省時間，效率更好。

經驗證實，至少在部分情況下，腦力傳寫接龍能比個人獨自發想創造更高的生產力。[27]

腦力傳寫接龍可讓參與者在參考他人的想法後迅速發展點子，算是傳承了腦力激盪的部分優點，但也同時具備腦力激盪的某些缺點，因為整個過程並非完全匿名，有些參加者仍會感覺有點壓力。如果在意這點，不妨考慮改用德菲法。

使用「德菲法」(Delphi method)。德菲法可提供更多隱私：參與者不必見面，只需個別寫下心目中的解決方案和理由，再由召集人將這些回答內容和參與者索取的任何資料轉交給所有人 [28]。接著，參加者參考他人提供的觀點，個別修改解決方案。反覆進行上述流程，直到順利聚斂所有想法或不再出現進展為止。

集結五到二十名跨領域的專業人士共同合作，能讓此方法發揮最大效用。[29] 讓參與者維持匿名狀態，可避免個人附和團體中最知名專家的意見，最終導致所有人的想法了無新意。當參與者身處不同地點，或是彼此之間的想法過於分歧，以致於面對面開會也只是浪費時間，此時這個方法就能派上用場。[30] 相對地，這個方法需要較多時間才能得到最終結果，尤其是人數較多的時候。

以團體形式進行的發想活動等於犧牲了參與者的隱私，換取能在他人想法的基礎上迅速激發點子的機會。在衡量特定情況的需求後，找出對你而言比較重要的特質，再選擇最適合的方法。注意，這些方法不一定互不相容，輪流以個人或團體為單位刺激思考，或許也是可以考慮的方式。[31]

以合適的小規模活動激發想法，讓整體分析圖更顯 CE 特質。在腦力激盪（不管是以團體或個人的形式進行）、腦力傳寫接龍和使用德菲法的過程中，每個人都能適時應用上述一或多種方法，提升發想點子的成效。

運用「類比法」。誠如第三章所述，面對不熟悉的問題時，若能借鏡類似的問題，或許能對尋找解決方案有所助益。心理學家 Smith 與 Ward 便指出，最有效果的類比法，是從情況背後的概念尋求相似之處，而非著眼於表面特徵。[32]

有時候，類比法等同於從其他情境「竊取」想法。這可能會有點困難，有時是因為一種習慣拒絕外來想法的傾向，戲稱為「這不適合」症狀[33]，例如「醫學界解決問題的方式不適合軍隊」，諸如此類。當然，不同領域會有明顯差異，而這些差異需要經過專業的訓練才能有效處理。但其中也會有共同交集。醫學界在解決問題上的確可能與軍隊有相同之處，心理學家 Duncker 提出的放射線問題就是很好的例子。想像你必須治療病患胃部的腫瘤，同時不能傷及周邊健康的組織。所有強度夠強的放射線都可能摧毀兩種組織。為此，Dunker 找出各種解決方案，包括讓放射線從食道通過、使用化學注射劑麻痺健康組織、動手術讓腫瘤露出等等，再詳細整理成研究樹狀圖（這是我看過最早的問題分析圖）。接著，他選出其中一種解決方案：從病患四周各處同時照射低強度放射線，並精準聚焦於腫瘤上，藉此累積到足夠破壞腫瘤的強度。[34] 面對這個難題時，若能先閱讀軍事類比（攻擊四周受地雷區保護的堡壘，且佈雷區只有零星人數可以通過，容不下整支軍隊），找到解決方案的機率遠遠較高[35]，可知抱持開放心胸其實有其必要。

「開放式創新」（open innovation）是一種典範移用，這個概念的出現，進一步

推廣了同時援引內外部想法以解決問題的做法，並透過 InnoCentive 這類網站發揚光大。這家群眾外包公司讓面臨難題的組織得以找到適任的人才，而解決問題的人則可獲得現金報酬，達到雙贏局面。其他相關作為包括推廣跨學科思考的倡議活動，例如 Pumps & Pipes 論壇的宗旨就是促進美國國家航空暨太空總署（NASA）、醫學界和能源公司之間的交流。[36]

質疑先入為主的成見。要怎樣才能把四頭大象塞進一輛車內？前座兩頭，後座兩頭。心理學家 Edward de Bono 主張，質疑預先設想的內容是「水平思考」（lateral thinking）極其重要的關鍵。[37] 決策理論學家 Hammond 等人也有相同看法：全盤接受限制之前，可先區別真實存在的限制與你預設可能遭受的限制條件，通常後者代表的是一種思考上的心理狀態，並非實際情形。[38]

現在拿出紙筆和碼錶。你必須在三分鐘內想出瓶子的所有用途。數量是關鍵：寫出越多種用途的人獲勝。準備好了嗎？計時開始。

如果你跟我大多數的學生一樣，大概會想出 10 至 25 個答案。你會寫到顯而易見的用途（液體容器、畫圓工具），以及比較偏門的應用方式（花瓶、防身武器、槌打工具、放大鏡、藝術品）。但你真的想得夠遠嗎？瓶子可以變成充飢的食品嗎？（可以，如果是巧克力做成的瓶子的話。）瓶子可以變成船嗎？（如果夠大的話當然可以。）可以製成衣服嗎？（可以，塑膠分解後可以做成紡織原料。）事實上，瓶子可以製作家具、神像、貨幣、水下呼吸設備，甚至可以飛到空中（只要夠大夠輕的話，灌入氦氣或熱空氣就能起飛）。

如果瓶子有這麼多用途，為什麼我們只能想到 25 個答案？題目一開始並未指定瓶子的尺寸和材質，一切都是我們作繭自縛。想質疑先入為主的成見，首先必須找出該預設想法，假裝其未曾存在，在此基礎上思考其他可行選項。如果這些選項夠吸引人，或許你就會願意擺脫那些自我加諸的限制。[39]

別自我設限在排除問題。質疑預設成見的一種重要做法，就是不侷限於只思考可以排除問題的解決方案，而要同時考慮能管理後果的辦法。有時候，從管理面向探討解決方案反而更有吸引力。例如，在冠狀動脈部分阻塞（一種稱為心絞痛的心臟疾病）的臨床研究上，有些病患會接受手術治療，即開刀或利用「氣球擴張術」（balloon angioplasty）清除阻塞物質。這類使用機械的介入式治療，就是透過消除問題來解決問題的例子。反觀其他病患則可能採用臨床干預做法，或稱為「健康管理」，即透過

服藥降低膽固醇和血壓。採取上述兩種方法後，病患面臨心臟病發作或死亡的機率其實不相上下。但考量機械介入治療的手術過程中，可能伴隨著心臟病發、中風和死亡的風險，學術醫師 Gilbert Welch 認為，管理病症的治療法或許比直接消除病灶更容易讓人接受，至少醫師初步與病患溝通時，病患的反應確是如此。[40]

一旦選擇管理型解決方案，勢必得跨出舒適圈才行，因為這通常意味著我們必須與問題和平共處。改變處置癌症的因應之道，從全面開戰到將其視為左鄰右舍（正所謂「籬笆築得牢，鄰居處得好」），難免需經歷一段陣痛期。[41] 我們之所以會快速否決這類解決方案，原因或許在此。不過，當消除型解決方案相對昂貴或風險較高，人們可能就會坦然接受管理型方案，甚至主動選擇。

逆向思考。回到前面的例子。瓶子的用途遠遠超過你原本的認知。事實上，既然能做的事情這麼多，不如試著反向思考。現在來個類似的練習：請在三分鐘內寫出無法用瓶子做到的所有事情。計時開始。

你想到了幾個？大概不只一些吧，因為現在你知道如何擺脫原本自我加諸的限制，使思考過程無比順暢。這就是這項練習的目的：有時候，想知道達成某件事的方法，不如反其道而行，試著思考行不通的做法，或許反而能有收穫。

還有一種做法，就是採用最糟糕的點子。假設有群人想解決一項難題，史丹佛大學的 Tina Seelig 教授這麼建議：將這群人分組，請各組想出解決問題時最理想與最差勁（例如欠缺效率或成效不彰）的方法，記錄在紙上並加以標註。收回所有答案，將標記「最佳方案」的紙張送入碎紙機，然後發回標示著「最糟方案」的紙張，並確認每組都是拿到其他組的答案。請各組將手上不甚理想的方案改造成理想的解套辦法。Seelig 教授指出，大多數組別很快就能掌握要領，將一手爛牌變成很棒的解決方案。[42]

分解問題。思考一下小鳥和火車的問題[43]：「兩個火車站距離 50 英哩。某個星期六下午兩點，兩輛火車分別從車站發車對開。火車駛出車站之際，一隻小鳥在第一輛火車前方起飛，朝著第二輛火車的車頭飛去。當小鳥飛到車頭前時，便轉身飛回第一輛火車前。小鳥來回飛翔，直到火車相遇為止。如果火車行進的速度是每小時 25 英哩，小鳥飛行的時速是 100 英哩，那麼火車相遇之前，小鳥總共會飛多少英哩？」

對大多數人來說，如果專心研究小鳥飛行的距離，這恐怕會是一道很難解開的問題。相對地，另一種解題方法是將問題拆解，先算出火車相遇所需的時間（火車個別以 25 英哩的時速行駛，只要一小時就能跑完 50 英哩），就能得知小鳥在這段時間內

飛行的距離（100 英哩），如此一來，問題就簡單多了。

區分創新的性質。1990 年代時，若想將資料從電腦硬碟中存取出來，普遍都會使用 CD-ROM 光碟片。在經歷磁碟片及更早的打孔卡之後，光碟片可說是相當便利的發明。當然，隨著 DVD 的問世，我們可以在相同大小的裝置上儲存更多資料。那麼接下來呢？把更多資料存在光碟片大小的裝置上嗎？還是使用更小的光碟片？都不是，因為市面上出現了新的裝置：USB 隨身碟。[44]

這個例子說明了「更好、更快、更便宜」（漸進／演進式的創新）以及「全新境界」（突破／革命性的創新）兩種不同的創新取向。[45]

「漸進式思考」只能實現微幅進步，像是從 CD-ROM 光碟片發展到 DVD。「突破性思考」則可造就巨幅改變，為現況帶來革命性的變化，例如從卡帶到 CD，再到現在隨處可見的 MP3。這兩種思考類型並不相容，因為不管再怎麼改進 DVD，終究無法變成隨身碟。專家時常只能提供漸進式的解答，因為他們的背景經歷讓他們停留在正統的思維。[46] 所以，要是你想獲得石破天驚的答案，應該向新手（或其他領域的專家）請教。

這兩種思考類型不一定孰優孰劣。例如，漸進式思考需要的心力較少，甚至對不同技能的需求也比較低，所以比較適合在緊急情況下用來修正錯誤。若是最後失敗的機會很高，也適合採取這種思考模式。

重點在於，你應該同時探討兩種類型的答案。例如，你可以將工作分成兩個階段，先請團隊採取漸進式思考，再尋求突破性解決方案。

辯論。雖然腦力激盪的過程中嚴禁批評，但學者 Nemeth 等人發現，鼓勵小組之間展開辯論及暢所欲言，能催生更有創意的想法。[47] 辯論和延後評判並非互相排斥的兩種做法。你可以安排工作時程，先讓團隊充分地自由思考，接著再展開有秩序的辯論。此外，辯論的目的不一定是決定是否需要採納某個想法，也可以討論如何充實想法的內涵。

衡量創造力。你所想到的點子可使用四個指標來評估：數量（想法多寡）、質量（想法的可行性，以及與原始設定的差距）、特殊性（相較於其他想法的新奇或驚喜程度）及多樣性（想法可歸納成幾種分類）。[48] 只要從這四種面向評估想法的優劣，就能發現想法的弱點，集中心力加以改善。

給潛意識一點時間。尋找有創意的可行方案不是一件容易的事。或許你會發現，

相較於一口氣工作較長的時間，若將工作分成較短、較頻繁的幾個小任務，工作成效可能反而更好。工作分割成數個小任務之後，潛意識總算有時間可以發揮作用，因此你依然可能在每個任務之間得到意外收穫。[49] 對歷史上許多著名的思想家來說，暫時從工作中脫離同樣有所裨益，其中包括數學家 Henri Poincaré。他發現，在海邊待上幾天，這幾天內不去回想百思不得其解的問題，反而能幫助他找到解決辦法。[50]

2.4　更深入解析

重整思緒。 有時候，直截了當的方法並非最好的選擇。想想古老的阿拉伯寓言就能瞭解其中的道理：農夫過世後，留給三個兒子 17 匹駱駝。他希望長子獲得一半的駱駝，次子擁有三分之一，最小的兒子拿到九分之一。

但無論是 2、3 或 9 都無法整除 17，所以農夫的兒子相當苦惱。無計可施之下，他們決定請教一名長者。這位長者跟三兄弟一樣疑惑，但他送了一匹駱駝給他們，希望能有所幫助。那匹駱駝垂垂老矣，沒人想要，但三兄弟還是收下了。

所以，現在他們總共有 18 匹駱駝，大兒子可以獲得一半（9），二兒子可以分得三分之一（6），小兒子也能拿到九分之一（2），但由於總計只需 17 匹駱駝，那位智者也就不必犧牲自己的駱駝。問題終於圓滿解決。[51]

若從單一方向試圖解決問題，一旦陷入僵局（例如怎麼整除 17 ？），即發生第三章介紹的思考僵化現象，即使解決方案近在眼前，我們可能也無法察覺。因此，如果從你原本設定的框架中無法發現解決之道，應該稍微後退，從不同的角度重新看待問題。上述故事提供了幾個線索，可幫助你重整思緒：

尋求智者的建議。要從當下的情境中跳脫出來並不容易，尤其如果深陷其中太久或投入太多個人情感，勢必難上加難。除了向外求援，也別忘了尋找「愚蠢」的協助，也就是聽取新手的意見。

使用催化劑。化學中，催化劑是指能夠促進或加速反應，且自身不受影響的物質。獲得一匹沒人想要的老駱駝不太可能有所幫助，豈料卻意外化解僵局……而駱駝也順利回到原本主人的身邊。

務必將分析圖中的所有元素描述成你能採取的行動。 分析圖可以幫助你找到能夠解決問題的可能辦法，但應該以你能採取的行動來表達。即使面對並非由你主控的情況（例如圖 5.10 的例子），也應該著重於如何可以影響操控大局的人。

圖 5.10：解決問題的過程中，將精力放在你能使得上力的地方。

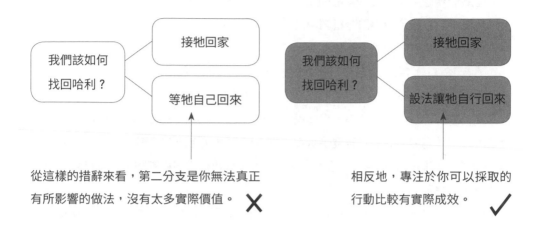

從這樣的措辭來看，第二分支是你無法真正
有所影響的做法，沒有太多實際價值。　✗

相反地，專注於你可以採取的
行動比較有實際成效。　✓

追究格格不入的項目。如果某個節點的所有子項目中，只有一個項目自成一類，
此時應該撥一點時間深入追究，說不定能有更進一步的領悟。想想下圖 5.11 的例子。
提高單位價格、銷售更多數量和增加新產品確實是提高營收的三種方式。

但再繼續探討下去，可發現這三項元素並不相似：前兩項會直接影響營收（因為
營收等於價格乘以數量），但最後一項不會。或許你會發覺，後者著眼於產品的新舊，
將產品區隔成新產品及現有產品。重新調整元素可讓分析圖的架構透明清晰，幫助你
探索新增產品的價值：這對價格和 / 或數量究竟有沒有幫助呢？

每個節點使用一個變項。為了減少邏輯出現缺陷的風險，我們通常建議每個節點
只安排一個變項。雖然這會使分析圖變得更為龐大，但檢查邏輯及確認其中是否有所
遺漏時，工作會變得比較簡單。

2.5　消除令人分心的因素

由於繪製問題分析圖需要同時動用創造力與分析思考的能力，因此相當費神。你
很有可能說服自己分心處理其他事情，逃避繪製分析圖的艱困工作。去除令人分心的
因素或許能幫助你專心分析，包括關閉電子郵件、不接電話、網路只用來查找特定資
訊、刻意不去擔心論述的格式問題等等。

你也能提升問題分析圖的清晰程度，進一步減少分心的機會，方法包括重複不同

分支中的類似元素，將圖中元素標準化，省去無謂的變化。雖然這會讓分析圖有點無趣，但清晰易懂的考量應該優先於譁眾取寵。[52] 另外，平行結構也能有所幫助。

使用平行結構。讓問題分析圖中的元素呈現平行關係，可方便簡化分析圖，藉以減少檢查邏輯時所需的認知負擔。

圖 5.12（a）探討如何改善顧客體驗。圖中，我們將體驗分成兩項 MECE 元素：銷售現場及售後服務。接著，我們提議應改善顧客的購物經驗，也就是銷售當下的所有感受。截至目前為止還不錯。但問題發生在，銷售後續追蹤並非唯一可以改善售後體驗的方式（例如，我們可以提供折扣，吸引顧客再次上門），因此分析圖並未達到 CE 的標準。將論述調整成平行結構（改善購物體驗及售後服務體驗），可幫助我們發現邏輯上的漏洞。[53]

在句法或文法上使用平行結構也很有效：在分析圖的所有元素中使用一致的行文格式，除了可以降低分心機率，也能讓邏輯檢查的工作更為輕鬆。圖 5.12（b）中，關鍵命題分出三個子議題。雖然三種表達方式都在可接受的範圍內，但在同一張分析圖中使用所有形式，會讓稍後的驗證工作變得困難。因此，請盡量確認所有元素使用相同的文法架構。

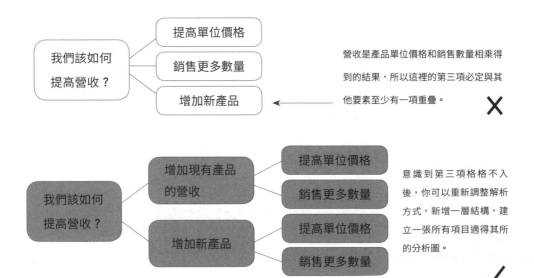

圖 5.11：鎖定格格不入的項目繼續追究，可幫助你更深入探索。

2.6 組織理想團隊

一般而言，就長期來看，背景多元的團隊通常比同質性高的團隊表現更好。[54] 為了進一步發揮多樣性的優勢，決策理論學家 Hammond 等人建議，先獨自尋找解決方案，以免受到相關學科普遍接受的共同認知所圍限。[55] 經過這個步驟之後，再尋求他人協助。

向擁有不同知識的人請教。 關於多樣性對團隊表現的影響，目前尚無定論[56]，但有些研究發現，多樣性能對團體的表現產生正面影響。[57] 具備不同背景的人會以不同方法過濾資訊，找出有用的資訊和知識。[58]

學者 Hong 和 Page 發現，從一群背景迥異的情報人員中隨機挑選所組成的團隊，表現會比集結了最傑出人才的團隊更好。這是因為，隨著候選的情報人員數量越多，表現最出色的人勢必會越來越相似，犧牲了多樣性的發展空間。[59] 雖然多樣性和能力都很重要，但在特定情況下，多樣性的順位高於能力。[60]

（a）　在動作描述中使用平行結構：

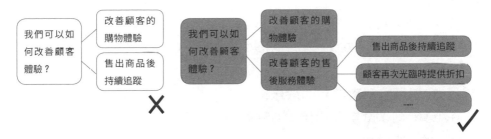

（b）　文法上使用平行結構：

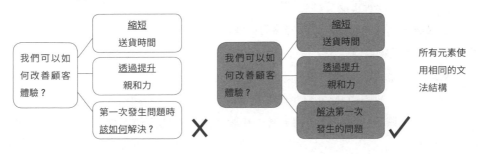

圖 5.12：平行結構可用於想法的表達方式以及想法本身。

確認你能承擔多樣性的代價。雖然團隊多樣性可能提升整體表現，但這必須付出代價。例如，同質性高的群體一開始會比異質性的團體來得出色[61]，而要對團體表現產生積極的正面效果，多樣性必須搭配謹慎的管理才行[62]，例如需要比管理同質性團隊時運用更多談判與化解衝突的技巧。[63] 此外，多樣性必須在某些前提下才能創造附加價值。學者 Page 指出，多樣性必須和「任務本身」有所關聯（「如果另一半需要接受開心手術，我們絕不希望看到屠夫、烘焙師和蠟燭師傅執刀打開胸腔」），而且團隊成員必須能夠合作無間，融洽相處。[64]

2.7 將所有元素連結到正式假設

如同診斷分析圖一樣，一旦你的解決方案分析圖已夠明確，就必須指定假設、決定驗證假設所需的分析、確定需要考慮的證據，最後做出結論。

整體而言，繪製解決方案分析圖和診斷分析圖其實大同小異：所有元素皆必須連結到一個假設，否則分析會出現「漏洞」。不過，你不必為每項元素個別擬定假設，只要思慮周全，將元素分成合適的組別即可。分組時，務必將重心擺在你認為能提供最佳解決辦法的分支上。

到目前為止，我們已經完成擴散式思考的龐大工程。接下來，我們需要檢驗假設，從中找出最理想的解決方案。進入此階段之前，我們先回到哈利的例子。

2.8 對「哈利事件」的啟示？

170 頁的圖 5.13 顯示，我們從哈利事件中歸納出找回哈利的六種主要方法。

我們進一步分析每種方法，找出可以順利達成目標的具體作為，例如指出應該開始尋找的方向，或是可以查詢尋狗啟示的網站。最後一個分支比較需要注意：雖然成敗完全取決於哈利，但思考分支內容時，我們依然著重於我們可以採取的行動，亦即我們該如何促使牠自行返家？接著，我們依循第四章的原則，研擬出一套正式假設。

本章主要說明如何為問題界定解決方案的範疇。誠如第三章所言，假如按部就班、確實繪製，我們的 How 分析圖必定能明確列出解決問題的所有可能方法。接下來，我們必須選出一個（或多個）我們想要付諸實行的解決方案。第六章會接著說明如何挑選。

回顧與補充

將尋找解決方案的「步驟」與「評估程序」脫勾。詳見第三章對於第一種思考模式與第二種思考模式的討論。

將所有答案呈現在分析圖中。分析圖應納入所有想法，甚至不合情理的想法也要列出，因為這是促進其他想法臻至成熟的基礎。[65] 此外，學者 Nemeth 指出，錯誤答案可幫助人們提升創造力（詳見 [Lehrer, 2012]：「即便其他觀點顯然有錯，但接觸這些想法依然有助於提升我們的創造力潛能。」）

分析圖的擴散與聚斂。用決策樹狀圖的詞彙來說，分析圖只有「分裂節點」（分歧路徑），沒有「匯聚節點」（聚合路徑）。

團體迷思。團體迷思是高凝聚力的團體中，成員追求一致而不推崇不同意見的一種傾向。[66]

功能多樣性與團隊表現。功能多樣性越高，不一定能造就越出色的團隊表現。[67]

以類比法解決問題。如需應用上的深入解說，請參閱（Holyoak, 2012）。

衡量創造力。心理學家 J. P. Guilford 提議從三個面向評估創造力：流暢性（fluency，面對問題時，當事人可以提出多少不同想法）、變通性（flexibility，提出幾種不同類型的想法），以及原創性（originality，想法的獨特程度）。[68]

訓練創造力。訓練可以改善創造力，尤其能強調培養認知技巧及實際運用的培訓計畫，效果最為顯著。[69]

腦力激盪。腦力激盪一詞為美國廣告公司創辦人 Alex Osborn 所創，說明如何「使用腦袋衝撞創意問題，而且採取突擊方式，由所有人群起攻擊同一個目標。」[70] 西班牙文稱之為「下點子雨」（lluvia de ideas），或許形象更為鮮活。

什麼是腦力激盪 / 腦力傳寫接龍？腦力激盪與腦力傳寫接龍有各種進行方式。[71]

熱愛瓶子(或磚頭)。竭盡所能發掘某一物體的多種用途（通常是建築用的磚頭），此做法稱為「非常用途測驗」（Unusual Uses Test）或「交替用途測驗」（Alternative Uses Test）。[72]

德菲法。另請參閱（Goodman, 1987）和（National Research Council, 2011b）[p. 187]。[73]

團體解決問題時眾人的互動。雖然學者 Vroom 等人發現，點子發想階段中，團隊

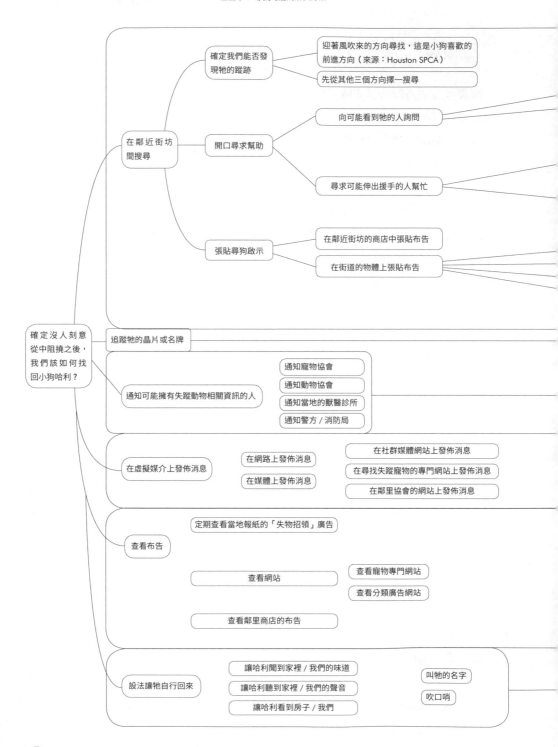

確定沒人刻意
從中阻撓之後，
我們該如何找
回小狗哈利？

在鄰近街坊
間搜尋

確定我們能否發
現牠的蹤跡

迎著風吹來的方向尋找，這是小狗喜歡的
前進方向（來源：Houston SPCA）

先從其他三個方向擇一搜尋

開口尋求幫助

向可能看到牠的人詢問

尋求可能伸出援手的人幫忙

張貼尋狗啟示

在鄰近街坊的商店中張貼布告

在街道的物體上張貼布告

追蹤牠的晶片或名牌

通知可能擁有失蹤動物相關資訊的人

通知寵物協會

通知動物協會

通知當地的獸醫診所

通知警方／消防局

在虛擬媒介上發佈消息

在網路上發佈消息

在媒體上發佈消息

在社群媒體網站上發佈消息

在尋找失蹤寵物的專門網站上發佈消息

在鄰里協會的網站上發佈消息

查看布告

定期查看當地報紙的「失物招領」廣告

查看網站

查看寵物專門網站

查看分類廣告網站

查看鄰里商店的布告

設法讓牠自行回來

讓哈利聞到家裡／我們的味道

讓哈利聽到家裡／我們的聲音

讓哈利看到房子／我們

叫牠的名字

吹口哨

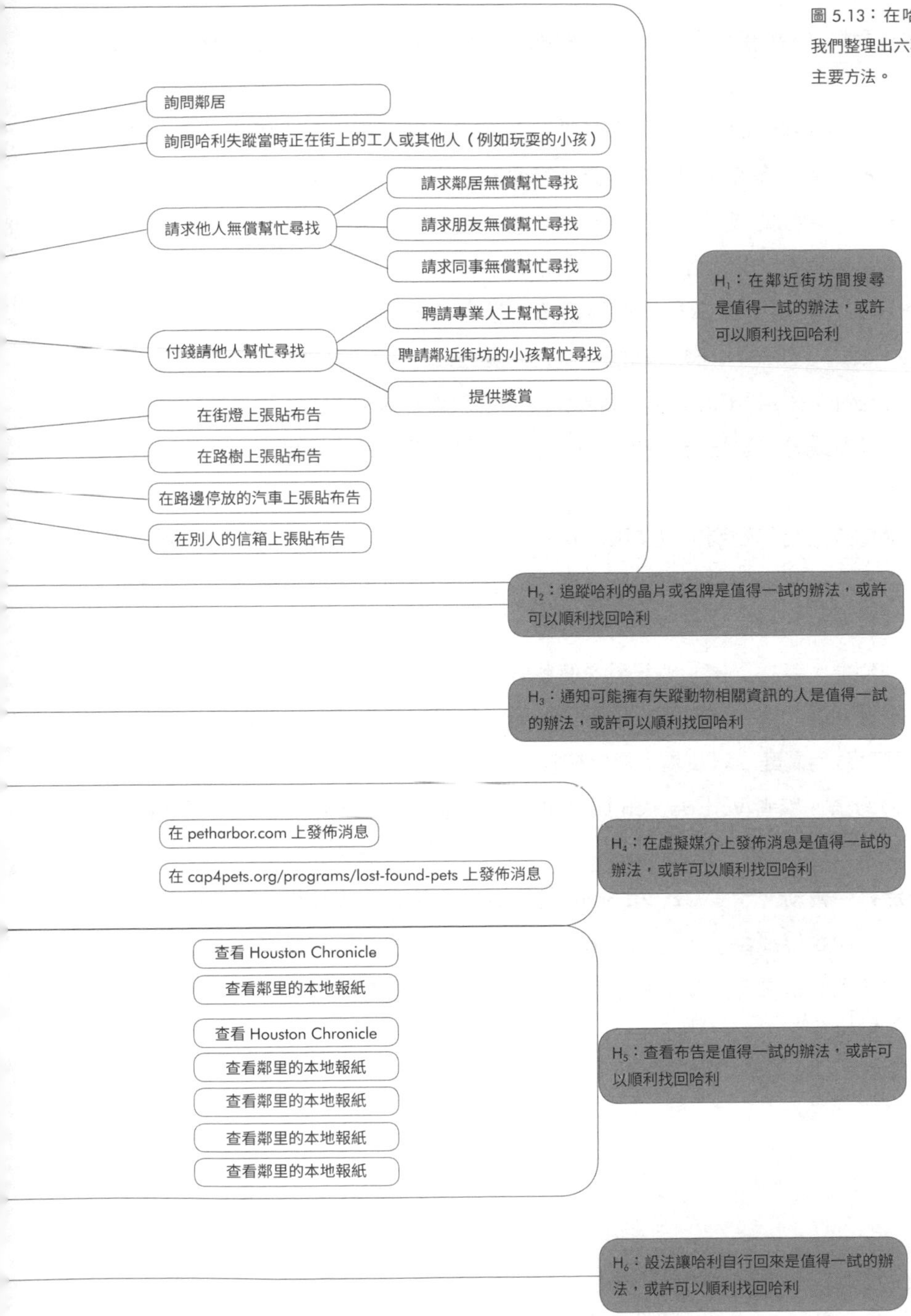

圖 5.13：在哈利的例子中，我們整理出六種可能找到牠的主要方法。

詢問鄰居

詢問哈利失蹤當時正在街上的工人或其他人（例如玩耍的小孩）

請求他人無償幫忙尋找
- 請求鄰居無償幫忙尋找
- 請求朋友無償幫忙尋找
- 請求同事無償幫忙尋找

付錢請他人幫忙尋找
- 聘請專業人士幫忙尋找
- 聘請鄰近街坊的小孩幫忙尋找
- 提供獎賞

在街燈上張貼布告

在路樹上張貼布告

在路邊停放的汽車上張貼布告

在別人的信箱上張貼布告

H_1：在鄰近街坊間搜尋是值得一試的辦法，或許可以順利找回哈利

H_2：追蹤哈利的晶片或名牌是值得一試的辦法，或許可以順利找回哈利

H_3：通知可能擁有失蹤動物相關資訊的人是值得一試的辦法，或許可以順利找回哈利

在 petharbor.com 上發佈消息

在 cap4pets.org/programs/lost-found-pets 上發佈消息

H_4：在虛擬媒介上發佈消息是值得一試的辦法，或許可以順利找回哈利

查看 Houston Chronicle

查看鄰里的本地報紙

查看 Houston Chronicle

查看鄰里的本地報紙

查看鄰里的本地報紙

查看鄰里的本地報紙

查看鄰里的本地報紙

H_5：查看布告是值得一試的辦法，或許可以順利找回哈利

H_6：設法讓哈利自行回來是值得一試的辦法，或許可以順利找回哈利

成員之間的互動對解決問題無濟於事，但他們也察覺，這種互動到了評估階段卻能發揮作用。[74]

多樣性的價值。雖然研究指出，多樣性能在某些情況下創造重大價值[75,76]，但其實伴隨著一定的代價。多樣性顯著的團體更容易產生衝突[77]，要想獲得與同質性團體不相上下，甚至更卓越的成果，往往需要耗費更多時間。[78]決定團隊適合的多樣性程度時，若能考量相關限制的影響，或許能有所裨益。

藉由改變工作內容，發揮多樣性的優勢。學者 Page 表示，在「分離型任務」（disjunctive tasks）（任一個人的成功能促使整個團體成功）中，多樣性的效果勝過「連結型任務」（conjunctive tasks）（每個人達到的成就都很重要）。[79]可以的話，盡量將連結型任務轉變成分離型任務。InnoCentive 邀請數千名群眾幫忙解決客戶的問題，就是很好的範例。

腦力激盪的成效真的受到低估了嗎？兩位學者 Sutton 與 Hargadon 指出，腦力激盪備受非議之處，通常是單位時間內所能產生的想法相對較少，時常被視為效果不彰的做法。[80]但其實這衡量的是效率，而非效果。Sutton 和 Hargadon 繼而提到腦力激盪帶來的其他價值，包括支援組織記憶、使參與者的技能組合更多元、促進實事求是的態度（即根據知識行事，同時不斷重新評估原本就相信的資訊）、利用良性競爭達到目標、讓客戶感到驚豔，以及為公司帶來收入。

超越腦力激盪。學者 Van de Ven 與 Delbecq 發現，腦力傳寫接龍和德菲法都比傳統的腦力激盪更有效。[81]

情感交流有所幫助。學者 Uzzi 和 Spiro 分析百老匯的表演後發現，最優秀的表演團隊通常屬於「小世界網路」（small world network）的一部分，成員之間擁有適度的社交親密感（他們稱之為「極樂點」），亦即人與人之間充分連結，但程度不致於使彼此的行為相仿。[82]

「別急，你確定要這樣解決嗎？」

有時因應緊急或較不複雜的問題，單憑直覺解決事情無可厚
非，即使是面對 CIDNI 的狀況，絕大多數的人當下也會依循
過往的經歷，但什麼才是值得留下的方案？如何篩選？或許
這個才是比問題本身更難的問題。

第
6
章

選擇解決方案

繪製「解決方案分析圖」已幫助你找出回答關鍵命題的各種選項。接下來，你需要選出即將實際執行的方案。

我們常自以為可以憑直覺做出理想決策，但事實上，我們總是受到各種因素影響，其中甚至不乏與決策本身無關的因素。例如，天氣會影響大學甄試的通過率（多雲的天氣讓讀書人看起來更體面）！[1] 因此，面對複雜問題時，建議以結構嚴謹的方式做出決策。

有關決策分析的相關文獻很多，而根據決策科學教授 Ralph Keeney 的定義，決策分析是指「將常理形式化，用以處理非正規常理所無法應付的複雜問題。」[2] 本書不打算深入說明決策分析，下文將只介紹一種方法。[3]

我們選擇解決方案的方法共有兩個步驟。首先，我們會篩選第五章中擬定的假設，去除不適合的選項。接著，我們會比較剩下的解決辦法，決定最終執行的方案。

1. 去除不適合的選項

藉由解決方案分析圖，我們成功擬定了假設組合，而每個假設都呼應著一個中心思想：「只要循序而進，終能解決問題。」現在，我們需要決定哪些假設值得繼續堅持。到目前為止，我們尚未考量這些假設的「可欲性」（desirability）或「可行性」（feasibility），只思考關鍵命題所有合乎邏輯的行動方案，專心發揮創造力。因此，要挑出值得留下的解決方案，必須從剔除不適合的選項做起。

做法之一是全面審查這些方案，確認各方案是否符合所有必要與充分條件。圖 6.1 或許是最簡單的檢驗方法，我們可以藉此評估每個選項是否可行，以及選項是不是我們想要的解決方式。

還有其他審查標準可以參考。圖 6.2 借用了不同學者提出的概念，包括學者 Gauch 的「完全揭露模型」（提倡列舉推論的所有面向）[4] 以及管理學觀點（決定是否核准專案時，應考慮專案的投資報酬率）。[5]

審查標準可以更專業。例如，面對是否核准專案時，可運用 Van Gelder 教授提出的條件（詳見圖 6.3）[6]，也可選擇使用曾任萊斯大學校長 David Leebron 的 SAILS 審查標準 [7]，確認專案具備策略價值、值得信賴、能產生影響和重要成效，並且能持續下去。

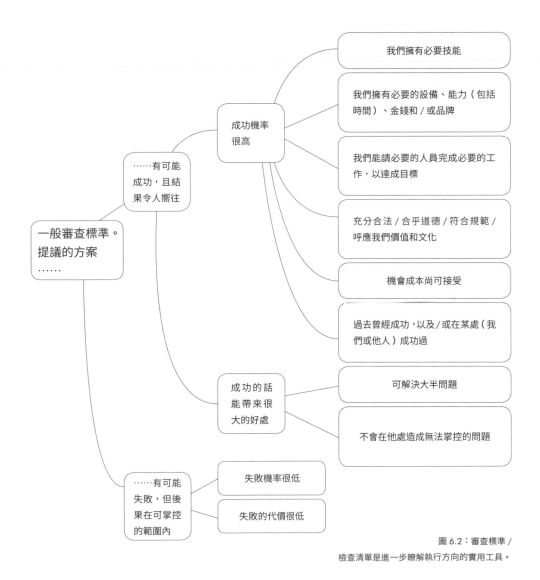

圖 6.1：藉由審查，你可以確定選項是否符合所有必要條件。

圖 6.2：審查標準 /
檢查清單是進一步瞭解執行方向的實用工具。

除了採用現有的審查標準之外，你也可以擬定自己專用的條件。無論你的個人偏好為何，都請記住，審查機制能幫助你透過一套衡量標準比較解決方案，如此才能更公正地評比各個候選方案，建議務必採用。[8]總之，在某個特定專案中，你應該確立一套審查標準，並套用至所有假設。

以某一審查標準檢視假設時，你可能會馬上放棄假設。例如，審視假設二（追蹤哈利的晶片或名牌是值得一試的辦法，或許可以順利找回哈利）時，你或許會意識到哈利既未植入晶片，也未配戴名牌，進而放棄這項假設，不再以其他標準繼續檢視下去（詳見後頁圖 6.4）。

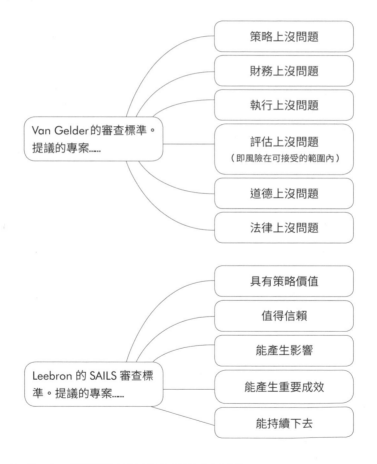

圖 6.3：Van Gelder 與 Leebron 分別針對策略型專案提出量身制定的審查標準。
Van Gelder 的篩選條件擷取自他的文章〈 Elements of a major business decision 〉。

1.1 找尋證據

評判某一方法是否為合適的解決方案前，需要先蒐集證據。但對許多不習慣舉證的人來說，尋找適切的證據可能會比預期中困難，尤其史丹佛大學的 Pfeffer 與 Sutton 教授發現，企業經理通常以下列六種形式取代最有力的證據：[9]

● **過時知識**，即仰賴尚未更新的舊資料

● **個人經驗**，因為從個人經歷中獲取的資訊通常較貼近人心，但我們有時會無視個人經驗帶來的偏見，用以取代研究結果 [10]

● **專業技能**，即先入為主地採用最常接觸的特定方法

● **熱門趨勢**，即人云亦云、盲目效法，只因為權威大師的建議（但證據薄弱）就決定怎麼做 [11]

● **教條 / 理念**，即受意識型態所影響

● **不適當的基準**，即在無法確保成效的情況下模仿頂尖人士 [12]

其他類似情況其實不難發現，例如相信錯誤或刻意誤導的資料來源。因此，選擇用來檢驗假設的證據時，務必謹慎為之。這或許不是一件容易的事，因為有些資訊來源能從偏頗的詮釋中得利（簡單舉兩個例子，像是醫療產業中的藥廠 [13] 以及管理領域的顧問、權威人士和商學院 [14]），或是本身就有偏見。[15]

若想妥善運用證據，請仔細分析每項資訊背後的邏輯，找出不正確的因果推論。[16] 要求及鼓勵他人提出質疑，以好奇的態度看待證據。學著尋找實證性證據，並透過嚴謹批判評估其優勢。[17] 試著主動拋棄世俗認知及未經證實的理念，師法 Pfeffer 與 Sutton 教授所謂「全心蒐集必要實證的不懈精神，讓決策更為周全與睿智」。[18]

將證據依強度分級。證據可依強弱程度區分，不管證據來源的外在吸引力如何，高強度證據永遠優先於低強度的證據。[19] 這個原則可能沒有聽起來這麼容易實踐，部分領域和產業組織不乏制定相關準則來評等證據強度。舉例來說，醫學界中，隨機對照試驗的結果形同「黃金標準」，比非隨機試驗的結果更受人信賴（詳見圖 6.5）。「隨機對照」是指將試驗參與者隨機分配到接受治療的組別，或是服用安慰劑的對照組。下一等級的證據，是從非隨機對照試驗中取得的證據。接著是從個別病例中取得的證據，至此，證據的強度持續下降。強度最低的是金字塔底部的證據：專家意見。[20]

學者 Thompson 引用英國皇家學會的座右銘「不隨他人之言」（nullius in

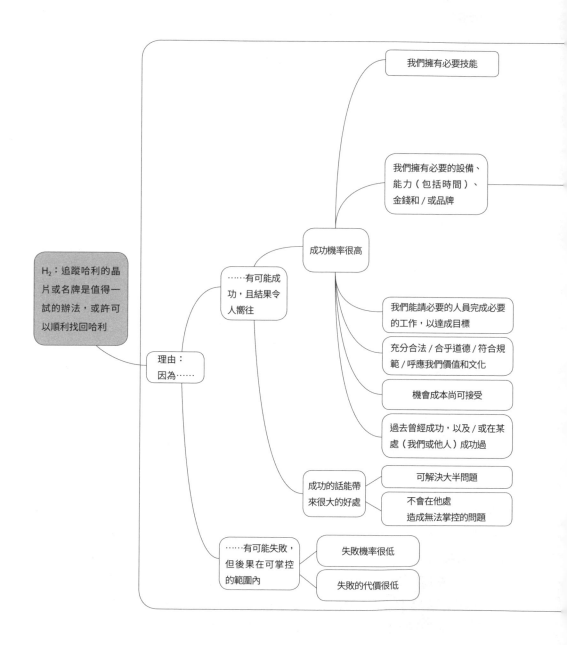

我們擁有必要技能

我們擁有必要的設備、
能力（包括時間）、
金錢和／或品牌

成功機率很高

H₂：追蹤哈利的晶
片或名牌是值得一
試的辦法，或許可
以順利找回哈利

……有可能成
功，且結果令
人嚮往

我們能請必要的人員完成必要
的工作，以達成目標

充分合法／合乎道德／符合規
範／呼應我們價值和文化

機會成本尚可接受

理由：
因為……

過去曾經成功，以及／或在某
處（我們或他人）成功過

成功的話能帶
來很大的好處

可解決大半問題

不會在他處
造成無法掌控的問題

……有可能失敗，
但後果在可掌控
的範圍內

失敗機率很低

失敗的代價很低

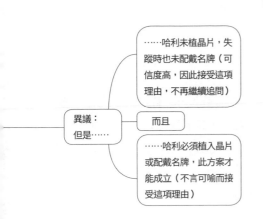

……哈利未植晶片，失蹤時也未配戴名牌（可信度高，因此接受這項理由，不再繼續追問）

異議：
但是……

而且

……哈利必須植入晶片或配戴名牌，此方案才能成立（不言可喻而接受這項理由）

決議：駁回
綜合評析：不管其他條件為何，光是哈利未植晶片或配戴名牌，就已意味著此選項無法找回哈利

圖 6.4：審查機制有助於捨棄不可行的選項。

verba）提醒年輕研究學者，不要輕易相信讀到的資料，即使是期刊和書籍亦然。[21]
有鑑於許多研究結果（甚至是經過同儕審定的期刊所刊登的）都無法重現[22]，學者
Thompson 的建議似乎相當睿智。然而，某些產業的實務作為其實與這相違背，所謂
權威大師的意見早就被奉為圭臬，而除了專家本人的主張之外，其實沒有任何進一步
的證據支持。[23]

1.2 別妄想將大海煮沸

審查假設需要蒐集適當證據。在某些問題中，尋找相關資料會是主要挑戰，但其
他情況下，你手上的資料可能已經很多，最大的困難之處反而是保持客觀的距離。
尋找資料時，你或許會使用「一網打盡法」（brute-force approach），先蒐集與主題
相關的所有資訊，再透過分析篩選出實用的部分內容。或者，你可能採取「鎖定法」
（targeted approach），先思考你需要的資訊、應當著手尋找的地方，然後才開始蒐

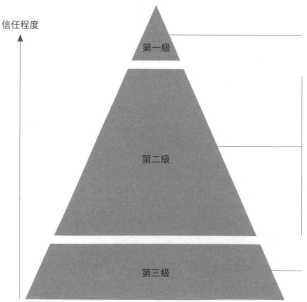

信任程度

第一級

第二級

第三級

第 1 級：從至少一項精心設計的隨機對
照試驗中取得的證據。

第 2.1 級：從妥善設計的非隨機對照試
驗中取得的證據。

第 2.2 級：從世代研究或病例對照研究
中取得的證據，最好是由一個以上研究
中心或團體所做的研究。

第 2.3 級：從多次系列試驗（無論是否
人為介入）中取得的證據。非對照試驗
的顯著結果也可視為此類證據。

第 3 級：德高望重的權威根據臨床經驗、
描述性研究或專家委員會報告所提出的
意見。

圖 6.5：並非所有證據都同樣值得信任，取自（U.S. Preventive Services Task Force, 1989）。

集，最後再退一步思考資訊對於問題的意義。

如果你有很多時間，一網打盡法／由下而上／將大海煮沸／找出原野上躲藏的一匹馬（我刻意營造了幾種情境，方便你從譬喻中深刻理解）等做法似乎都可接受，但這需要到處探勘、分析大量資料，然後經由歸納程序將資料統合成整體證據，並發掘其中代表的意義。然而，我們通常不建議採行這個方法。其中一個問題在於，最終你可能只會使用一部分蒐集的資料，訊號雜訊比（signal-to-noise ratio）很低，但你卻花了龐大資源蒐集與整理這些無法派上用場的資料。換句話說，整個過程缺乏效率，而且效果堪憂，這些旁枝末節的資料甚至可能導致假性診斷結果。[24]

相較之下，我們通常建議使用「鎖定法」。先確定你需要取得的資料再著手蒐集，然後回頭檢視這些資料對於整體問題的意義，最後才決定接下來應該採取的行動。這種方法不需過於沈浸在某部分的分析而迷失其中，以致於忽略更重要的事情。換句話說，永遠記得要從整體觀點看待問題。若是你已確定需要的資訊，但尚未取得，不妨考慮在分析／報告中標示「尚未取得」。[25]

1.3 以「三角定位法」(triangulate)確認答案

誠如第四章所討論，證據通常可與一個以上的假設相容。哲學家 Taleb 所舉例子中的火雞就是自恃農夫每天餵養牠，而誤以為自己的處境相當安全，最後在感恩節前夕付出慘痛代價。另外，由於犯錯或受騙而蒐集了不適合假設的錯誤證據，也是常見的普遍現象。若要避免這類問題，下結論前，應先確認獨立來源的資料是否正確，注意這裡特別強調「獨立」，否則重複的資訊難保不會受到高估。[26]

電信領域中，使用測角儀可以知道無線電訊號的來源。[27] 無線電接收站可使用二或多個接收器來識別訊號方位，分析師在掌握每個接收器的位置之後，就能運用三角定位法找到訊號來源（參見圖 6.6）。這個類比案例中，有幾個可供我們學習的重點：

● 其他所有條件維持不變的情況下，資訊來源多多益善（圖 6.6 中，四道無線電波交疊的區域，顏色比三道、兩道或單獨一道電波來得深）

● 不同觀點比全是類似觀點更好（圖 6.6 中，一號和四號接收器的位置幾乎互成直角，所產生的重疊面積遠遠小於角度相近之一號和二號接收器所形成的交疊區域，因而能更有效率地瞄準訊號來源）[28]

因此，如果可以的話，盡量從不同角度檢驗假設，並多加參考獨立來源，尤其當

你發現證據互相矛盾時，這個做法特別有效。這種情況下，從各個獨立來源以三角定位法檢視證據的效果尤佳，因為這能減少錯誤、促進創新，讓判斷更堅不可摧。[29]

1.4 在分析圖中記下分析結果

套句學者 Gauch 的話，「科學論點頂多就是正確無誤，但至少應該完全揭露。完全揭露是清楚科學論述最低限度的首要條件。」[30]

分析圖有利於找到你所需要的分析，並記錄足以支持結論的證據。不過除此之外，分析圖也方便你記錄結論，是落實學者 Gauch 主張的實用工具（參見圖 6.7）。查閱分析內容的人或許不同意你的結論，但至少，你獲得結論的過程清清楚楚，毫不含糊。

2. 比較剩餘選項的優勝劣敗再決定

全面審查並找出可接受的選項之後，依然需決定即將執行的方案。有時候，這些選項彼此互斥，只能擇一，例如從紐約前往倫敦的單趟旅程中，你只能選擇搭飛機、

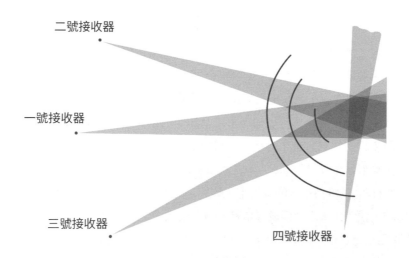

二號接收器

一號接收器

三號接收器

四號接收器

圖 6.6：以三角定位法確認答案，亦即從獨立來源蒐集證據，藉以提升分析的可靠程度。

搭船或游泳，不能一次選擇多種方法。其他情況中，你或許可以同時執行多種方案，例如提高公司獲利，你可以設法減少成本並增加營收。但即使如此，手上有限的資源（或其他限制）也可能導致你無法同時實行多項方案。所以問題還是一樣，選項之間的執行順序為何？

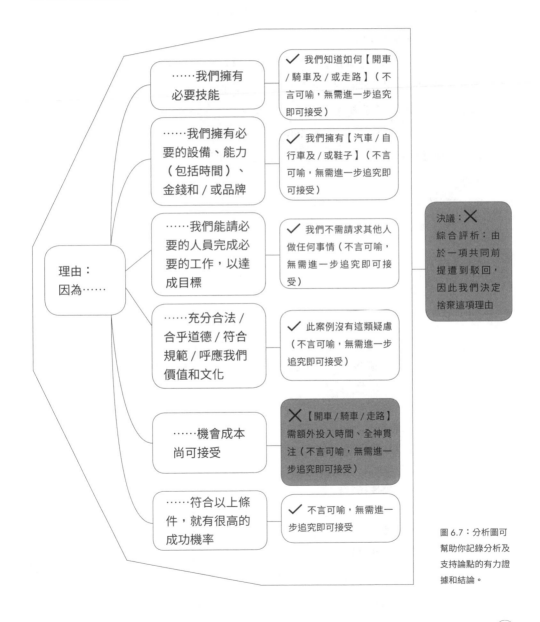

圖 6.7：分析圖可幫助你記錄分析及支持論點的有力證據和結論。

面對複雜問題時，一般人時常希望能從多種選項中做出抉擇，但同時又想兼顧多個目標。例如，決定如何尋找哈利時，你可能會想選擇成功機率最高的方式，但立即見效的方法也令你心動，畢竟能在幾個小時內找回哈利，總是勝過花費數天時間。同樣地，尋找哈利所需投入的成本可能也在你的考量之中。

我們每天做出的決定不計其數，其中許多決定，諸如選擇要穿的衣服、決定騎腳踏車或開車上班等等，即便是以不正規的方式決定，也完全無傷大雅。然而不少證據顯示，我們受到多種偏見嚴重影響，無法從多個面向思考複雜的問題。[31]

因此，面對這類問題時，使用「多屬性效用」（multiattribute utility）決策工具而非單憑直覺決定，通常會是比較聰明的做法。[32]「簡單多屬性評等法」（simple multiattribute rating technique exploiting ranks，SMARTER）就是其中一種，此工具的概念是將問題分解成小部分單獨檢視。如表 6.1 所示，SMARTER 是由八個步驟所組成的程序：[33]

以下詳細說明這些步驟，並實際運用到哈利的案例中。

1. 找出決策者。約翰是此案例的決策者。（若有多位決策者，建議說服他們攜手合作。[34]）

2. 找到可選擇的行動方案。我們已經完成這個步驟。第五章中，我們已思考了所有可能選項，而在前一節中，我們也已汰除不適合的方案。最後，我們只會有五個方

表 6.1：依照以下八大步驟，即可在決策中運用 SMARTER。[a]

1.	找出決策者
2.	找到可選擇的行動方案
3.	辨別決策屬性
4.	評估每個選項在各屬性上的優勝劣敗
5.	為每個屬性指定權重
6.	計算各選項的加權平均分數
7.	做出暫時的決定
8.	執行靈敏度分析

[a] 援引自（Goodwin & Wright, 2009）（p. 34）。

案可以選擇（詳見表 6.2）。

3. 辨別決策屬性。屬性是指決策時意義非凡的條件和特性。決策學教授 Keeney 與學者 Raiffa 對優良屬性的描述如下：

● **完整**，屬性必須關照問題的所有重要面向

● **可運用**，屬性可有意義地運用到分析中

● **可分解**，評估過程的各個層面可以分解成更小的部分，予以簡化

● **不冗餘**，未重複計算影響面向

● **簡約**，將問題維持在最精簡的規模[35]

雖然我們希望找到一組屬性，能夠妥善記錄對決策者至關重要的因素，但屬性數量不宜過多，因為這可能導致實際運用的過程變得複雜，實無必要。只要刪除較不重要的屬性，即可將數量控制在合宜範圍。[36]

「哈利事件」中，確定屬性的過程可能會像這樣：各方案的成功機率顯然很重要，因此應該列入考慮。每種行動方案的即時性亦然。雖然現在（傍晚五點）可以聯絡寵物協會，但晚上十點絕對聯絡不上。然而，即使到了晚上，我們依然可以在附近張貼佈告。因此，若能以合適順序執行方案，就能在預定的期限前將更多想法付諸實行。（由此可知，不必立即執行，且能允許我們同時進行其他方案的選項，才能在適時性方面得到高分。換句話說，適時性分數低的選項必須即刻執行，而且必須投入所有心力。）其他屬性還包括成功的預期速度，以及執行方案時的成本多寡（詳見表 6.3）。

表 6.2：初步審查後，「哈利事件」只剩下五種行動方案可以選擇

H_1:	在鄰近街坊間搜尋
H_2:	追蹤哈利的晶片或名牌
H_3:	通知可能擁有失蹤動物相關資訊的人
H_4:	在虛擬媒介上發佈消息
H_5:	查看布告
H_6:	設法讓哈利自行回來

表 6.3：運用 SMARTER 的第三步驟是辨別決策屬性

「哈利事件」中，我們選來評定各行動方案的屬性：

| 成功機率 | 適時性 | 成功速度 | 低成本 |

---

4. 評估每個選項在各屬性上的優勝劣敗。一種方法是對每個選項給予 0 至 100 的分數，其中 0 分代表最不願意採用，100 分代表最願意選用。[37]

雖然這個步驟可以主觀的方式完成，例如詢問相關專家和關係人的意見，但參考研究結果可讓你的決策更具實證依據。舉例來說，評估各種尋狗方案的成功機率時，可以參考相關研究，瞭解各種尋狗方法的成效，並引用其研究結果（詳見表 6.4）。[38]

該研究與我們的方法並不完全吻合：有項假設未能列入考量，其他假設也無法一對一參照，而且我們也不清楚該研究多年前在國內其他地方執行的分析是否適合哈利事件。因此，我們必須自行判斷，評估該研究與案例的相關程度。然而，經過深思熟慮後，我們決定採用這項資料，而不是獨自猜測，所以我們以此為基礎，逐一評估各行動方案的成功機率，將研究中的原始百分比換算成 0 至 100 分，其中最佳方案可得100 分，最差的選項則為 0 分（詳見表 6.5）。

表 6.4：為了方便評估各尋狗策略的成功機率，我們參考了情境類似的出版資料。[a]

		成功機率
H₁:	在鄰近街坊間搜尋	15%
H₂:	追蹤哈利的晶片或名牌	~~28%~~
H₃:	通知可能擁有失蹤動物相關資訊的人	35%
H₄:	在虛擬媒介上發佈消息	5%
H₅:	查看布告	N/A
H₆:	設法讓哈利自行回來	8%

[a] 援引自（Lord, Wittum, Ferketich, Funk & Rajala-Schultz, 2007）。

表 6.5：我們將各行動方案的優勝劣敗換算成 0（最差）至 100（最佳）之間的分數

		成功機率	分數
H₁:	在鄰近街坊間搜尋	15%	50
H₂:	追蹤哈利的晶片或名牌	28%	N/A
H₃:	通知可能擁有失蹤動物相關資訊的人	35%	100
H₄:	在虛擬媒介上發佈消息	5%	15
H₅:	查看布告	N/A	0
H₆:	設法讓哈利自行回來	8%	30

接著，我們為這些行動方案指定分數，以分數間的差距表示我們的喜好。需要注意的是，由於需要大幅修改分數才有可能改變排名，所以其實分數不必要求精準。[39]

表 6.6 顯示行動方案在四種屬性上的優劣情形。（學者 Lord 等人的研究也列出各案例中小狗走失的時間，對我們評估「成功速度」很有幫助。）

5. 為每個屬性指定權重。接下來，我們為屬性指定權重，反映各屬性對決策者的相對重要程度。指定權重的方法之一是使用「重心法」（centroid method），此程序包含兩個步驟。第一步是請決策者為屬性評分。[40] 開始此步驟前，請告訴決策者：「想像現在有個新的行動方案，但這是目前最差的選項，所有屬性的表現都敬陪末座。現在，假設你可以利用一種屬性來改善這個選項，使其從最後一名上升至第一名。你會選擇改善哪個屬性。」待決策者選擇屬性後，再重述一次上述問題，並先排除決策者剛剛選擇的方案。重複這個流程，直到所有屬性都已選過一輪為止。最後，你就能將屬性從最重要（最早選中）依序排列至最不重要（最後選中）。

第二步是參考名次重心權重（ROC）指派權重。[41] 權重的值取決於屬性數量。假設共有 k 個屬性，則：

第一名屬性的權重 w1 為：$w1 = (1 + 1/2 + 1/3 + … + 1/k) / k$

第二名屬性的權重 w2 為：$w2 = (0 + 1/2 + 1/3 + … + 1/k) / k$

第三名屬性的權重 w3 為：$w3 = (0 + 0 + 1/3 + … + 1/k) / k$，依此類推[42]

表 6.6：我們接著個別評估其他三個屬性

		成功機率	適時性	成功速度	低成本
H₁:	在鄰近街坊間搜尋	50	100	100	90
H₃:	通知可能擁有失蹤動物相關資訊的人	100	100	80	100
H₄:	在虛擬媒介上發佈消息	15	20	20	0
H₅:	查看布告	0	0	0	100
H₆:	設法讓哈利自行回來	30	90	100	100

表 6.7：名次重心權重

	屬性數量（k）					
屬性排名	2	3	4	5	6	7
1:	0.750	0.611	0.521	0.457	0.408	0.370
2:	0.250	0.278	0.271	0.257	0.242	0.228
3:		0.111	0.146	0.157	0.158	0.156
4:			0.063	0.090	0.103	0.109
5:				0.040	0.061	0.073
6:					0.028	0.044
7:						0.020

　　表 6.7 提供分析時使用的名次重心權重，最多適用於七個屬性。[43]

　　在「哈利事件」中，我們請約翰想像一個糟糕透頂的行動方案，除了成功機率微乎其微、需要立即全心投入、耗費好幾個禮拜，實際執行還要花費美金 1,000 元。我們問他，如果他只能改善其中一個屬性，他會選擇哪一個？他選了成功機率。然後我們再問一次相同的問題，並排除成功機率這個選項。由於他希望能在一小時內盡量執

行多個方案，因此選擇適時性。最後，他必須在成功速度和低成本之間選擇一個，於是他選擇前者。我們將整體屬性排名整理成表 6.8。

接著，我們為各個屬性指派權重。依照四種屬性從對照表 6.7 中找到相對應的值，並整理成表 6.9。

6. 計算各選項的加權平均分數。接下來，我們將行動方案的分數和各自的權重相乘，再加總起來，藉此瞭解每個行動方案的優勝劣敗（注意：前提必須適合加總模式，而這需要屬性彼此獨立才行[44]）。表 6.10 是每個行動方案的加權分數。

7. 做出暫時決定。表 6.10 的最後一欄是根據上述步驟所得出的行動方案排名。我們可以善加利用，與決策者共同檢視這套模型，討論模型是否合適。

8. 執行靈敏度分析。真正做出決策之前，我們應評估結果對改變的靈敏度，這能幫助我們瞭解目前排名的穩健性。修改表 6.10 中的值之後，可知各行動方案在屬性上的表現必須相對大幅度變更，排名才會有所變動。[45]

雖然我們介紹的方法看似是由一連串的階段組成，但請記住，整個過程不一定只能線性進展，要是對問題有進一步的深入認知，完全可以返回之前的步驟加以調整。[46]

表 6.8：約翰針對尋找哈利所排出的屬性重要性排名

成功機率	>	適時性	>	成功速度	>	低成本

表 6.9：尋找哈利的屬性權重

成功機率	適時性	成功速度	低成本
0.521	0.271	0.146	0.063

表 6.10：評估行動方案的良窳與加權屬性，可將尋找哈利的行動方案依照吸引程度加以排名

	成功機率	適時性	成功速度	低成本	加權分數	排名
權重	0.52	0.27	0.15	0.06		
H_1: 在鄰近街坊間搜尋	50	100	100	90	73	2
H_3: 通知可能擁有 失蹤動物相關資訊的人	100	100	80	100	97	1
H_4: 在虛擬媒介上發佈消息	15	20	20	0	16	4
H_5: 查看布告	0	0	0	100	6	5
H_6: 設法讓哈利自行回來	30	90	100	100	61	3

3. 隨時修改分析圖

發展解決方案分析圖就像繪製「所在地」（關鍵命題）和「目的地」（最終選擇的解決方案）之間那段未知領域的地圖。從此角度來看，分析圖其實會隨著你蒐集問題的相關證據和逐漸形成結論而與時俱進，屬於一種動態文件。換言之，分析圖應該詳實記錄所有進展。例如，當你去除某個假設時，應該直接在分析圖中劃掉，也就是將其保留在分析圖中以便日後查看，但同時也應清楚標示該假設已不在考慮範圍內，並記下原因。同樣地，一旦掌握新資訊，發現原來的分析結構不夠 MECE，甚或無益於產生深入見解，也可以適時重新調整。

此外也要記得，一旦開始分析，手邊這張分析圖的一大功用，就是幫助你掌握每項資訊在整體情況中的定位，進而確保你不會浪費時間在旁枝末節或不相關的議題上。不過，唯有親自檢視分析圖，這個功用才能真正發揮，因此不妨將分析圖視為出外旅行的公路地圖，隨時放在眼前容易取用之處，定期查看。

4. 追求快速易得的小規模勝利

一項研究中，心理學家 Simons 與 Chabris 讓學生觀看一段幾個人互傳籃球的影片，並指示他們計算傳球的次數。影片過程中，一名裝扮成大猩猩的演員走進畫面裡，他走得緩慢，來到畫面中間時停下腳步、面對鏡頭、模仿大猩猩槌打胸部的動作，然後走出畫面之外。雖然旁人可以清楚看到這整段經過，但大部分的研究受試者卻錯過了大猩猩的身影！[47] 這個研究顯示，一個人專注探討問題的某一面向時，很容易忽略在其他情況下顯而易見的事情。

即便最優秀的分析也只是分析，無法真正解決問題。將解決方案付諸實行才能真正解決問題。處理問題時若能講究方法、有條不紊，好處之一就是能夠完整探討問題的所有層面。如此一來，你可以審視原本從未充分思考的部分，進而在過程中小有進展。

快速易得的勝利（或是諺語中所說的「低垂果實」）是指容易追求且能迅速達成的進展，一旦達成，也不會阻礙你繼續尋求整體性的解決方案。這類收穫不一定能徹底解決你的問題，但可以帶領你朝終點逐步邁進。領導力管理顧問 Michael Watkins 認為，快速易得的勝利或任期一開始就奠定的成就，都能建立你的威信、創造前進的動能。[48] 諾貝爾得主 Medawar 的看法一致：「取得結果是心理上最重要的目標，即使結果並非本來原本設定的目標也無所謂」。[49]

第四章中，我們知道要有意外收穫，不只需要偶然發現意料之外的資訊，還必須懂得發掘其價值。在尋找解決方案的過程中，要想獲取快速易得的勝利，道理類似，只要戴上柔焦的眼鏡看待問題即可。[50]

若想獲取快速易得的勝利，鎖定簡單問題是其中一種方法。例如，有些專業球隊擁有卓越名聲的原因並非他們打敗較強的對手，而是不斷擊退表現低於平均的隊伍。[51]

快速易得的勝利可以相當正面。兩位學者 Van Buren 和 Safferstone 分析領導者剛上任的表現後發現，大部分頂尖人才都在任期開始不久就設法鞏固快速易得的勝利。[52] 在分析持續數週甚至更久的情況下，若能奪下勝利（即便是小小的成就），的確也能發揮長足的效果，等於向老闆證明，讓你負責工作是正確的決定。同時，這也能向團隊保證，你不會陷於「分析癱瘓」（analysis paralysis）的窘境，必能提供團隊亟需的支援和助力。

學者 Van Buren 和 Safferstone 也發現，一味追求快速易得的勝利也可能適得其反。唯有不將資源大肆調離主目標，且未斷絕你想在完成分析後追尋的任何行動方案，快速易得的勝利才會有價值。以從紐約前往倫敦為例，分析搭飛機是否更符合你的需求之前，你或許不該貿然購買船票（也就是說，除非買票後不搭乘的後果影響微乎其微，例如船票容易購得且能完全退費，否則不應冒險購買）。不過，你倒是可以更新過期的護照，這不僅不需太多時間，護照在很多情況下也都能使用。

所以，解決複雜問題時，若能將行動想像成一系列過程的其中一部分，或許能有所幫助：解決問題的初期過程中，將大部分心力擺在分析工作，但同時也要保留餘力追尋足以讓你更接近解決方案的行動，以免扼殺未來的任何希望。隨著越接近解決方案，則逐漸減少你對分析工作的注意力，將更多資源留給實際行動。

將小規模的勝利加總起來。 有時候，問題的解決方案是多個部分解決方案的集合。例如，某些情況下，即使客戶購買少量商品，但只要向大量這類客戶提供服務，總銷售額也可以很可觀。Amazon 的確比實體書店更具競爭優勢，因為對於需求量少的書籍，前者可以只保留少量庫存，但總和起來，還是可以累積成龐大的銷售量。[53] 建議你思考相同道理是否適用於你的問題，或許分別執行能解決部份問題的方案，可創造龐大的累積效果（參見圖 6.8）。

5．對「哈利事件」的啟示？

依照吸引力排出各行動方案的排名後（表 6.6），我們接續執行了靈敏度分析，測試所得結果的穩健性並思考其中隱含的意義。我們的決策模型建議，我們應先通知可能擁有動物走失資訊的相關人士，接著才是在附近搜尋以及設法讓哈利自行回來。由於我們的靈敏度分析顯示目前得到的結果相當穩定（亦即需要相對大幅度地修改前提假設，排名才會有所變動），因此我們決定接受分析結果，將其視為尋狗任務的優先次序。

目前為止，我們完成了解決問題過程中的分析階段：我們確立了需要解決的問題（第一章）、找出問題發生的初步原因（第二章至第四章），並整理出解決問題的方法（第五章和第六章）。但光是知道解決問題的方法還不夠，所以接下來，我們需要實際執行選中的解決方案，而在這之前，我們通常需要先說服重要關係人，使其相信我們所做的結論正確無誤。這就是第七章的目標。

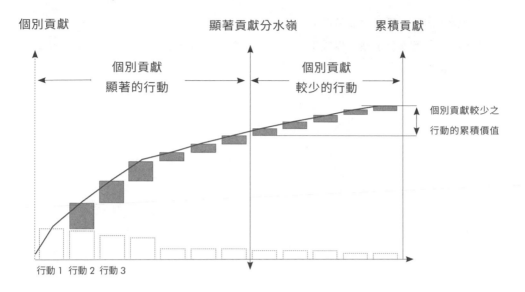

個別貢獻　　　　　　　　　顯著貢獻分水嶺　　　　　　累積貢獻

個別貢獻
顯著的行動

個別貢獻
較少的行動

個別貢獻較少之
行動的累積價值

行動 1　行動 2　行動 3

圖 6.8：即使解決方案的個別貢獻較少，但還是能累積出可觀價值。

回顧與補充

幽靈方案。第五個選項「查看布告」雖然看似可以考慮，但並非真實選項，至少在找到哈利的人張貼布告之前，都算不上是有用的方法。這類虛假的選擇稱為幽靈方案。[54]

做出更佳決策。學者 Bazerman 和 Moore 提出六個做出更佳決策的具體方法，包括「使用決策分析工具、參考專業知識、摒除判斷中的偏見、採類比方式推論、詢問局外人的看法，以及瞭解他人的偏見。」[55]

決策工具補充資料。有幾種工具能幫助你做出多屬性決策，例如可參閱（Olson, 1996）和（Goodwin & Wright, 2009）對於各種工具的說明。我們只介紹 SMARTER 的用意是為了讓事情簡單一些，對於實際使用的人而言，簡約可謂至關重要。[56]

評估行動方案的優勝劣敗。有時候，屬性排名會與「數量越大表示越受青睞」的自然反應相違背，像是成本就是很好的例子。其他條件相同的前提下，較低成本的行動方案直覺上應該會比高成本的方案更討喜。因此，我們理所當然會希望分數呈現正

相關趨勢，也就是低分代表低成本，高分代表高成本。改善的一種方法是從反面描述屬性，以「便宜程度」或「少成本」取代「成本」，這能在你檢閱分數時，為你減少認知上的負擔。

「放心，我們會找到哈利的。」

確定解決方法不是最後一步，如果你身處一個團隊，將方案
付諸實行前的那一步之遙，就是說服重要關係人。有效溝通
是不可或缺的重要環節，甚至可以是職場上的利器。這裡鎖
定經常使用的工具，提升你達成任務的技巧。

第 7 章 ／

推銷解決方案：有效溝通

　　某一年夏天，美國與北約駐阿富汗軍隊統率 *Stanley A. McChrystal* 將軍在首都喀布爾聽取簡報，其中一張投影片旨在說明錯綜複雜的美軍戰略，但看起來就像一碗義大利麵般雜亂無章。

　　現場一位幕僚回憶，*McChrystal* 將軍故作嚴肅地說，「等我們看懂這張投影片，我們早就打贏這場仗了。」將軍的反應引發了哄堂大笑。

　　高階軍官表示，當目的不是對軍隊傳遞訊息時(例如聽眾為記者的簡報)，投影片的確是方便易用的工具。

　　媒體記者會時常耗上二十五分鐘，最後保留五分鐘給仍清醒著的人發問。對此，*Hammes* 博士表示，這類投影片簡報的作用形同「催眠一群小雞」。[1]

　　若想有效解決問題，勢必要讓重要關係人相信你的分析和結論正確且毫無疑慮，如此才能從分析進入執行階段。因此，你必須要能將分析成果彙整成完整訊息，做出具說服力的論述。

　　由此可知，有效溝通是不可或缺的重要環節，值得費心思考。[2]你或許能任意挑選一種媒介來說明你的結論，但由於簡報已成為職場上隨處可見的工具，因此本章將鎖定這種溝通媒介深入說明。不過請留意，以下討論也同樣適用於其他形式的溝通工具。

　　想彙整出具說服力的訊息（即產生深入人心的故事並有效傳遞），需輔以有效的語言表達與投影片設計。整體而言，統整這類訊息的困難處不在於辭不達意，而是確立我們想傳達的內容。這整個過程的開端就是要決定目的。

1. 決定目的

　　準備簡報的第一步應該先回答一個問題：你希望簡報能如何改變受眾的想法與行為？如果聽眾離開現場後，想法與行為依舊，那麼這場簡報有何意義？有人認為，某些簡報的目的只是提供資訊，並不希望促成任何改變。即使如此，這類簡報通常還是具有指示意味，期能實現某些改變。[3]例如，專案進度報告是管理領域中純資訊簡報的典型範例，但即便這種形式的簡報還是希望能帶來一些變化，例如強化受眾對於專案管理的信心。

其實確定我們希望受眾產生哪些改變並不容易，而這正好說明為何我們會預設某些簡報只單純提供資訊，但事實上並非如此。為了釐清心目中期望的改變，不妨考慮使用 Abela 的「起點一目的地／思考一執行」（From–To／Think–Do）矩陣，明確列出受眾目前的立場（想法與行為），以及你希望透過簡報引發的改變。[4] 表 7.1 是「哈利事件」套用此矩陣的情形。

2. 述說深入人心的故事

說故事是促使人們付諸行動的有效手段。哈佛大學心理學家 Howard Gardner 認為，說故事的能力是成功領導力的重要元素。[5] 故事可大幅提升簡報的力量，理由包括：故事可創造期待感，有助於受眾維持注意力[6]；故事可將複雜情況中的龐雜元素串連起來，形成整體架構，幫助受眾記憶[7]；而且故事可以注入情緒，同樣也能幫助記憶。[8]

至於如何編寫及表達觸動心弦的故事，電影產業或許能提供一些啟發。教授劇本寫作的 Robert McKee 指出，故事可讓簡報者超越純知識論述的層次：「故事可滿足人類理解生活模式的深切需求，這不僅是種思想活動，也是非常私人的情感經驗。」[9]

表 7.1：「起點一目的地｜思考一執行」矩陣可釐清我們想透過簡報對聽眾的想法與行為帶來哪些改變

	起點	目的地
思考	**他們目前的想法：** 若要找回哈利，我們應該立即搜尋鄰近地區。	**聽完簡報後，他們應該產生的想法：** 我們應該先聯絡可能擁有動物走失資訊的人，通報哈利失蹤的消息。
執行	**他們目前的做法（或未實踐的做法）：** 若要找回哈利，我們應該立即搜尋鄰近地區。	**聽完簡報後，他們應該做（或停止實踐）的事情：** 我們應該先聯絡可能擁有動物走失資訊的人，通報哈利失蹤的消息。

2.1 準備投影片(概要)

深入探討細節之前，先概述我們製作投影片所採用的方法。開始準備簡報時，先從制高點擬定故事摘要，如圖 7.1 所示。

接著，將此摘要的內容分配到各投影片的標題區，如後頁圖 7.2 所示，在每張投影片中放入一個中心想法。過程中可能需要來回調整，而且你或許會發現，想法的某些部分與你想傳達的訊息主文並不相配。與其直接刪除，只要將這些內容放入附錄即可。

在每張投影片中，放入足以支持各個標題的證據，如圖 7.3 所示。理想中，這些證據都以視覺方式呈現（例如照片、繪圖、圖案等），而非文字。

這麼做的話，每張投影片就成了完整而獨立的膠囊，標題是中心想法，投影片的主要區塊則是支持的證據。如此一來，你的投影片就如同儲存資訊的中央資料庫，匯聚了你所蒐集的所有資訊。此外，這種方式相當模組化：你可以根據特定簡報場合的需求隨意調動投影片，以傳達所需的整體訊息，並將不必要的投影片放到附錄中（詳見 208 頁圖 7.4）。

由於標題會串成敘事情節，因此只閱讀標題應該要能完全理解故事內容。整合投影片時，務必不時檢查投影片是否符合這項要求，依此原則適度編輯標題。

這裡透露出一個重要意涵：準備具說服力的簡報需要時間，部分原因在於彙整足以支持結論的理由有助於發現邏輯漏洞。因此，請給自己充裕的時間，最好能儘早啟動專案，將發現隨時記錄到投影片中。

本章接下來將說明如何實際執行，並針對簡報方法提供一些準則。

我朋友養的小狗哈利不見了，需要你幫忙尋找。

確切來說，我們已想出六種主要方法。可惜的是，我們的資源不夠實行所有方案，因此需要決定優先執行順序。分析結果顯示，我們應該先尋求他人協助，所以我們打算從此開始著手。

我們的分析也指出，從鄰近地區開始搜尋會是相當理想的中期手段。最後，我們會採取一些行動，設法讓哈利自行返家。

為了成功執行上述方案，我們需要你的協助。你願意幫忙嗎？

圖 7.1：首先，以簡潔的故事安排敘事情節（訊息摘要）。

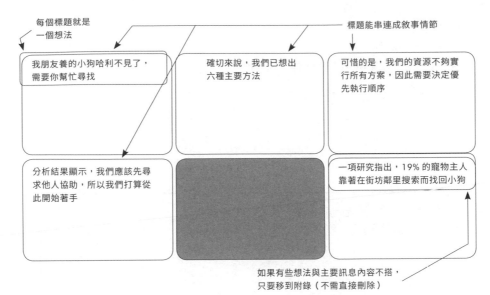

每個標題就是
一個想法

標題能串連成敘事情節

我朋友養的小狗哈利不見了，
需要你幫忙尋找

確切來說，我們已想出
六種主要方法

可惜的是，我們的資源不夠實
行所有方案，因此需要決定優
先執行順序

分析結果顯示，我們應該先尋
求他人協助，所以我們打算從
此開始著手

一項研究指出，19% 的寵物主人
靠著在街坊鄰里搜索而找回小狗

如果有些想法與主要訊息內容不搭，
只要移到附錄（不需直接刪除）

圖 7.2：將故事分配到各個標題。

2.2 使用正確的論述類型

　　好萊塢驚悚片《大白鯊》自 1975 年上映以來，已在廣大觀眾心中留下陰影，
西澳政府因應鯊魚攻擊的政策便受到很大的影響。在雪梨大學政府與國際關係系中
教授公共政策的 Christopher Neff 認為，這是相當糟糕的事情。

　　電影中，嗜食人肉、具報復天性的大白鯊攻擊新英格蘭海濱小鎮的居民，最後
終於慘遭獵殺。

　　對此，Neff 不以為然。現實中，政府「因應即刻威脅的政策」定調為遭鯊魚
攻擊時，可以合法獵殺鯊魚，「這完全基於好萊塢式的思考」，也就是相信一旦鯊
魚咬傷人類，就會一次又一次不斷攻擊。

　　Neff 全面檢視 2000 至 2014 年間制定的鯊魚政策，發現政策主張與電影「極
度相似」。這種電影劇本影響實際政策的現象，他稱之為「大白鯊效應」。

　　「這項政策根基於錯誤迷思之上，等同濫殺受法律保護的鯊魚，而且並未有效
提升沙灘的戲水安全。」Neff 在聲明中指出，「這種虛構作品可達成很重要的政
治目的，因為電影便於政治人物堅守原本就熟悉的論述，讓其得以將鯊魚攻擊歸咎

（文接 208 頁）

圖 7.3：接著，在投影片主文區中放入各標題的支持證據。

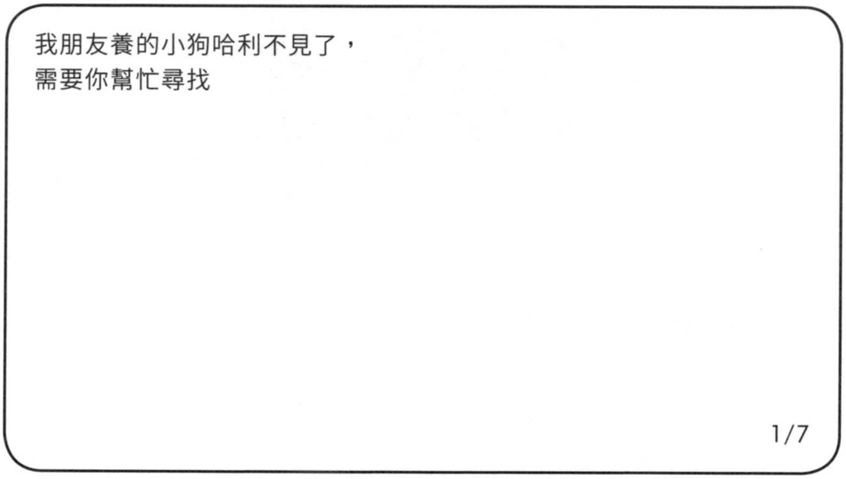

我朋友養的小狗哈利不見了，
需要你幫忙尋找

1/7

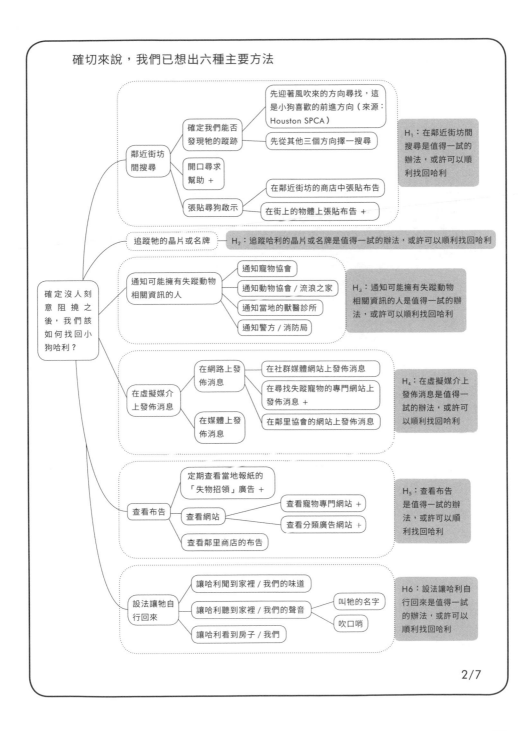

確切來說，我們已想出六種主要方法

鄰近街坊
間搜尋

確定我們能否
發現牠的蹤跡

先迎著風吹來的方向尋找，這是小狗喜歡的前進方向（來源：Houston SPCA）

先從其他三個方向擇一搜尋

開口尋求
幫助 ＋

張貼尋狗啟示

在鄰近街坊的商店中張貼布告

在街上的物體上張貼布告 ＋

H₁：在鄰近街坊間搜尋是值得一試的辦法，或許可以順利找回哈利

追蹤牠的晶片或名牌

H₂：追蹤哈利的晶片或名牌是值得一試的辦法，或許可以順利找回哈利

確定沒人刻意阻撓之後，我們該如何找回小狗哈利？

通知可能擁有失蹤動物
相關資訊的人

通知寵物協會

通知動物協會／流浪之家

通知當地的獸醫診所

通知警方／消防局

H₃：通知可能擁有失蹤動物相關資訊的人是值得一試的辦法，或許可以順利找回哈利

在虛擬媒介
上發佈消息

在網路上發
佈消息

在社群媒體網站上發佈消息

在尋找失蹤寵物的專門網站上發佈消息 ＋

在鄰里協會的網站上發佈消息

在媒體上發
佈消息

H₄：在虛擬媒介上發佈消息是值得一試的辦法，或許可以順利找回哈利

查看布告

定期查看當地報紙的「失物招領」廣告 ＋

查看網站

查看寵物專門網站 ＋

查看分類廣告網站 ＋

查看鄰里商店的布告

H₅：查看布告是值得一試的辦法，或許可以順利找回哈利

設法讓牠自
行回來

讓哈利聞到家裡／我們的味道

讓哈利聽到家裡／我們的聲音

叫牠的名字

吹口哨

讓哈利看到房子／我們

H6：設法讓哈利自行回來是值得一試的辦法，或許可以順利找回哈利

2/7

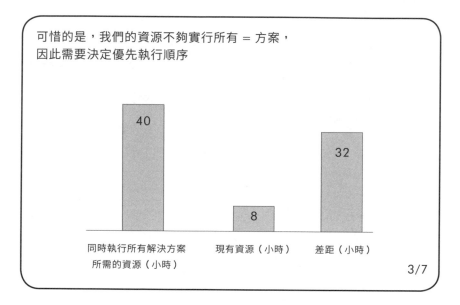

分析結果顯示，我們應該先尋求他人協助，
所以我們打算從此開始著手

	成功機率	適時性	成功速度	準備時間短	低成本	加權分數	排名
權重	30%	40%	20%	5%	5%		
H₁：在鄰近街坊間搜索	50	100	100	100	90	84.5	2
H₃：通知可能擁有失蹤動物相關資訊的人	100	100	80	100	100	96	1
H₄：在網路媒體上發佈消息	15	20	20	0	0	16.5	4
H₅：查看布告	0	0	0	50	100	7.5	5
H₆：設法讓哈利自行回來	30	90	100	100	100	75	3

4/7

於個別鯊魚，進而將攻擊事件控制在易於管理的範圍內，並推翻有證據支持的科學論點。」

　　Neff 表示，證據顯示鯊魚攻擊很少導致受害者喪命，而且也沒有「殘暴鯊魚」在岸邊獵捕人類。Neff 也指出，根據國際鯊魚攻擊檔案（International Shark Attack File）的記載，全球七大洲從 1580 年至今，六洲總共出現 2,569 起鯊魚攻擊（部分案例統計自口傳史料）。[10]

　　無論在日常生活或國家事務管理上，總有不計其數的例子顯示，假如抱持完全公正的態度看待證據與邏輯導向的決策程序，不難發現我們選擇的行動方案往往不是最應該採用的那個。[11] 因此，若只從邏輯上對受眾說明，不管立論基礎多麼穩固，可能還是不足以說服他們接納你的建議。

　　雖然在解決問題的過程中，邏輯一直是我們決定行動方案的依據，但要有效說服別人，最好的辦法恐怕不只是訴諸受眾的理性思維：除了機會（時機）之外，亞里斯多德的說服方法也建立在三大支柱上：聲譽（品格／名譽／信用）、感性（情感）與

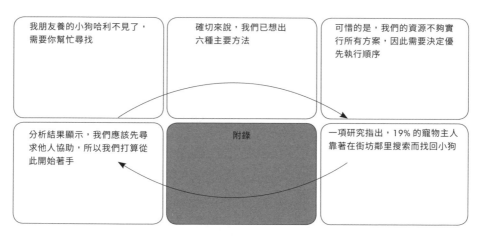

投影片可隨需求移入或移出附錄，在整個簡報中的順序也能自由調整

圖 7.4：將投影片視為分析用的中央資料庫，簡報中不需要的資料可收進附錄。

理性（邏輯）（詳見圖 7.5）。[12] 簡言之，就是倫理、情感和邏輯。想以亞里斯多德的方法說服受眾，必須讓他們覺得「論述可信且值得參考，不只吸引人，還很有道理。」[13]

強調道德／可信度／品格：聲譽(ethos)。道德訴求超越權威和可信度的展現，將智慧、品格和善意納為訴求手段。這需要仰賴你的語調、訊息風格及名譽來傳達。[14] 聲譽的力量可以很強大：有時候，人們會因為溝通者的身分而接受論述，不進一步質疑內容。[15] 然而，在強調實證的前提下，聲譽導向的說服模式理當最無力：我們不應只看溝通者的身分，就決定相信他說的內容。事實上，這種情形時常發生，至少在某些情境中並不罕見。例如，管理大師提倡的理論幾乎沒有具體數據支持，但卻蔚為風潮，顯示人們在執行時缺少質疑求證的精神。[16] 這給我們一個啟示：演講者應該訴諸聲譽，但不該濫用。

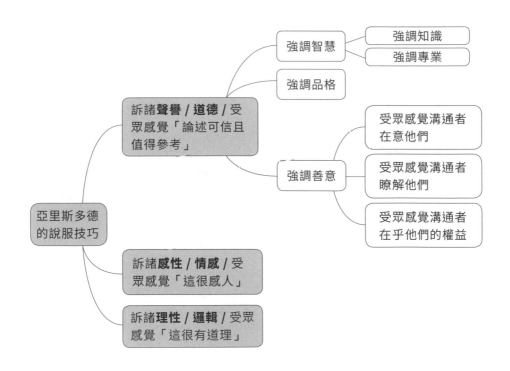

圖 7.5：亞里斯多德的說服技巧有三大支柱：聲譽、感性和理性。

相對地，受眾應質疑眼前的論述，無論傳達者是誰都應一視同仁。[17]

　　雖然直覺上，可信度越高越能成功說服他人，但這並非絕對。兩位學者 Yalch 與 Elmore-Yalch 發現，唯有傳遞的訊息中含有量化資訊，專業能力才會與說服力成正比。另外，他們也提出警告，受眾認為非專業的人士一旦使用量化資訊，可能反而有損他們的說服力。[18]

　　取信於人的一種辦法，是不僅出示能支持你主張的資料，還要同時呈現反方的意見，以能說服他人的方式予以反駁。援引劇作家 McKee 的說法，故事的黑暗面才是故事能夠變得有趣的原因。[19] 若坦承一切並不完美，等於暴露了你自己的缺點，但同時也能因此突顯你的長處，讓故事更有魅力。律師將此稱為「偷取雷聲」（stealing thunder，延伸為搶走風采之意）。[20]

　　另一種方法是展現良好形象。在一般人眼中，體面的人通常比不注重外表的人更有才華、更善良、能力更強，也更誠實。[21] 所以，請注意你的整體外表，包括穿著打扮。

訴諸受眾的理智：理性（logos）。展示你的邏輯推論，並呈現你據以得出結論的證據，也就是你的問題分析圖與支持分析的理性考量。這是本書所採方法的核心，因此也是報告中不可或缺的一部分，但光是這樣還不夠，因為僅靠邏輯改變人心的效果有限。如同先前所述，我們會受幾種偏見所影響，其中包括過分相信能夠支持自我立場的證據，對於反面證據卻無法全然信任。[22] 訴諸邏輯必須採取「中央途徑」（central route），仰賴直接、謹慎與資訊導向的論述。[23]

訴諸受眾的情感：感性（pathos）。情感是人類行為中一股強而有力的推力，因此務必瞭解受眾的動機，傳遞足以打動他們的情感，讓他們認同你的想法。例如，「可辨識受害者效應」（identified- victim effect）便抓準了世人日漸願意對弱勢族群伸出援手的心理，而非只是改善冷冰冰的統計數字，堪稱是訴諸受眾情感的範例。學者 Goodwin 和 Wright 發現，「只要在孩童的病歷說明中放入一張簡單的照片和名字，就能獲得更多捐款。」[24] 劇作家 McKee 指出，將想法與情感結合，會比單純只使用邏輯來得更為有效：「最好的做法是述說一個觸動人心的故事。故事中，你不僅傳達許多資訊，還能挑起聆聽者的情緒和活力。以故事說服他人並不容易。任何有能力思考的人都能立刻列出一堆說服他人的理由。使用傳統說辭羅織論述，大多運用了理智，但很少發揮創意。然而，若要讓想法含有充沛感染力，令人印象深刻，就得動用靈活的洞悉能力和說故事的技巧。如果你能妥善運用想像力和說故事的原則，就能讓受眾

忍不住起立並報以如雷的掌聲，而不是頻打呵欠，無視你的存在。」[25]

更明白地說，我不是在建議你利用說服他人的三大支柱引導受眾從事不道德的行為，或是做出有違其最大利益的事情。我們提倡的方法確實需要你（也就是分析者）在解決問題的過程中恪守道德標準。然而，光憑邏輯有時無法充分說服他人，即使是理智的人也難以說動，因此我建議使用多面向的論述，以實現你希望的改變。[26]

使用濃烈的引言。麥肯錫公司的視覺傳播總監 Gene Zelazny 大力反對平淡無奇的開場引言。他建議引言應該「點燃受眾心中的火花，讓他們產生身在現場的熱情，進而期待接下來的發展。」[27] 哈佛大學的 Stephen Kosslyn 也有類似的主張：「如果簡報開始後五分鐘內，你無法說服受眾相信你能說出什麼具有價值的內容，可能就會失去他們的心。」[28]

為了吸引受眾的注意力，Zelazny 建議在引言中放入三個元素：目的、重要性和預告。目的需解釋受眾出席的原因，重要性應說明立即解決問題為何如此重要，而預告則應讓受眾大致瞭解簡報的架構。[29]

有技巧地建議決策者。向決策者報告的場合中，謹記幾個概念或許能有所幫助。提供可選擇的方案時，只提供方案的相關資訊似乎會比直接說明支持或反對意見來得更恰當。[30] 相較於免費取得，如果需要付出一點成本，人們會更樂意採納你的建議。[31] 所以，適時提醒受眾分析中的相關成本，或許是值得一試的做法。

2.3 找到理想的長度

簡報長度取決於簡報資料的廣度和簡報的詳細程度。

只納入需要的所有資料。首先決定哪些主題必須納入簡報，而哪些可以刪除。非關鍵內容的投影片可以移到附錄，以便隨時可用來回答受眾可能提出的問題。

經過幾天、幾週，甚或幾個月專注分析一項議題之後，很容易將繁雜的細節統統放進投影片，但這麼做有其風險。由於受眾處理及理解資訊的能力有限，因此放入不必要的多餘資訊反而不利。[32] 賓州州立大學通訊工程教授 Alley 就發現，在技術報告場合中，許多簡報者希望提及太多資料，因而導致簡報成效低落。[33]

因此，某種意義上，你面臨的抉擇或許不是想不想透過簡報解決多項問題，而是能否將最核心的建議順利傳達給受眾。旁枝末節會消耗受眾的工作記憶，可能導致他們無法理解重點或記住你希望他們記得的內容。

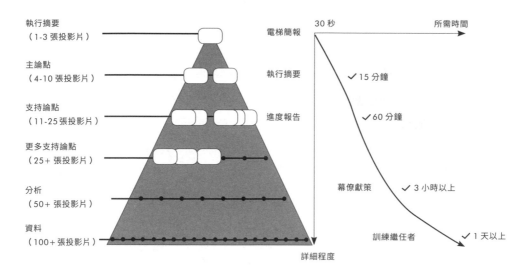

圖 7.6：為你正在準備的簡報判斷適合的詳盡程度。

選擇適合的詳細程度。麥肯錫前顧問暨溝通專家 Barbara Minto 建議以金字塔方式安排溝通內容，將核心想法放在最頂端。[34] 該核心想法就是你的執行摘要，也就是溝通的精華。

執行摘要下面是主論點，接下來是支持論點（可能分成不同層級），最後是你的假設和分析。越往下探究，內容越詳細。傳達主論點可能只需要幾秒，或許適合用於電梯簡報，但要呈現分析細節則可能需要幾個小時，甚至幾天（詳見圖 7.6）。

因此，準備訊息內容時，應思考各部分適切的詳細程度。這取決於完整表達所需的時間，以及你認為每個重點要能說服受眾所需要的證據數量。以不同深入程度探討不同主題是完全可接受的應變做法，但前提是要深思熟慮才做出這個決定，而非因為高估自己快速導覽資料的能力，導致最後 80% 的時間只說明了五個主題中的第一個。以金字塔形式看待溝通可幫助你留意整體概況，進而妥善安排所有環節。

2.4 找到理想的順序

麥肯錫公司的視覺傳播總監 Zelazny 建議，溝通應以結論揭開序幕，接著再解釋

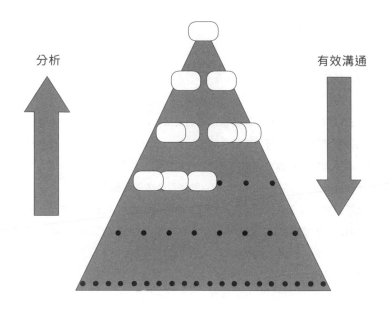

分析　　　　　　　　　　　　　　　　　　有效溝通

圖 7.7：溝通過程應避免仿照分析程序。

得出結論的過程。[35] 分析時，我們是從資料著手，推導出結論。然而，如果從結論切入，意味著推展方向完全相反（詳見圖 7.7），這需要跳脫解決問題的思考順序才能辦到。

　　意思是說，溝通應強調邏輯和證據如何導出結論。例如，在哈利的案例中，你的簡報可以這麼開始：「談到尋找哈利的方法，我想解釋為什麼應該先聯絡可能擁有失蹤動物相關資訊的人，藉此獲得協助。原因如下……」，而不是：「為了瞭解尋找哈利的最佳方法，我先搜尋出版刊物，從中蒐集尋找愛犬的有效辦法，接著再找出適用於哈利所在社區的方法」，諸如此類。

　　下頁圖 7.8 是中階主管湯姆寫給老闆吉姆的郵件，正可說明以結論破題的好處。[36]

　　湯姆主要是依時間順序呈現分析條理，帶領吉姆瞭解促使他做出決定的所有步驟。問題在於，讀到最後一段之前，吉姆完全不知道湯姆做了什麼決定，等於接收到一堆資訊，但不曉得該如何反應（每筆資訊都讓他不禁覺得「好，然後呢？」），也不清楚哪些應該儲存到腦中的工作記憶。最後當他讀到結論時，才終於明白各項資訊所要傳達的意思，並判斷是否合理……只是此時他可能早已忘記每項論述的細節。因

寄件人：湯姆

收件人：吉姆

主旨：聘請助理的新進展

嗨，吉姆：

你知道我一直想找一名助理幫忙管理拉丁美洲客戶的專案。這陣子我不斷思考我們討論的內容，我們的確需要與說西班牙語的客戶頻繁互動，所以我覺得助理人選應該也要精通西班牙語。另外，我手上的專案越來越多，責任越來越繁重，需要有人幫我處理人事和技術資源，而且我無法親自前往公司的所有據點，所以助理也必須要能出差。

總之，我已經有好一陣子想找個適任的助理，也面試過幾個人選。我會這麼焦慮，是因為公司願意支付的薪水無法聘請到符合我所需條件的人才。行銷部的艾德建議我找艾瑪談談，她是他上一份工作的同事。經過一番努力後，我們終於找到彼此都方便的時間見面。

跟她聊過之後，我發現她完全符合我開的條件，所以我決定請她當助理。寫這封信只是想告知你一聲。

圖 7.8：將結論放在信末可能會讓讀者感到疑惑，因為他們必須記住信中提及的所有事情，但遲遲不知道之間的關係。

此，終於知道結論之後，吉姆很有可能需要重讀信件內容，以瞭解各筆資訊的關係，判斷是否應該支持湯姆的決策。

或者，也可以考慮使用另一種陳述結構（圖 7.9），在論理之前先說結論。吉姆可能不同意湯姆的邏輯，也許他認為信中所述的三個條件應該由湯姆自行斟酌決定；或者，他認為湯姆應該詢問艾瑪的推薦人；又或者，他覺得某些條件不夠完整。艾瑪願意出差，很棒！但她適合出差嗎？所以，他可能對湯姆的理由有意見，但完全可以理解他提出的理由。這麼一來，他知道湯姆的立論基礎，就可以做出建設性的回應。

先說結論並刪除不必要的資訊，這種做法可讓訊息更符合金字塔結構，減輕受眾的理解負擔。在知道結論的情況下，他們能夠據以詮釋簡報中出現的新元素，判斷其能否支持你的論點。

　　雖然某些特定情形下，說明分析過程不失是種合適的做法（例如實驗結果無法說服受眾時，可改為說明實驗流程），但資訊分析專家 Keisler 與 Noonan 建議，「幾乎所有場合都應避免這種做法」。[37]Zelazny 深表同意。即使知道受眾會群起反駁，他還是建議先說結論。[38] 結論一出，你可以坦然面對現場的不同意見：「今天，我的簡報目的是要說服你們接受一點，即尋找哈利的首要步驟應該是先聯絡可能知道牠下落的人。我知道這違背一般普遍的認知，而且你們認為應該先張貼布告並在附近搜尋，但這是我們仔細分析所有可能選項才做出的結論。現在請容我向各位說明整個過程。」

3．運用有效的投影片設計

　　一直以來，以投影片簡報總是遭受大肆批評，而且很多案例中，這些批評有其道理。[39] 然而，只要情況適合且採用適當設計，簡報也可以是輔助溝通很有效的一種工具。Keisler 和 Noonan 認為，成功的關鍵因素在於確保簡報者（而非軟體）能透過「明確的敘事情節和優良的投影片設計」促進有效溝通。[40]

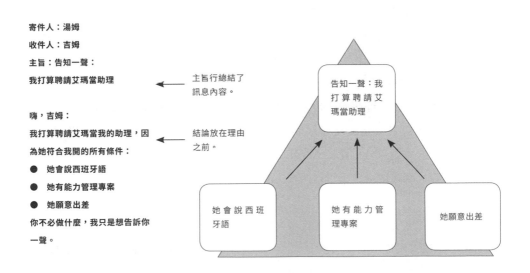

圖 7.9：一開始先說結論，再依序呈現支持的論點，如此能讓訊息清楚易懂。

3.1 定義投影片的主要目的

簡報可滿足各種需求，除了是簡報過程中傳達訊息的視覺輔助，也可以是獨立的資訊記錄，方便日後參考。投影片設計的構成元素需依這個主要目的而定，因此沒有一種適合所有場合的最佳投影片設計（詳見圖 7.10）。如果你需要的只是視覺輔助，投影片便展示較少細節，輔以口頭說明。另一方面，如果投影片的主要用途在於記錄，則需要清楚記載這些細節。

當然，許多案例中，投影片可以同時達到這兩種目的，最後在兩個極端之間找到定位。因此重要的是，你必須確立投影片的主要目標，確保其偏向適當的一端。

無論何種情況，我的個人經驗都符合 Alley 教授和學者 Garner 等人[41] 的研究結果。他們發現，以完整句子概述每張投影片的內容，並放在標題的位置，會比單純使用標題或主題更有效果。逐一檢查每句標題，使其能夠彼此呼應，以完善表達你想呈現的整個故事，即使無人講解，受眾也能理解投影片簡報欲傳達的主要概念。

瞭解兩種極端，再決定你需要的投影片樣貌。218 頁的圖 7.11 展示了投影片設計的兩個極端。左邊的投影片來自 Garr Reynolds，主要效法 TED Talks 演講中常見的簡約設計。這類投影片通常擁有很大的圖片，文字少之又少。[42]TED 風格的投影片很適合用來與一般大眾溝通，成效顯著。[43] 這種投影片中，雖然照片和文字能向受眾傳達投影片的主要概念，但還是需要由簡報者說明背後隱含的意義。由此可知，這種編排方法會將投影片侷限在單純的視覺輔助，如果受眾在聽取簡報的過程中不小心分神，或是因故錯過整場簡報，只能事後參考投影片的話，可能就會錯過你想傳達的訊息內容。另外，這種視覺化訊息必須維持一定高度，不會傳遞太多細節和微小差異。

另一方面，除了為簡報增添視覺輔助之外，管理顧問大多擅長將投影片變成事後記錄。右邊的投影片來自波士頓顧問公司（Boston Consulting Group），看起來比 Reynolds 的投影片更具分析意味。此外，相較於 TED 風格的投影片，這類設計傳達的訊息更為複雜，無庸置疑是鎖定對簡報主題更瞭解的受眾所設計，可讓你記錄更多細節和微小差異。

TED 和顧問風格的投影片分別代表光譜的兩個極端，只是正好使用了同一種媒介（投影片）來成就兩件不同事情。因此，與其隨個人喜好任意選擇投影片的設計風格，反而應依照你想發揮的特定功用，賦予投影片最適切的樣貌。而且，無論用途為何，你的簡報都應符合「指示型投影片」的六大設計原則。

簡報的視覺輔助		簡報後留作記錄
只放入重點想法，省略細節		放入重點想法和支持論點的細節
投影片上盡量少字（<～40）		
	差異	投影片可有較多文字
使用大字體		
		使用不同大小的字體，以顯示投影片的金字塔結構
可使用較多照片		

←───────────────────────────────────→

獨立完整		獨立完整
	相似處	
採用主張─證據結構		採用主張─證據結構

圖 7.10：簡報可滿足各種需求，而投影片的設計應視目的而定。

3.2 遵守「指示性投影片」的六大設計原則

遵守指示性投影片的六大多媒體原則可以提升理解程度、減少錯誤觀念，以及降低受眾的認知負擔。[44] 這些原則分別為：

1. 多媒體原則（multimedia principle）指出，文字搭配照片的學習效果比只有文字來得好。[45]

2. 鄰近原則（contiguity principle）指出，應盡可能縮小不同資訊類型之間的時間間隔和空間距離，使受眾能更容易察覺其中的關連。[46]

3. 過剩原則（redundancy principle）指出，以視覺和聽覺方式傳達互補但不重複的資訊，可讓受眾從中獲益。[47]

4. 動態原則（modality principle）指出，口頭傳達比書面文字更有助於學習。[48]

5. 一致性原則（coherence principle）指出，應刪除所有非必要資訊，協助受眾

簡報的視覺輔助

來源：presentationzen.com

由 Garr Reynolds 提供。使用大量圖片可促使受眾在情感上給予回應。

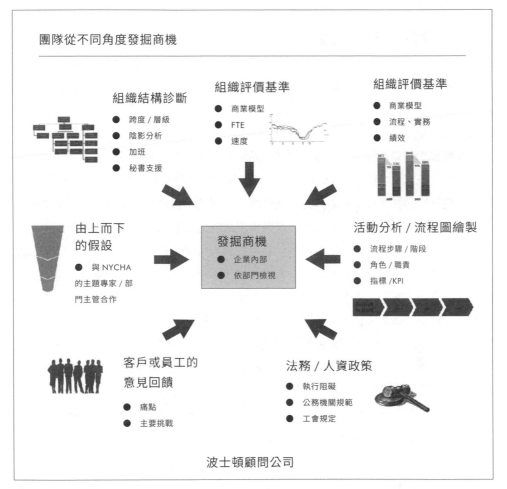

來源：http://nyc.gov/html/nycha/downloads/pdf/BCG-report-NYCHA-Key-Findings-and-Recommendations-8-15-12vFinal.pdf

取自波士頓顧問公司。溝通的驅動力是邏輯而非情感，且傳遞的訊息也複雜許多。

圖 7.11：投影片簡報可能擁有多種用途；投影片的設計應取決於簡報的主要目的，而非個人喜好。

整合重要的關係與概念。[49]

6. 最後，提示原則（signaling principle）指出，應為受眾提供線索，協助他們瞭解簡報結構以及概念之間的關係。[50]

3.3 使用主張——證據結構

「主張—證據」的投影片結構原本是為了科學、工程和商務溝通所設計，有別於使用一般標題，這種投影片結構會在標題位置放上陳述性質的標語，並在主文處提供可支持主張的證據。[51] 有效的運用方式如下。

每張投影片只表達一個概念。將每張投影片視為一個想法單位，每張只表達一個概念。如果概念太複雜，不妨分成兩三張投影片加以說明，盡量讓受眾容易理解。

使用敘述句標語揭示投影片的主要概念。理想的投影片應該要能讓受眾迅速掌握內容重點。達成此目標的一種方法，是將投影片的主要概念（主張）放在標題位置，並利用主文部分提供足以支持的證據，且最好使用視覺化證據，包括照片、繪圖、圖表等，而非文字（詳見圖7.12）。[52] 在此結構下，標語可傳達資料對受眾的意義（相當於回答「所以呢？」這個問題），而非單純說明資料內容（相當於只回答「資料是什麼？」這個問題）。[53] 這麼做也有助於投影片簡報符合過剩、一致性和提示原則。[54] 相較於其他投影片設計，這種配置方法經證實也能讓受眾更瞭解及記住複雜的內容。[55] 賓州州立大學通訊工程教授 Michael Alley 建議，標語最長不超過兩行，且應靠左對齊、開頭字母大寫（句點可省略或保留），以句子的形式呈現。[56]

就 PowerPoint 和其他簡報軟體而言，要在標題處放入句子標語並不容易。這些軟體的範本中，投影片的最高層元素稱為標題，若要在標題處放入10至20個字的句子，可能需要稍微調整格式才能辦到。或許就是因為這個緣故，大多數的簡報者才選擇使用短句形式的標題，或以一般標題搭配條列式內容，而非使用句子形式的標題。[57] 這是一個不容忽視的問題，因為一般標題無法充分傳達資訊，或許可以指出投影片的內容為何，但本身卻無法發揮重大貢獻。因此，這種簡報設計法一直飽受學術界和實際使用者的批評。[58]

寫標語時，盡可能闡釋你想傳遞的訊息，讓受眾容易理解。或許實際執行上有點困難，但的確有其必要。套句創業投資人 Guy Kawasaki（他的人生有好多時間在聽

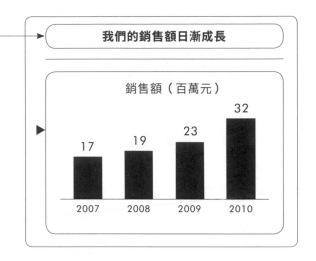

「標語」是投影片的主要概念，應表達完整主張，不只是標題。

「投影片的主文」部分是可支持標語的證據（最好是視覺化形式而非文字）。

我們的銷售額日漸成長

銷售額（百萬元）

32
23
19
17

2007　2008　2009　2010

圖 7.12：使用「主張－證據」結構，其中標語應為完整的陳述句，而投影片主文部分則是可支持標語的證據。

取簡報）的說法：「投影片背後所要傳達的意義並非每次都能一目了然，更不要說要讓聽眾感到震撼或讚嘆。」[59] 劍橋大學數學家 Michael Thompson 的看法不謀而合：「經驗顯示，內容的明確程度必須達到必要門檻的兩倍，才能確保大多數人能夠清楚明白。」[60] 這項觀察也適用於電影。法國知名導演楚浮寫道，力求清晰「是（我）拍電影時最重要的事情」。[61] 導演 Alexander Mackendrick 發現，「清晰是指去蕪存菁，這件事一點也不簡單，因為光是判斷何為非必要的內容，然後設法避免過分強調，就已夠難處理。資料可能摻雜了無關緊要與平淡無奇的細節，使資料難以理解或過度複雜，要想從中找出重要內容（予以保留甚至強調），可得需要睿智的眼光和大量的深入分析才能辦到。」[62]

選擇標語時，若多個概念都能概括同一份資料，請選擇具有分析深度的概念。避免使用「靜態主張」（又稱為「空洞主張」），即選用的句子雖然概述了投影片內容，但並未開啟與其他至少一個概念的連結（詳見圖 7.13）。[63] 以完整陳述句呈現的標語有幾個主要優點：

1. 句子形式的標語有利於<u>回想</u>：經驗顯示，在標語中使用句子可幫助受眾記憶，使其在技術性簡報結束後回想細節。[64]

2. 句子形式的標語可幫助受眾<u>釐清簡報內容的方向</u>：看見新投影片時，受眾會立

即試著理解該投影片出現的原因，而從投影片的標語掌握重點就是一種相當實用的方法。[65]

3. 句子形式的標語可協助你<u>補強邏輯</u>：為了詮釋資料並歸結成短句，你不得不深入思考簡報的內容。[66] 這些資料合理嗎？資料真的能推導出這個結論嗎？我真的需要放進這個論點嗎？

4. 句子形式的標語有助於<u>架構深入人心的故事</u>：由於敘事情節是由所有標語組成，因此整個故事與你所援用的證據之間一旦互不相符，就可以輕易發現。此外，這也能幫助你刪除不相關的資訊，並找出缺漏的部分。[67]

5. 句子形式的標語可方便你<u>在有限的時間內完成簡報</u>：如果你曾接獲指示準備六十分鐘的簡報，但因為發生某些意外，導致上台前幾分鐘，你才知道只剩十五分鐘可以報告，你就瞭解能以不同詳細程度傳達訊息是件多麼難能可貴的事。有效的標語可讓你應付這種突發情況。若只解說標語（也就是從金字塔較高層級傳達訊息，詳見圖 7.14），就能維持故事的完整性，並以較快步調說明所有投影片。

6. 句子形式的標語可<u>奠定討論基礎</u>：受眾可藉由閱讀一句標語瞭解你對投影片所示證據的詮釋。他們也許不同意你的看法，但至少能夠理解。如此一來，雙方就能將心力放在討論核心訊息，例如找到對於證據詮釋的共識，而非只能釐清彼此的誤會。

7. 句子形式的標語可成為<u>強而有力的參考基準</u>：在你簡報的同時，重要決策者或許不在現場，或是有人（包括你本人！）希望在幾星期後回顧簡報內容。若能以標語詳記每張投影片的主要概念，也就是回答「所以呢？」這個問題，即使沒有簡報者的帶領，也能輕易掌握訊息精華。雖然只要閱讀投影片，就能理解簡報者想表達的重點，但簡報者依然扮演很重要的角色，包括強調重要面向、提供更多細節、回答問題、讓內容更生動有趣等等。

3.4 在投影片主文區塊使用效果顯著的設計

投影片設計可分成兩個方面來討論：投影片整體設計以及所選視覺題材的特色。

A：精心設計投影片以促進理解

設計投影片的主要推力應該是幫助受眾理解你所述說的故事。以下提供幾個設計原則。

學者 Doumont 建議投影片需符合三個目標，才會產生效果，包括視受眾有所

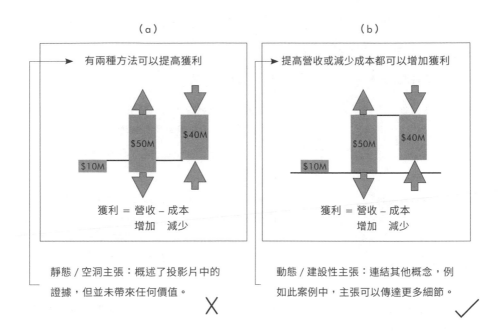

圖 7.13：標語應避免使用靜態主張，亦即正確但幾乎未帶來任何價值的陳述；相反地，主張應能連結其他概念。

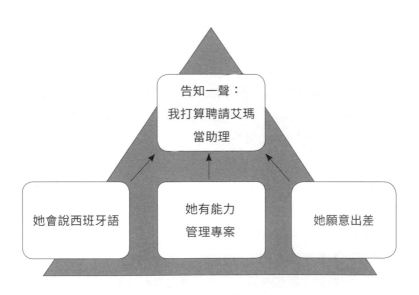

圖 7.14：若有需要，有效的標語可方便你從較偏重概念的層級做簡報。

表 7.2:出色投影片的特徵與啟發。[a]

有效的投影片設計應該……	因此,投影片應該……
視受眾有所調整	認真思考資訊對現場受眾的意義(即回答「所以呢?」這個問題),而非單純地提供資訊。
最大化訊噪比	盡量減少文字,免得受眾分心(呼應多媒體、動態和一致性原則)。
有效地運用過剩原則	(如同簡報者口頭表達的內容)務求獨立完整:讓「關起耳朵」的受眾可以光看投影片就瞭解簡報想傳達的訊息,「閉起眼睛」的受眾能聽懂內容。

a 援引自(Doumont, 2005)。

調整、最大化訊噪比,以及有效地運用「過剩原則」。[68] 表 7.2 解釋這些目的在投影片設計中的意義。

他用一句話總結製作優良投影片可能遇到的挑戰,就是「用最少的文字傳達準確的訊息」。

使用一致的範本。遵守一個概念:投影片應該要能幫助受眾理解,因此整份簡報的版面、背景、文字顏色、字體大小、字型等等,皆應保持一致。[69] 所有標語應保持相同大小,要是礙於空間限制,也盡量調整到相似的大小。每張投影片的頁碼放在相同位置。物理學家 Michael McIntyre 強烈主張,沒必要的變化就像道路標誌用不同名稱表示同一個地方,只會讓人覺得品質低落。他接著說,不必要的變動「彷彿三哩島核反應爐的控制室操作面板,區別運作正常與異常的顏色標示不一致,也像交通號誌中,紅色有時代表停止,有時代表通行。」[70]

有效地使用顏色。顏色可幫助受眾從眼前所見的內容中擷取資訊,但顏色必須謹慎使用[71],尤其應以實際功用為考量,而非只是為了美觀。[72] 套句溝通專家 Nancy Duarte 的話,「練習如何設計而非裝飾」。[73] 有節制地使用顏色,並確認前景元素(文字、圖表等)和投影片背景的對比夠鮮明。[74] 此外,依循一般人對顏色的普遍認知,例如對考取駕照的人而言,綠色表示前進 / 安全,紅色代表停止 / 危險。其他例子包括:藍色給人冰冷的感覺,黃色稍微溫暖、紅色則最炙熱、白色

代表純淨，諸如此類。最後請記得，使用毫無關連的顏色可能會產生反效果。[75]

字體要夠大。務必使用大型字體，否則小心失去受眾。Alley 教授建議標語使用 28 pt，投影片主文使用 18 至 24 pt（預設為粗體）[76]，而創業投資人 Kawasaki 則建議不要使用 30 pt 以下的字體，或至少調整到全體受眾最高年齡除以二的字體大小。[77] 如果投影片的功用主要是視覺輔助，上述標準倒是容易達成，但若是為了詳細記錄，就有點困難了。無論如何，切勿將受眾看不清楚的內容放到投影畫面上。

使用適當的字型。有人認為，Serif 字型（即文字末端加上襯線）更適合文字很多的文件，因為該設計有助於人眼將字母視為群體。[78] 然而，部分研究顯示，sans serif 字型（例如 Arial、Gill Sans、Tahoma、Verdana、Calibri 等等）在四個方面的表現比 serif 字型優異，包括閱讀舒適感、專業形象、有趣外觀，以及受眾注意力。一項研究中，Gill Sans 在所有評比項目的表現出眾，因此愛荷華州立大學的專業溝通教授 Jo Mackiewicz 建議在製作投影片時使用。[79]

以粗體吸引注意。避免使用斜體或加上底線，前者可能阻礙閱讀，後者則會模糊焦點，使文字更難辨認。[80] 另外，避免在不必大寫的地方大寫，特立獨行，這不僅會拖慢閱讀速度，也佔據更多版面空間。[81] 數目最好以數字表示，而不是寫成中文，這除了會減少投影片容納的字數，也會增加閱讀負擔。

採取清晰精準的書寫風格。小說家歐威爾對寫作的建議如下：

一、切勿使用隱喻、明喻或印刷刊物上常見的其他修辭手法。

二、能言簡意賅之處，就別使用冗長的敘述。

三、若能刪減字詞，就盡量去蕪存菁。

四、盡量使用主動語態，避免使用被動說法。

五、若能以日常用語表達，就別使用外語詞彙、科學用詞或術語。

六、寧可違反上述任一原則，也不寫出任何粗鄙的字詞。[82]

歐威爾的寫作原則呼應了康乃爾大學英文系教授 William Strunk 的建議，其中包括他兼顧美感和書寫效率的至高原則：刪除贅字。[83] 表 7.3 列了一些常見的贅詞，並提供符合上述要求的替代說法。

文字與口頭表達的內容避免重疊。同時以口頭說明與文字完全相同的內容會干擾簡報節奏，弊大於利，而且比單靠口頭表達更無效率。[84] 原因在於，重複傳達資

表 7.3：避免贅詞

避免使用……	改用……
為了要……	以便……
萬一發生	如果
每一個	各個
正面進展	進展
合併在一起	合併
目標與目的	目標（或目的）
在……之前	……前
善加利用	善用
個人意見	意見
關乎於	關於
……的原因	因為

訊的話，受眾需要兩相比對，相當耗費工作記憶。[85] 因此，除了標語之外，盡量減少投影片上的文字，例如可善用視覺化資料，而非以文字條列。[86]

務必將文字轉正。除非你希望受眾伸展一下肩頸肌肉，否則別讓他們歪著頭看投影片。

投影片保持簡約。簡報時，投影片應當是你傳遞訊息的視覺輔助，並能協助受眾記憶。因此，投影片不該喧賓奪主，搶走簡報者（也就是傳達資訊的主要管道）的風采。簡約的投影片較有效，要是視覺上過於複雜的話，會影響人們將資訊存入長期記憶的能力。[87]

去蕪存菁。在符合「一致性原則」與「前一點」的前提下，刪除所有不必要的資訊，以幫助受眾理解與記憶。[88] 不妨拿掉所有可能偏離投影片重點的資訊，包括參考資料、機構標誌（如果是內部簡報的話）、為了美觀而加入的動畫等等。數字應符合一致性原則，必要時才使用小數。事實上，若需表達數量，應挑選能讓數字位數最少的單位。

調整表格的格式。許多時候，圓餅圖和長條圖都比表格更有效果。[89] 然而在部

分情形中，例如需要呈現準確數值時，表格反而會是展示數據資料的實用媒介。使用表格時，記得刪除不必要的線條（例如每欄之間的分隔線）、數字四捨五入至整數，並選擇適當的單位（詳見圖 7.15）。[90]

考慮使用類比法。適當的類比能將新概念與受眾熟悉的概念相互連結，可促進理解與記憶。[91] 例如，假設你需要向非專業人士報告部門的財務狀況，除了使用枯燥無趣的表格之外，其實也能運用圖片來表達，例如圖 7.16。

以潛水艇代表部門、水位代表成本，潛水艇的深度即為與盈虧平衡點（水面）的相對位置。部門目標是讓潛水艇浮到水面，甚至飛到空中，也就是獲利。部門成立三十年以來從未獲利，而在好幾次的季度財務簡報中，我們一直持續使用這個類比。雖然每次簡報相隔幾個月，但圖案有助於受眾快速回想起主題，瞭解最新營收與過往績效的相對關係。2006 年底，部門首次轉虧為盈，因此潛水艇變成了水上飛機。從那天開始，簡報現場的所有人無不瞭解並記住部門已經開始獲利。

以高潮作結。最後一張投影片通常會在簡報完畢後繼續留在投影幕上，成為後續討論的背景，其價值與高級地段的房地產一樣珍貴。因此，請避免效法一般常見的做法，在最後一張投影片打上「謝謝聆聽」或「有問題嗎？」，而應把握機會概述所有重點。[92]

B：使用合適的視覺輔助

展示證據有好幾種方式，包括量化圖表、概念圖、表格、照片、文字，或結合多種素材。每種方法各有優點與限制。

在投影片主文區塊使用文字有違「動態原則」[93]，可以的話應盡量避免。然而有時候，還是有必要以文字輔助說明，例如解說邏輯推演過程時，文字可能就是實用的媒介。

運用合適的量化數據圖表。量化數據圖表是展示數據資料的絕佳工具，因此應根據溝通目標選擇適合的量化數據圖表格式。[94]

你能參考各種資源決定何時應使用圖表，並瞭解如何選擇適當的圖表來呈現資料。[95] 圖 7.17 整理了各方說法，為你提供一些挑選準則。

避免使用模擬 3D 繪圖。必要時才使用 3D 繪圖，也就是說，需要同時呈現三種變數時才需使用。例如，3D 繪製的長條圖（或應該說是模擬 3D 效果）是簡報軟體的標準功能，但其實只能呈現兩個面向。雖然許多時候，這種效果相當吸睛，

農場平均售價（美元）

地區	2004	2005	2006	2007	2004-2007 年漲幅（%）
北地大區	974737	1060886	1312429	1576769	61.7600%
奧克蘭	1227622	1284568	1366692	1854543	51.0700%
懷卡托	1542653	1874722	2240908	2397778	55.4300%
豐盛灣	1140639	1477036	1464838	1523178	33.5400%
塔拉納基	1083793	1338477	1538502	1697586	56.6300%
吉斯本	1104912	1405198	1430701	1317944	19.2800%
霍克斯灣	1319135	1308447	1836502	1875094	42.1500%
旺加努伊	1112509	1488938	1547594	1506120	35.3800%
尼爾森	885656	1292944	1281988	1656201	87.00%

X

移除垂直分隔線

可讓表格看起來更寬闊。

圖 7.15：適度調整分隔線和數字格式可大幅改善表格的閱讀感受。

改變單位可讓數字變小。

刪除不必要的小數可方便閱讀。

農場平均售價（美元）

地區	2004	2005	2006	2007	2004-2007 年漲幅（%）
北地大區	1.0	1.1	1.3	1.6	62%
奧克蘭	1.2	1.3	1.4	1.9	51%
懷卡托	1.5	1.9	2.2	2.4	55%
豐盛灣	1.1	1.5	1.5	1.5	34%
塔拉納基	1.1	1.3	1.5	1.7	57%
吉斯本	1.1	1.4	1.4	1.3	19%
霍克斯灣	1.3	1.3	1.3	1.9	42%
旺加努伊	1.1	1.5	1.5	1.5	35%
尼爾森	0.9	1.3	1.3	1.7	87%

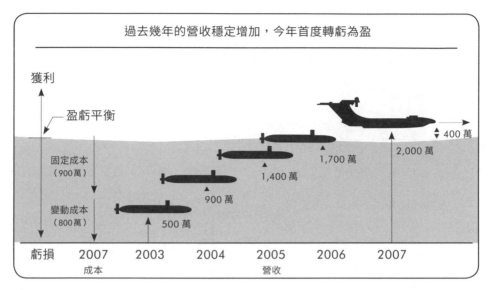

圖 7.16：圖片可加深受眾記憶。

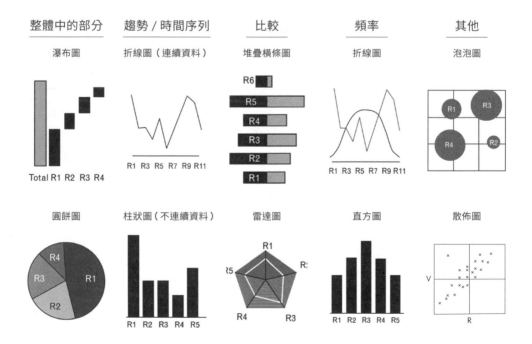

圖 7.17：依照你要展示的資料類型選擇適當的量化數據圖表。

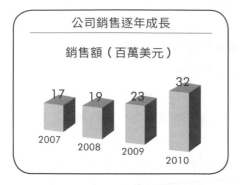

模擬 3D 圖會為投影片增添不必要的
複雜元素，影響理解速度……　　X

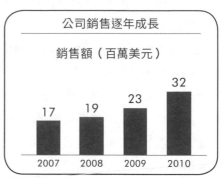

……因此最好使用 2D 圖表

圖 7.18：模擬 3D 圖會為投影片增添不必要的複雜元素。

但同時也會讓畫面變得複雜，影響理解速度。因此，一般通常都會避免使用（詳見圖 7.18）。[96]

　　調整長條圖的格式，改善閱讀感受。柱狀圖和折線圖是呈現時間序列的實用手法。若資料點不多且資料不連續（例如只有某段期間），最適合使用柱狀圖。如果資料點增加，或資料為連續數據時，便可考慮使用折線圖。[97]

　　若能妥善調整長條圖的格式，如圖 7.19 所示，便能有效改善展示的效果。尤其當項目標示很長時，若選用水平的長條圖而非垂直的柱狀圖，投影片就能有足夠的發揮空間。[98]

　　長條之間的間距也很重要。對此，Yau 就提出告誡，若間距與長條的寬度相近，容易造成視覺上的混淆。[99]此外，清除所有不必要的線條也能進一步減少凌亂感。最後，在每欄加上資料標記，能有助於閱讀資料與記憶。

　　以「瀑布圖」（waterfall chart)表示整體的組成情形。瀑布圖（有時稱為「進展圖」）是呈現整體組成的實用長條圖。雖然傳統上習慣使用圓餅圖，但由於瀑布

圖可標註門檻（例如某一特定百分比），因此算是不錯的替代選擇，很適合用於彰顯「帕雷托法則」（詳見圖 7.20）。

　　以「泡泡圖」（bubble chart）表示變數超過兩項的資料。呈現具有多項變數的資料時，可考慮使用泡泡圖（詳見圖 7.21）。先繪製直角座標系，各軸分別表示一種變數。接著，將各軸均分成二（或三）個等份，構成 2x2（或 3x3）矩陣，標上「高」和「低」等標準名目。以圓圈大小表示第三種變數，但務必確認圓圈面積（並非直徑）與其代表的值能成比例。[100]

　　習慣上，右上角象限通常代表最符合期望的狀態，因此請根據此原則定義你所使用的維度。舉例來說，「成本」會隨著數目增加而離心目中的理想更遠，因此不妨用「便宜度」加以取代。

　　需注意的是，泡泡圖最多可表示五種變數。除了圖 7.21 示範的三種之外，也

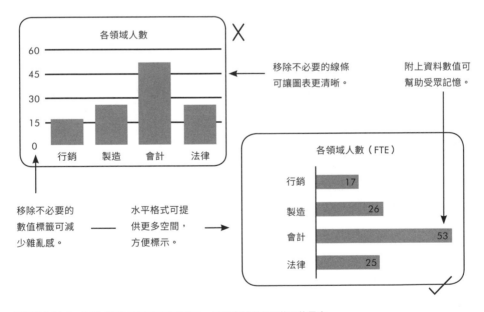

資料墨水(data-ink)：圖表中不可或缺的核心，呈現資料所必須使用的墨水。
在合理範圍內，**移除所有非資料、多餘的墨水使用處**，以提高資料墨水比（data-ink-ratio）。

圖 7.19：適度調整長條圖的格式有助於閱讀。

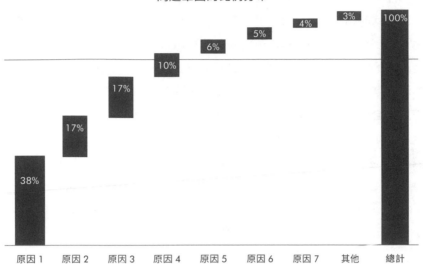

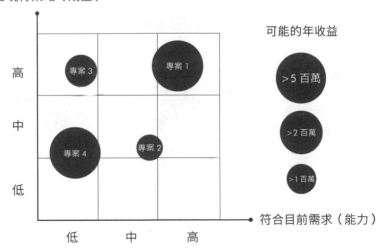

變數 1:橫軸　　　　　變數 4(範例圖未顯示):泡泡形狀

變數 2:縱軸　　　　　變數 5(範例圖未顯示):泡泡顏色

變數 3:泡泡大小

圖 7.21:泡泡圖最多可顯示五種變數。

能自行添加泡泡的形狀和顏色。此外，加入箭頭後，就能表示泡泡隨時間的移動情形。不過，同時描繪這麼多種變數，可能使工作記憶的負荷過重。因此，使用這類圖表應適可而止，盡量將每張圖表所涵蓋的資訊量控制在最低限度。[101]

泡泡圖的缺點之一，是「龐大」的資料點會遮住其他小圓圈，資料重疊便難以確實呈現。遇到這種情況時，可考慮使用半透明的資料點或比例尺。

使用適合的概念圖。 概念圖是展示非量化資料的實用工具，例如可用來表達互動、程序或組織。圖 7.22 是幾種典型範例。[102]

若要呈現量化資料，概念圖也能派上用場。最廣為人知的例子是法國工程師 Charles Joseph Minard 繪製的「訊息圖」《Carte figurative des pertes successives en hommes de l' Armée française dans la campagne de Russie 1812–1813》，如圖 7.23 所示。[103] 該圖同時顯示六項變數，包括軍隊位置（包括分隊）、移動方

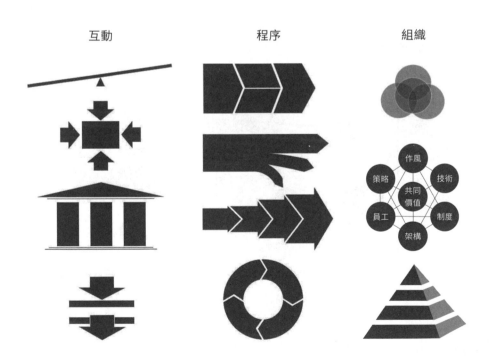

互動　　　　　　　程序　　　　　　　組織

作風
策略　　技術
共同
價值
員工　　制度
架構

圖 7.22：概念圖是表達非量化資料的實用方法。

向、人數，以及特定日期的氣溫。雖然該圖乍看之下難以理解，也因為太過複雜而飽受批評 [104]，但依然是獨具巧思的絕佳例子。

善用空間流動的特性。 西方文化中，人們的閱讀習慣是由左至右，從上而下，因此一般人通常會從投影片左上角開始看起。[105] 這項特性或許能幫助你更貼切地展示論點，例如說明時間的變遷，達到支持論點的目的。

使用有助於說明的圖片。 圖片要能解說投影片內容，而非只是文字資料的裝飾，如此才能發揮最大的實用價值。[106]

3.5 最後再確定一次訊息內容

在確定簡報一切就緒之前，請從受眾的角度重新檢視一次訊息內容：與溝通風格相配嗎？過程夠流暢嗎？如何加強薄弱的論點？你所傳達的訊息能給受眾什麼啟示？標題能組成完整的故事嗎？

同樣地，每張投影片也應該檢查最後一次：投影片對整體故事的貢獻是否到位？標題能否恰如其分地歸結內容（以及，證據能否支持主張）？投影片的重點清不清楚？投影片是否使用了最合適的媒介來展示資訊？受眾是否需要看見投影片上的所有內容？容易閱讀嗎？有錯字嗎？

若是重要簡報，演練是很重要的事前準備。[107] 有研究指出，演練次數是實際表現的重要指標。[108] 另外，別忘了徵詢他人的意見。另一項研究顯示，在他人面前練習能改善表現，而在越多人面前練習，正式上場的表現越好。[109]

4. 表達

雖然簡報成功與否有一大部分取決於事前準備，但優異的表達方法也是關鍵。以下提供幾個原則，期能讓受眾對你的簡報留下正面印象。

4.1 事前：協助受眾做好準備，並取得充分的支持

不過分高估簡報的地位。 理想情況下，簡報現場的重要受眾要事先知道你的前提、證據和廣泛的結論。他們能同意你的看法，或至少你與他們之間可以產生一些共識。要想達到此效果，你可能需要在簡報前與受眾成員個別見面，除了親自瞭解他們

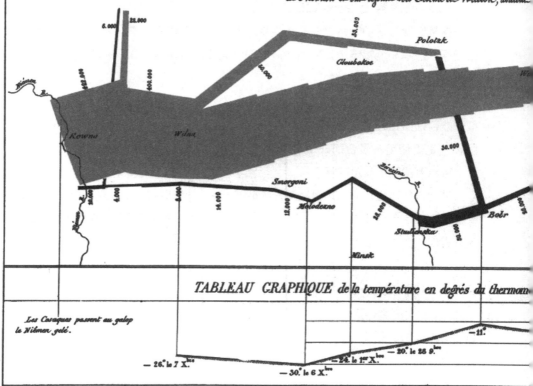

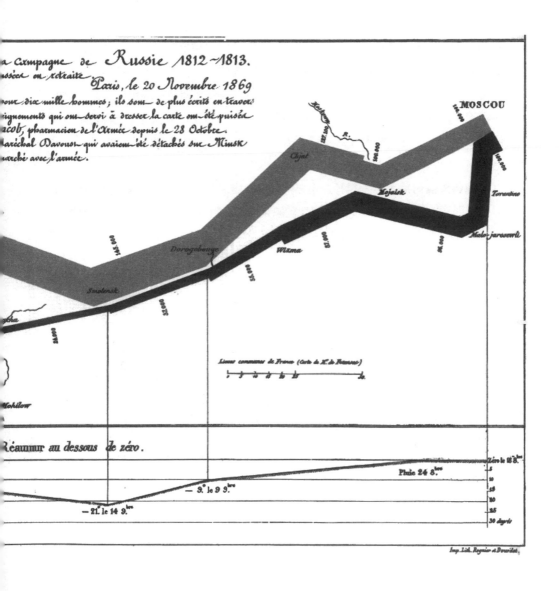

圖 7.23：Minard 的資訊圖成功將拿破崙軍隊的規模、所在位置和方向與其遠征俄羅斯的日期和氣溫整合在一起。

的觀點、讓他們感覺受到重視，你也能從中找出說服每個人的方法。從這個角度來看，最終的簡報不過只是一個里程碑，由你和受眾共同確立你事前與各個重要關係人之間取得的共識。

善用互惠心理。 回想一下，你最近一次停紅燈時如何婉拒了流浪漢幫你擦拭擋風玻璃的好意。如果他們不顧你的拒絕，堅持幫你擦玻璃，你會怎麼做？不給點錢是否讓你覺得過意不去？這樣你就明白，當你感覺欠下人情時，開口拒絕是件多麼困難的事。這種現象稱為互惠心理，有助於促進長期合作[110]：如果你幫我個忙，我會覺得有義務回幫你一個忙。這不是理性的反應（畢竟你並未主動要求他們幫你擦玻璃，事實上你還拒絕了他們），但這招很有效。

以其他裝置備份簡報。 提早抵達現場佈置投影機、燈光和麥克風等設備，並解決臨時遇到的問題。如果你打算使用筆記型電腦來簡報，建議你在隨身碟或其他裝置上留個備份。

4.2 謹言慎行

優秀的簡報者擅長表達與聆聽，並透過口頭和肢體語言來表達想法。以下提供幾個能讓兩種表達方式更有效的原則。

利用語調突顯訊息重點。 有變化的語調可避免聲音過於枯燥，使聽眾昏昏欲睡。另外，強調特定字詞時也應多加留意，因為光是語調改變，句子的意思就可能不同。下方引用溝通顧問 Stephen Allen 的例子。想像你要告訴別人「行銷部給了我這些數據」。現在，請大聲說出這句話，每次強調句子的不同部分，並觀察語意有何變化：

「行銷部給了我這些數據。」其實這是財務部給我的數據。

「行銷部給了我這些數據。」其實這是我從他們那裡偷來的。

「行銷部給了我這些數據。」其實他們把數據給了吉姆。

「行銷部給了我這些數據。」其實他們給了我其他資料。

「行銷部給了我這些數據。」其實他們只給我圖表。

運用音量暗示轉折。 聲音夠大聲，所有人才聽得見，不過你也可以適度調整音量，引導聽眾注意重要概念，或在概念之間營造轉折效果。

調整語速達到強調作用。 放慢語速以標示重要內容，這樣可維持聽眾的興趣。此外，你也可以短暫停頓，營造其他效果，例如暗示重點所在、讓聽眾消化某些資訊、

過渡到其他概念，或是給聽眾一點時間閱讀投影片內容及發想問題。

正面看待沉默。當一張投影片不足以協助聽眾理解或記憶論述時，插入一張空白投影片或許會是有效的因應之道[111]，同樣的道理，你不應認為自己需要全程講話。避免使用填充字（filler word），以有利的方式運用停頓技巧，功用包括讓聽眾消化資料、延長思考時間，以及評估聽眾反應。[112]

除了聲音之外，篤定的肢體語言也能營造可信度。肢體語言包括站姿、動作、手勢和目光接觸。

與聽眾目光接觸，促進參與感。目光接觸可幫助你與聽眾建立連結，同時注意他們的反應。教育專家 Jannette Collins 建議，與聽眾四眼相交的時間大概三至五秒，或是注視到你完整表達完概念為止。[113]

找到一個適合你的輕鬆姿勢。上身挺直，身體重量平均落在兩腳，切忌不時變換

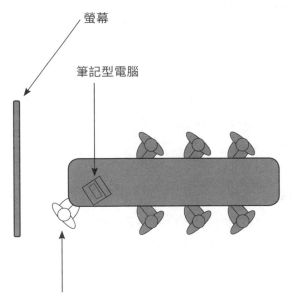

螢幕

筆記型電腦

背對坐在最靠近投影幕的地方，讓聽眾可以同時看見你和投影片。

圖 7.24：務必確定聽眾可以同時看見你和投影片，而你也應該面向他們，而不是對著投影片講話。

站立的重心。可運用手勢強調特定字詞或概念，或是描述形狀、大小、數量和方向。[114] 回答問題時，可向提問的人靠近一些，但又不致於造成對方壓力。離開講台，自由走動。切勿走得太快或固定行走的路線；如果使用前投式投影機，也要避免來回經過鏡頭而影響投影效果。此外，盡量避免讓投影片照射在你的臉上。音訊方面，則可使用免持式麥克風（例如領夾式麥克風），讓手勢的運用更加自由靈活。

你喜歡站在投影機的那一邊？稍微想一下，如果站在左邊，可以比較靠近圖表的座標軸和條列項目的開端，但若需要伸手指出投影片的特定內容，就必須仰賴左手，對於右撇子的講者可能有點彆扭。

簡報時，可事先設定投影模式，在電腦上顯示備忘稿，以便查看目前與下一張投影片，這對串連簡報過程相當實用。理想的串場詞包括：「目前我們談了……，接下來我們準備探討……」「所以我們證實了……，現在我們來看看……」或「因此……」。如果是在會議桌上使用筆記型電腦報告，建議背對坐在最靠近投影幕的地方。如此一來，投影幕會在你的背後，聽眾可以同時看見你和投影片內容（詳見圖 7.24）。

妥善運用投影片。資訊分析專家 Keisler 與 Noonan 提出一種運用視覺素材的技巧：放映投影片，然後停頓一會。注視一名聽眾，以另一種說法向他解釋投影片內容，接著再討論你想強調的深入見解。[115]

使用主動語氣的簡短句子。維持一對一的對話方式：一次只向一個人表達一個概念，並維持與對方的目光接觸。對著現場的聽眾講話，不要只說給設備器材聽。記得要練習自然從容的表達儀態。

4.3 用心傾聽

凝聚聽眾的注意力，鼓勵他們參與。辦法之一是仔細聆聽他們對投影片資料的反應。[116] 收到聽眾的反饋時，不妨先別急著說話，思考一下他們的意見和感受。將聽眾提出的問題視為雙方交流的機會。允許聽眾發問，並主動丟出問題。

除了聽取口頭表達的訊息之外，也要留意非語言的線索。傾聽是深入瞭解受眾立場的機會，其中一部分是仔細注意聽眾的一舉一動，從中查找線索。看到受眾露出疑惑的表情時，大可放慢速度，釐清你想傳達的觀點；相反地，受眾出現躁動和感覺無聊時，則是暗示你應該進入下一個部分。[117]

4.4 用心回答

學者 Doumont 建議在回答問題時採取四個步驟:一、聽完整個問題,確定你徹底理解;二、適時重述／換句話說,讓在場的其他人也能理解;三、思考如何切中要點、簡明扼要地回答問題;四、對著全體聽眾回答問題,與所有人目光接觸。[118]

預測問題,事先準備答案。確認簡報能確實討論重要問題,並額外準備投影片以回答次要問題。

判斷何時需要辯論。選擇有必要為其奮力一搏的問題。開口講話及回應前務必三思。

利用回答與受眾交流。透過目光接觸鼓勵聽眾與你交流,並確認提問者滿意你的回答。回答前可重複一次問題,尤其當現場人數眾多、提問者沒有使用麥克風、問題可能模稜兩可,或是你需要一點時間思考如何回答時,都可考慮將問題重述一次。

如果你不知道問題的答案,請記住以下原則:不冒險說一些可能出錯的回答,並鎖定你確定的內容提升可信度。你也可以提議在查詢相關資料後,再給提問者答案。如果你做出回答問題的承諾,請務必達成。

組裝 MRI 儀器時需要使用接線,這些接線是向特定的供應商採購而得	過去兩年內,95% 的接線採購洽談流程通常延誤 4 個禮拜以上,損失的營收累計三百萬元	我們該如何改善延誤的問題?
[暫定] 在接洽過程中運用**管理**概念有助於改善延誤現象	附錄	[暫定] 我們與**多家**供應商在接洽上均有延誤問題

圖 7.25:初步的敘事線可顯示簡報方向。個人臆測的部分皆有標記,需在確認相關資料後定稿或修改。

4.5. 以高潮作結

簡報過程中可時常為受眾歸納重點，包括最後的結束語也應該總結整體內容。此外，當場也要與聽眾取得共識，例如確定後續工作、截止日期和負責人。特別是簡報結束後，也要致力尋找簡報當下無法解決的問題答案。

儘早著手撰寫報告。學術界中，研究人員喜歡在專案結束後才開始溝通的工作，像是我認識的大多數博士班學生，往往都是到了最後一年才開始寫論文。相較之下，擔任管理顧問時，公司反而鼓勵我們儘早撰寫報告（確立任務的第一週就開始），那時甚至還沒蒐集足以支持結論的證據。[119] 如此一來，當我開始分析資料，發現證據無法支持一開始的假設時，我會直接更改原本設想的方向。

早點開工有助於你將思緒整理成順暢的敘事線。剛開始的一兩個星期，可先擬定最終報告的敘事情節，記錄你對問題的初步想法，並記下你所預期的解決方案。在此階段中，大部分的內容只是單純臆測，尚未定案。

明確標示哪些內容出自個人猜測，以區別敘事情節中的既定事實和臆測內容，例如在對應的投影片上註記「暫定」（詳見上頁圖 7.25）。這些初步投影片只是暫時的架構，一旦掌握有力證據，就應立即修改。

早點開工還能幫助你確定研究方向。擬好敘事線後，你就可以開始在每張投影片中置入相關的資訊。誠如前幾章所述，這麼做讓你能更清楚知道自己的論點，同時也能了解需要蒐集哪些資訊。由上而下擬定簡報架構後，就能發現論述的缺失，進而找到需要的證據加以填補。這能幫助你聚焦思考，去除不重要的旁枝末節，持續鎖定正確的方向。這樣的專注力很重要，因為如同前文所述，紛雜的資料可能會模糊重要但微弱的訊號。[120]

分析過程中，你可能會經手無數份報表、技術報告、文章等資料。不妨分別摘述、記錄成一張投影片，放進附錄彙整成中央資料庫，妥善留存。專案初期或許很難看出端倪，摸不清這些資料整合之後的樣貌，但若能用一張投影片快速總結一項證據，就能更容易掌握證據集結之後的整體概況。這個中央資料庫可方便你取用各項證據，猶如書面版的工作記憶。這是一種很重要的功能，原因在於我們解決複雜問題的能力的確會受限於工作記憶，尤其在需要思考超過一個假設的時候，限制更為顯著。[121]

此外，早點準備簡報也有助於避免臨時抱佛腳的現象。如果你有過熬夜準備考

試或報告的經驗，應該就能體會當天力不從心的無力感。若能在專案一開始就著手準備報告，即可清楚整個架構的演變情形，並掌握後續所需的時間。如此一來，繳交報告前幾個小時才發現重大缺失的風險就能降到最低。在擁有充足時間的情況下，審慎思考報告架構之餘，也能逐步整合重要元素，進而強化整體訊息的說服力道。另一個好處則是製作進度報告從此變得輕而易舉，只要決定在簡報內放入哪些投影片，再調整一下順序就能大功告成。因此，你隨時都可以報告進度，不需太多事前準備。

最後，早點開工可讓你見林又見樹，瞭解每個團隊成員在整體任務中負責的工作，有助於調度團隊人力。同時，這也能幫助團隊鎖定方向，釐清團隊角色和目標，而團隊成員也能清楚自己在整體任務中的定位與不可或缺的貢獻，終而推升團隊績效。[122]

總之，儘早準備簡報的好處多多，但隨之而來的還有一個嚴重缺點。要想及早動手撰寫報告，必須很早就選定立場，此時你甚至還沒機會檢視證據。這可能使驗證性偏誤更為嚴重，但如前文所述，這個現象早已相當普遍，實在沒必要越演越烈。[123] 因此，務必堅持不懈，在取得新證據後不斷調整觀點。

5．對「哈利事件」的啟示？

如同本章一開始所強調，我們的第一步是先確定簡報目的。繪製表 7.1「思考 / 執行一起點 / 目的地」矩陣可幫助我們釐清目標。接著，我們著手擬定暫時的敘事線（詳見表 7.2），再將各個概念分配到投影片的標題區域，然後在投影片中放入足以支持標題的證據（詳見圖 7.26）。

在哈利的案例中，我們幾乎是以邏輯為基礎來選擇解決方案。這是可接受的方法，但請記住其實還有其他多種選擇。另外也要注意，圖 7.26 中，投影片的標語與圖 7.2 的原始敘事線稍有不同。這是很常見的現象，因為隨著我們將思考的結果分配到不同投影片中，並檢視其與相關證據的關係後，往往會產生新的觀點，進而導致我們的思維改變，而投影片必須有所調整，才能維持投影片內部與投影片之間標語的連貫性。

第七章說明如何有效溝通，以及說服專案的重要關係人相信你已選擇了適當的解決方案。如果你在幾年前擔任策略顧問，你的工作大概就到此結束，剩下的時間可以大肆

（文接 251 頁）

圖 7.26：在哈利的案例中，我們選擇以邏輯為導向的方法
來表達我們獲得的結果。

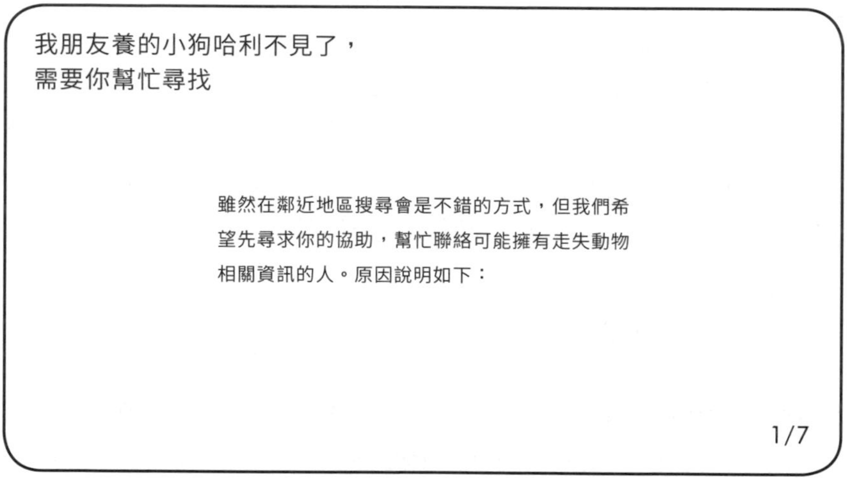

我朋友養的小狗哈利不見了，
需要你幫忙尋找

雖然在鄰近地區搜尋會是不錯的方式，但我們希
望先尋求你的協助，幫忙聯絡可能擁有走失動物
相關資訊的人。原因說明如下：

1/7

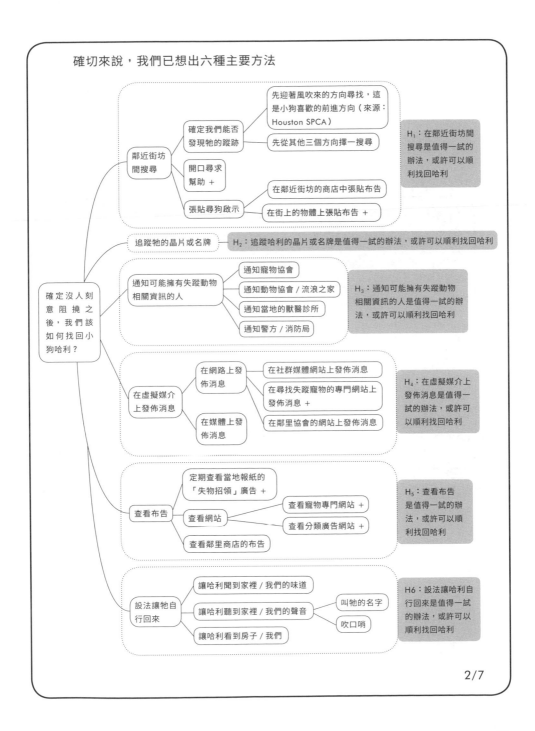

確切來說，我們已想出六種主要方法

鄰近街坊間搜尋

確定我們能否發現牠的蹤跡
先迎著風吹來的方向尋找，這是小狗喜歡的前進方向（來源：Houston SPCA）
先從其他三個方向擇一搜尋

開口尋求幫助 +

張貼尋狗啟示
在鄰近街坊的商店中張貼布告
在街上的物體上張貼布告 +

H₁：在鄰近街坊間搜尋是值得一試的辦法，或許可以順利找回哈利

追蹤牠的晶片或名牌　H₂：追蹤哈利的晶片或名牌是值得一試的辦法，或許可以順利找回哈利

確定沒人刻意阻撓之後，我們該如何找回小狗哈利？

通知可能擁有失蹤動物相關資訊的人
通知寵物協會
通知動物協會 / 流浪之家
通知當地的獸醫診所
通知警方 / 消防局

H₃：通知可能擁有失蹤動物相關資訊的人是值得一試的辦法，或許可以順利找回哈利

在虛擬媒介上發佈消息

在網路上發佈消息
在社群媒體網站上發佈消息
在尋找失蹤寵物的專門網站上發佈消息 +
在鄰里協會的網站上發佈消息

在媒體上發佈消息

H₄：在虛擬媒介上發佈消息是值得一試的辦法，或許可以順利找回哈利

查看布告

定期查看當地報紙的「失物招領」廣告 +
查看網站
查看寵物專門網站 +
查看分類廣告網站 +
查看鄰里商店的布告

H₅：查看布告是值得一試的辦法，或許可以順利找回哈利

設法讓牠自行回來
讓哈利聞到家裡 / 我們的味道
讓哈利聽到家裡 / 我們的聲音
叫牠的名字
吹口哨
讓哈利看到房子 / 我們

H6：設法讓哈利自行回來是值得一試的辦法，或許可以順利找回哈利

2/7

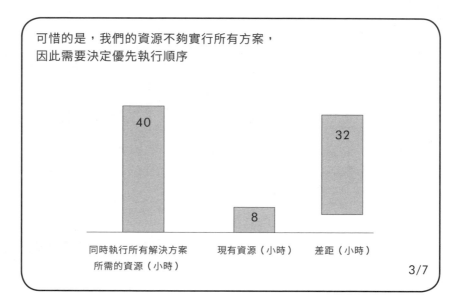

可惜的是，我們的資源不夠實行所有方案，
因此需要決定優先執行順序

40

8

32

同時執行所有解決方案
所需的資源（小時）

現有資源（小時）

差距（小時）

3/7

分析結果顯示，我們應該先尋求他人協助，
所以我們打算從此開始著手

	成功機率	適時性	成功速度	低成本	加權分數	排名
權重	52%	27%	15%	6%		
H_1：在鄰近街坊間搜索	50	100	100	90	73	2
H_3：通知可能擁有失蹤動物相關資訊的人	100	100	80	100	97	1
H_4：在網路媒體上發佈消息	15	20	20	0	16	4
H_5：查看布告	0	0	0	100	6	5
H_6：設法讓哈利自行回來	30	90	100	100	61	3

4/7

接著，我們應該在鄰近街坊間採取行動

	成功機率	適時性	成功速度	準備時間短	低成本	加權分數	排名
權重	30%	40%	20%	5%	5%		
H₁：在鄰近街坊間搜索	50	100	100	100	90	84.5	2
H₃：通知可能擁有失蹤動物相關資訊的人	100	100	80	100	100	96	1
H₄：在網路媒體上發佈消息	15	20	20	0	0	16.5	4
H₅：查看布告	0	0	0	50	100	7.5	5
H₆：設法讓哈利自行回來	30	90	100	100	100	75	3

5/7

到時，我們才會設法讓牠自行返家

	成功機率	適時性	成功速度	準備時間短	低成本	加權分數	排名
權重	30%	40%	20%	5%	5%		
H₁：在鄰近街坊間搜索	50	100	100	100	90	84.5	2
H₃：通知可能擁有失蹤動物相關資訊的人	100	100	80	100	100	96	1
H₄：在網路媒體上發佈消息	15	20	20	0	0	16.5	4
H₅：查看布告	0	0	0	50	100	7.5	5
H₆：設法讓哈利自行回來	30	90	100	100	100	75	3

6/7

為了成功執行，我們需要你的協助。你願意幫忙嗎？

_____	電話號碼	負責人	電話號碼
動物收容所	713-555-1234	我	今天，18:00
一號寵物協會	713-555-1235	我	今天，18:45
二號寵物協會	713-555-1236	我	今天，19:00
警察局	713-555-1237	你	今天，18:00
消防局	713-555-1238	你	今天，18:00
一號獸醫	713-555-1239	你	今天，19:00

7/7

玩樂、放鬆，然後進入下一個專案。但對今天的我們來說，問題真正解決之前，必須實際執行解決方案、觀察效果，並視需要適時調整及修正。第八章將繼續深入解說。

回顧與補充

引發改變。哈佛大學的 Howard Gardner 教授提出七個促使他人改變想法的手段：邏輯思辨（運用邏輯、類比等方式提出理性論述）、調查研究（展示相關資料）、共鳴迴響（確保受眾深有同感）、重複描述（以不同方法說明相同概念）、資源與回報（從正反兩面加強說明）、新聞時事（善用我們掌控之外的事件）、阻力（克服長久以來的相反信念）。[124]

讓資訊性簡報發揮作用。賓州州立大學通訊工程教授 Alley 建議，若需透過簡報傳遞資訊，務必盡可能突顯邏輯，並直截了當地展示所有資料。此外，他也建議遵循古人智慧：告知你想表達的事情，開始說明，最後再回顧剛才傳達的訊息。[125]

說故事是獲得資助的重要手段。學者 Martens 等人證實，很多時候，成功的創業家的確也是擅長說故事的人才。[126]

依想達到的效果調整故事。世界銀行知識管理計畫前任負責人 Stephen Denning 依照想達到的特定效果，提出故事應具備的元素（Denning, 2006）。

金字塔的歷史悠久。管理顧問不斷將使用金字塔溝通法稱為「明托思維」（thinking Minto）或「效法明托」（being Minto），指的就是芭芭拉‧明托（Barbara Minto）。然而，這種把主要概念放在最頂端（或報告開頭）的寫作技巧至少已有 150 年歷史。早在美國林肯總統的戰爭部長 Edwin Stanton 就開始使用金字塔。過去 120 年間，此方法在新聞界廣泛使用。[127]

先說結論。麥肯錫公司的視覺傳播總監 Zelazny 認為，先說出結論，再舉證加以支持，通常會是比較好的做法。不過有些人並不同意，他們反駁的主張是，當結論令人出乎意料，甚或是壞消息時，最好留給受眾自行聯想，不應說破。[128]

多媒體簡報原則。除了本章提及的六大原則之外，多媒體學習還有其他原則足供參考，包括分段原則和事前訓練原則。[129]

「主張—證據」的論述結構有其必要。《紐約時報》通常會在最後一頁刊登沒有標題說明的漫畫，邀請讀者投稿自由發揮，並在幾個星期後刊登三個入選版本。由此

例子不難得知，即使是相同資料（例如漫畫），還是可能出現各種詮釋。因此，別以為你的結論顯而易懂，還是放在投影片顯著的頂端比較保險。

「主張—證據」結構與其他投影片設計。「主張一證據」的論述技巧源自於 1970 年代的休斯航空公司（Hughes Aircraft），最適合在介紹技術性資料時使用。[130] 至於其他溝通類型，可參閱他人建議的投影片設計。[131]

標語及工作記憶負荷過重。雖然學者 Kalyuga 等人發現，同時以書面和口頭方式傳達相同訊息，對於學習其實有害無益，但他們也指出，這只適用於大字體的文字內容。[132] 確切來說，「當文字以小字體、容易辨讀的順序呈現，加上其間留有充足的時間間隔時，同時以書面和口頭形式表達相同資料，或許就不會對學習產生不良影響。」

標語的各種名稱。標語也稱為「行動導語」（action leads）[133] 和「頭條標題」（headline）[134]。

再次強調，精簡才能發揮更大功效。「連貫原則」指出，刪除無關的資料可提升學習成效，此說法目前已有充分證據支持。[135]

繪製「瀑布圖」。首次繪製瀑布圖可能會有點挑戰，一部分原因在於大多數試算表和簡報套裝軟體並不支援。不過，只要堆疊兩張長條圖，就能輕鬆做出瀑布圖。將底下的長條圖設為透明（填滿與投影片背景相同的顏色），再將值設為上方長條圖中前幾項數目的總和（例如圖 7.20 中，底下長條圖理由三的值應設為 38% +17% = 55%）。

提升說服力。學者 Cialdini 提供了強化說服力的六種技巧，包括「坦承真實存在的相似處及真心讚美、己所欲施於人、善用同儕力量、鼓勵公開主動地積極參與、展現專業（千萬別以為別人看得出來）、突顯特有優勢和獨家資訊。」[136] 學者 Hoy 與 Smith 另外增加了四項：博取信任、公平待人、展現必能成功的氣勢、表現樂觀態度。[137]

拿掉動畫。唯有能夠傳達額外資訊，動畫才會比靜態呈現的效果更好。[138]

「實際執行？那不是我們擔心的事。」幾年前，如果你是策略顧問，通常只要寫出一份報告，告訴客戶該怎麼做，就能打卡下班。反觀今日由於預算緊縮，即使是頂尖的策略顧問公司也必須考慮實際執行的問題。[139]

「找到哈利了！」

終於走到最後一關，不過尚未到鬆懈的時候。我們常說：
「說是一回事，做是另一回事。」擬定好完美的策略也說
服了重要關係人，如何讓事情順利地按照你的藍圖走，確
保下一次不再發生？這章與其說是教導你解決方案，還不
如說是建議領導者應具備哪些能力較為貼切。畢竟好的將
領才能帶領士兵贏得勝仗。

第
8
章

執行解決方案並觀察成效

現在，你已說服專案的重要關係人，使他們相信你提議的是正確的解決方案，接下來，你需要將解決方案付諸實行。本章將說明專案管理和團隊領導的原則和基礎概念，協助你順利執行。[1]

複雜問題可能需要分析好幾個禮拜，甚或幾個月，還需許多團隊成員分工合作。因此，雖然這麼後面才介紹本章的概念，而且主要用來執行特定的解決方案，但若運用於複雜的分析過程，一樣適合。

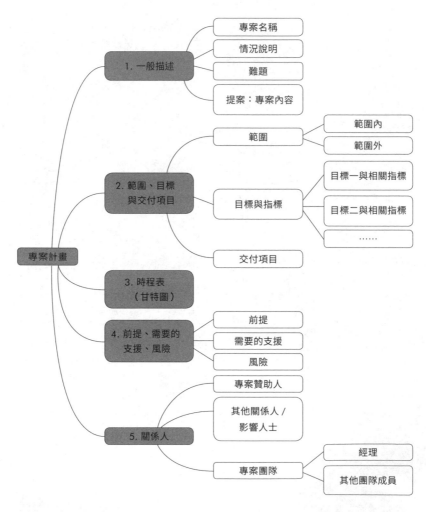

圖 8.1：專案章程主要概述專案的重要資訊。

1. 規劃專案

很多時候，想要有技巧地安撫關係人的期待，需設法讓他們對專案結果持續感到滿意。[2] 掌握關係人期望的關鍵之一，就是確保這些要角清楚瞭解專案內容：他們應知道專案最終可達成與不可實現的範疇、專案所需時間與成本、進展方式，以及可帶來的好處。

1.1 擬定專案計畫

為建立眾人對專案的共識，建議以專案計畫或章程記錄重要資訊。專案計畫可幫助你與客戶確認專案的重要事宜，包括範圍、目標、交付項目、風險、期限、職責角色等。圖 8.1 是這類文件的結構摘要。

準備計畫時務必主動積極：思考可能發生的內外部問題，並確立專案的成功要素。就專案的各個面向與關係人取得共識，過程中很有可能遭遇困難。當然，對於所面臨的情況，每個人自有一套個人觀點，因而可能希望達成不同目標。擬計畫的主要目的之一就在於此：如果彼此之間的認知存在差異，最好能及早發現及溝通。

訂立計畫時，須思考如何達成目標，交付預定的成果項目。因此，定義專案屬性及規劃工作內容（留待下節說明）可能會是需要反覆調整的繁雜過程。一旦雙方同意專案計畫之後，建議可請客戶研擬一份專案章程（概述專案重要屬性的一至兩頁文件）並親自簽署。這能確立你受委任而主導專案，同時釐清專案範圍，有助於防止「範圍潛變」（scope creep）的現象（本章會進一步說明）。

1.2 研擬工作計畫

採取由上而下的方式，將專案拆分成較小的單位。為每個活動定義目標和期限、掌握可能的依存情形，並妥善分配人力和設備等資源。或許可使用「甘特圖」（Gantt chart），依水平的時間軸線記錄原本的工作計畫，如同圖 8.2 所示。[3]

雖然此過程看似無足輕重，但別忘了，準確預估執行複雜專案所需的時間一直是惡名昭彰的一大麻煩事，如同認知科學家 Douglas Hofstadter 在其提出、具有遞迴性質的「侯世達定律」（Hofstadte's Law）中幽默地指出：「就算你已認清侯世達定律，工作所耗費的時間還是永遠比預期中多。」

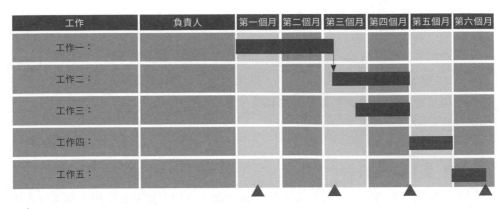

工作	負責人	第一個月	第二個月	第三個月	第四個月	第五個月	第六個月
工作一：							
工作二：							
工作三：							
工作四：							
工作五：							

▲ 與專案贊助人共同審議

圖 8.2：甘特圖可概略呈現專案的時程規劃。

1.3 定義何謂成功

傳統上，成本、時間和品質／規格一向是衡量專案管理成功與否的標準，日漸形成鮮少受人質疑的鐵三角指標。[4] 然而，你可能還是希望更準確而全面地掌握專案進度與結果。只要使用合適指標，或稱為「關鍵績效指標」（KPI），即可幫助你評估專案是否成功。[5]

2. 管理專案

過去，策略顧問通常將他們提議的決策留給客戶獨自執行，畢竟在以前的觀念中，分析才是最棘手的部分，但其實並非總是如此。許多情況中，實際執行時需要人們改變他們做事的方式，這時執行面反而更為艱難。[6] 誠如管理大師 Peter Drucker 所言，文化會將策略當成早餐一口吞噬。觀察一下併購失敗案例，能發現其中超過 40% 似乎都能證實這個觀點。[7]「整合成功與否，取決於合作雙方能否欣賞彼此的文化，且願意加以保留。」[8]

因此，管理策略調整專案的重點，在於管理人心以及專案意圖改變之處的社會、政治、文化與認知面向。以下是一些相關指導原則供你參考。

2.1 領導團隊

假設你必須率領一支團隊，成功與否有很大一部分取決於你如何管理團隊成員。身為團隊領導者，你需要承擔的責任範圍可能超出實際擁有的職權，因此你必須適度地圓融協調及發揮影響力。[9] 在需要高度仰賴現場人員的狀況中，由「暫時的」團隊解決複雜、界定不明的問題可說是一種慣例，例如飛機駕駛艙和急診室都是如此運作。已有經驗證據顯示，這些情形中，非技術性的技能訓練可以改善團隊合作。[10]

不妨組織背景更多元的團隊。如果你有權決定團隊成員，可考慮挑選多種領域的專業人士組成團隊。雖然多樣性對成員發揮創造力的確有所助益，但由於這違背團隊合作的慣性，因此也可能阻礙工作的實際執行。[11] 換言之，在解決問題的初期重用多元組成的團隊，到了實際執行階段則改用成員質性相近的團隊，如此才能發揮最佳效益。

尋找具優秀社交能力的團隊成員。團隊表現與成員的平均或最高智商之間似乎沒有強烈關連，反而與成員的平均社交敏銳度、均等的發言輪替機會（即沒人主導對話），以及女性比例息息相關。[12] 換句話說，請挑選擅長與人合作的人加入團隊。

重視並善用情緒智力。已有證據證實，情緒智力與團隊的表現呈正相關。[13] 積極管理情緒是彰顯團隊領導效果的重要關鍵[14]，因此，你將能從提升情緒商數或情緒智商（簡稱 EQ 或 EI）的過程中獲益。EQ 包括四大要素：自我覺察、社會認知、自我管理與人際關係管理（詳見下頁表 8.1）。[15]

提升 EQ 的第一步要先認同其價值，並確定自己的實際情況。Lawrence Turman 是南加州大學彼得史塔克製作課程（Peter Stark Producing Program）主任，也是《畢業生》（The Graduate）等多部電影的製作人。身為電影製作人的他，深知如何與一群擁有強烈自我意識的人相處，居中協調以達成共同目標。對 Turman 而言，優秀的製作人必須也是心理學家和治療師：「不是所有人天生具備那種敏銳度，但如果能意識到這項能力的重要性，並將自己訓練成擅於傾聽的人，勢必能為你帶來不少優勢。」[16]

透過組織化的面試挑選團隊成員。相較於自由心證的面試，組織化的面試更能預測應徵者的工作表現，因為這能減少面試官在決策過程中的個人意識，使聘僱程序更值得信賴與令人滿意。[17] 面試設計的相關概念包括：一切以工作分析（job analysis）為本；將所有題目標準化（向不同應徵者依序詢問相同的問題）；避免過

度提示、追問及解釋問題；請應徵者在模擬情況下運用實際的工作經驗（行為面試法）；設定假設情境，詢問應徵者會採取何種因應措施（情境式面試）。[18]

一、在期望上取得共識

組織中有許多問題都是源自於期待與行動不符，因此妥善處置各方期望的確有其必要。學者 Brown 與 Swartz 建議各方檢視彼此的期望，發掘可能的落差。[19] 找到

表 8.1：情緒智商由四種要素組成。[a]

自我覺察 （Self awareness）	瞭解個人情緒與其對生活之影響的能力。這包括擁有恰到好處的自信，即明瞭個人優缺點、憑實際能力做事，以及明白何時需讓出主導權。此外，這也包括管理個人感受，即掌握感受產生的原因，並瞭解如何加以控制。
自我管理 （Self management）	控制自我免於受情緒干擾的能力，包括避免受到憤怒、焦慮和擔憂等負面情緒所影響，以及在面臨壓力時保持冷靜並培養韌性，即從挫敗中快速復原。此外，這也包括展現情緒平衡，亦即他人犯錯時不發脾氣，而是告訴對方錯誤所在及解決辦法。
社會認知 （Social awareness）	理解他人的能力。這包括展現同理心與善於傾聽，即專心聆聽、瞭解對方想表達的想法，不中途搶話。此外，這也包括以別人能理解的方式表達想法、準確判斷他人感受，以及坦然面對他人的提問。
人際關係管理 （Relationship management）	與他人融洽合作的能力。這包括有效溝通，亦即以周全的論述說服別人，以清楚傳達你的期望並激勵對方。此外，這也包括營造一個能讓他人樂意與你共事的環境。

---

[a] 資料來源：R. Lussier & C. Achua.（2007）、D. Goleman（2015, April 7）。

共識之後，可摘要記錄成期許備忘錄，以供日後定期檢閱，確保工作進展的方向正確，且資源獲得妥善備置。此備忘錄可確認每個人的角色和職責清楚無疑，等於奠立了設定發展目標的基礎，對於評估團隊成員表現相當有用。

專案經理和團隊成員都有責任在專案初期寫下各自的期許備忘錄，以便在適當的時機（例如達成里程碑時）檢視。如果你是經理，應向所有團隊成員解釋，每個人都肩負著共同責任：成敗不由個人承擔，但個人表現攸關整個團隊的成敗。

設立具挑戰性，但能達成的目標。「我們選擇登上月球。我們會決定在這十年間登陸月球並完成其他任務，不是因為這些任務很簡單，而是因為它們很艱難，因為這個目標有益於我們組織及分配我們的優勢能力與技術，因為這是一項我們樂於接受、不願推延、勢在必得的挑戰，就像其他挑戰一樣。」[20] 甘迺迪總統 1962 年在萊斯大學發表一場名留千古的演講，在爭取輿論支持阿波羅計畫的過程中扮演了極其關鍵的角色。[21] 相同地，指出確切目標有助於激勵團隊與管理成員的期許，而這些目標應富有挑戰，並在可達成的範圍內。[22]

示範及要求具備「我能搞定」的態度。抱持「我不知道」的態度其實無濟於事。如果你不知道答案，就著手尋找；如果手邊沒有數據，就往來源資料去探尋。永遠有辦法可以更靠近答案一點：專注（並確保你的團隊也全神貫注）於發掘這些可行之道，而非只是兩手一攤，望洋興嘆。

期勉彼此能樂意幫助他人成功。史丹佛大學的 Pfeffer 與 Sutton 教授指出，樂意助人是構成智慧的重要元素，是一種不可或缺的才能。[23] 我的實際生活中也有類似的經驗：我在 Accenture 任職期間，公司已將協助他人成功的能力正式列為績效評比的項目，對此我相當讚賞。考核時，我不必告訴主管自己幫過多少人，主管會從同仁口中聽到我對他們的付出，據以評比我的助人能力。

鼓勵成員主動尋求協助。Pfeffer 與 Sutton 教授所謂的智慧中，尋求與接受協助也是重要的一環。[24] 剛當顧問時，我曾向主管坦承自己在某項工作中尋求他組成員的幫助。初入社會的我原以為會換來一頓責罵，畢竟這聽起來與投機無異，但出乎意料的是，他反而稱讚我！對他而言，最重要的是團隊的整體表現。若團隊成員能瞭解自己的不足之處，主動尋找更有效率的方式加以克服（例如向他人求援，而不是孤軍奮戰或假裝沒事），才是應有的正確態度。[25]

設定高度期望並明確傳達。「畢馬龍效應」（Pygmalion effect）已在不同情況

中獲得證實，亦即你對員工在工作表現上的期許，最後可能會真的實現。[26] 管理學教授 Tierney 和 Farmer 進一步觀察該效應對創造力的影響後，建議經理主管應向團隊成員清楚表達你對他們的高度期待，並激發他們成功達標的信心。[27]

確保犯錯不需付出高昂代價。學習過程中難免會犯錯，不應該一味避諱，但前提是錯誤帶來的影響必須在合理的範圍內。你應營造一個有安全感的環境，讓成員能夠坦然面對錯誤及誠實回報。[28]

鼓勵發言。允許團隊成員分享自己的觀察、問題和顧慮，可為團隊帶來莫大的價值。哈佛大學的 Amy Edmondson 觀察手術團隊的表現，發現要是主刀醫師鼓勵團隊成員發言，新技術的成功使用機率就會提高。鼓勵的形式可以是解釋勇於發言的好處、辨識個人容易犯錯之處以產生安全感，以及消弭成員對於權力和地位差異的顧忌，強調團隊合作的重要。[29]

二、依情況調整領導風格

沒有一種領導風格可以適合所有情況，就像不可能拿著同一支高爾夫球桿打完整場比賽。傑出的領導者勢必得根據情形調整做法，例如有時參酌他人意見，有時獨自做決策。

學者 Goleman 歸納出六種領導風格（整理成表 8.2），而他的研究顯示，領導者能運用至少四種風格的話，領導成效最為顯著。雖然這個標準令人怯步，但 Goleman 發現，領導力主要仰賴於 EQ，而這項能力可靠後天改善，所以新的領導風格其實可以經由學習而得。另外他也指出，如果團隊中有人懂得運用領導者尚未具備的領導作風，領導者就不需要精通所有風格。[30]

領導專家 Robert Ginnett 在分析航空機組人員的行為表現後指出，擅長領導的機長在飛行前的簡報會議上與執勤同仁首次見面時，會透過三種行為向同仁展露自己靈活而彈性的領導力。[31] 第一，他們會在會議中展現審慎決斷的組織能力，藉此奠定身為機長的專業能力與形象。第二，他們會承認自己不完美的地方，例如提出幾個自己的缺點或弱項。第三，他們會適度修改會議內容，納入過程中組員提出的某些想法，讓組員產生參與感。這些做法都能有效傳達一個理念：領導者自許能根據情況彈性調整威望與職權。

表 8.2：Goleman 的六種領導風格[a]

	權威型 （Authoritative）	聯繫型 （Affiliative）	民主型 （Democratic）
領導者做法	帶領眾人朝願景邁進	創造和諧關係， 建立情感連結	透過參與凝聚共識
一句話 概括風格	「跟隨我的腳步。」	「一切以人至上。」	「你認為怎樣？」
需具備的 EQ 特質	自信、同理心、 催化他人改變的能力	同理心、建立人際 關係、溝通	合作、團隊領導、 溝通
最適合的運 用時機	需要新願景或清晰 的方向以促成改變	修補團隊中的裂 痕，或在高壓的情 況下激勵所有人	使人信服或取得共 識，或徵詢重要員工 的想法
產生的整體 影響	＋＋	＋	＋

	教練型 （Coaching）	高壓型 （Coercive）	強人型 （Pacesetting）
領導者做法	培養眾人因應未來的 能力	要求立即遵從	針對表現設定高標準
一句話 概括風格	「試著做做看。」	「照我說的去做。」	「現在就跟著我做。」
需具備的 EQ 特質	開發他人能力、 同理心、自我覺察	驅使他人達成目標、 主動積極、自制	認真盡責、驅使他人 達成目標、主動積極
最適合的運 用時機	協助員工改善工作表 現，或發展長期優勢	危機發生時，啟動 因應措施，或處置 有問題的員工	帶領鬥志高昂、擁 有優秀能力的團隊 快速取得結果
產生的整體 影響	＋＋	－	－

[a]（Goleman, 2000），（R. Tannenbaum & Schmidt, 1973），（Vroom & Jago, 1978）．

三、適當授權

有效地適當授權對領導者頗有助益，不只是因為這能讓領導者將心力放在其他工作上，更能提升團隊表現和員工福祉。[32]

建議你使用「問題分析圖」，加強團隊中的責任歸屬感。問題分析圖的確可以突顯問題的不同面向，而透過將圖中各個分支的相關工作職責分派給確切的團隊成員，可讓他們清楚瞭解自身貢獻對整體成果的影響。此外，你也可以藉此釐清你對他們的期望。

面對不擅長的領域時，適當授權也是必備技能之一。在此情況下，你不應擅自決策或採取行動，最好能仰賴具有相關能力與資格的人從旁輔助。[33]

四、將合適的人才放到適合的職位上

剛開始顧問生涯時，我聽到最有見地的問題是來自某個大型專案的資深主管。他問我說：「Arnaud，你覺得我們給你的職位適合你嗎？」如果我擁有一項重要又獨特的能力，但因為分配到不適合的工作職務（意味他人可以輕鬆完成我的工作）而感覺無法真正發揮長才，這就表示公司並未將我放在最適合的位子上。[34] 如果你是團隊主管，應將組員分配到他們能創造最大價值的工作上。換言之，理想中的職務分配，應該要讓每個人都能負責他們能夠做得比別人更好的工作。

使用「帕雷托法則」決定如何配置資源。 專案各部分工作所需投注的心力不盡相同。我們曾在第四章介紹過帕雷托法則，但在這裡，該原則也很實用：為最需要的地方分配較多資源可提高工作成效。借用心理學家 Howard Garnder 的話來說，「務必謹慎分配有限的心力，並注意目標超出可達範圍的『臨界點』」。[35]

五、有效訓練團隊

訓練包括提供可激勵人心的意見回饋，以改善團隊或成員的表現。[36] 有效的意見回饋對於學習有其必要[37]，可能大幅提升表現。[38]

給予意見回饋時應兼顧正面與負面意見，即使後者讓你感覺不安，仍不應避重就輕。負面意見最好私下提供，且應盡量在事發後立即提出。[39] 有效給予意見回饋的其他建議技巧包括：營造令人自在的環境；提出意見前，先詢問當事人的想法與感受；避免主觀評判；注重當事人的行為；意見應以觀察結果與確切事實為基礎；

以及提出改善建議。[40]

　　您也可以發展魅力型影響力來訓練團隊,包括清楚表達願景、訴諸成員注重的價值,以及善用類比與譬喻,如此便能激發眾人的動力。[41] 展現熱忱(保持樂觀,尤其遭遇逆境時更應如此)也能有助於維持團隊的向心力,增進成員的自信。[42]

　　合作經驗中,最能鼓舞人心的領導者往往都是以服務團隊為己任。他們維持開放的工作環境,每個人都能自由提問及提供意見回饋,這甚至成為領導者對成員的期許之一。在我早期參與某個顧問案件時,領導團隊的經理(薪資等級比我高上好幾級)特地撥空歡迎我加入團隊,他對我說,「Arnaud,我們不期待你無所不曉,但我們希望你遇到不懂的事能勇於發問。」這番話等於證實了當時的確是開放的工作環境。

　　維持開放式工作環境可以從打開辦公室的門開始做起,或至少在部分時段維持開啟。我遇過另一個很棒的主管。只要有人提出問題,他一定停止打字(或停下手邊正在處理的事情,只是所有管理顧問絕大多數的時間似乎都在忙著打字),然後關掉筆電仔細聽我講話。他看著我的眼睛,認真聆聽。當下我知道,他的全部注意力都在我身上。除此之外,他也很懂得如何暗示他的時間有限,因為兩分鐘後,他會恢復稍早手邊正在處理的事務。但我明白,只要有需要,我永遠可以得到他的關注,而且在與他商談之前,我必須事先做好準備才行。

六、舉辦成功的會議

　　開會或許是種必要之惡,雖然有需要,但時常淪為浪費時間。[43] 會議開始前、進行過程中及結束後,都能採取某些措施,讓會議更具效果與效率。部分想法說明如下。

　　會議開始前,先透過聚焦討論清楚定義及溝通開會目標,這與團隊滿意度和團隊效能有著正向的關係。[44] 開會的可能原因包括:單純提供資訊,沒有其他任何行動、決策或結論(例如公開進度報告);決定後續工作;決定後續行動的執行方式;或是改變組織架構。如果這些目的可以透過其他方式達成(例如個別或集體完成,或是透過電子郵件或電話達成),其實不一定需要開會。

　　有效的議程有助於加快會議速度及釐清會議主題。[45] 安排議程時,不僅應納入「主題」(例如「哈利」),也應說明希望達成的「目標」(例如「決定由誰負責

尋找哈利的哪項工作」），以及你預計主題所需的討論時間（例如「15 分鐘」）。提前發放議程（英國著名編劇、曾任 BBC 電視製作人與執行製作的 Antony Jay 建議開會前二至三天發佈）可幫助與會者做好準備。[46] 提前公布議程可有效促進參加者對會議的認知，或許是因為與會者可在出席前適度準備，進而做出更有意義的貢獻。[47] 此外，建議適度調整議程，先宣布最重要的事項，如此一來，即便時間不足，與會者也能有機會先行討論。[48]

管理學教授 Leigh Thompson 建議訂定基本規則並確實執行。[49]這些規則可包括：準時出席、嚴守為各事項分配的時間，以及依照議程進展。

會議中，將自己（會議主席）視為所有人的公僕，而非主人。Antony Jay 建議，主席參與討論的程度應有所限制，擔任的角色比較像是主持人，不是實際演出的演員。由此可知，主席的任務是協助小組有效率地做出最理想的結論，工作包括適度解釋及釐清、推展討論進度，以及帶領全體人員做出決議，即使不是所有人都一致贊成，也要讓每個人充分理解內容，並同意該決策有資格代表全體人員的意見。[50] 既然身為主持人，主席保持公正立場就成了很重要的事情。[51]

稱職的會議主席必須同時掌控主題與參與者。前者包括說明問題（為何會列入議程？目前有什麼資料？）及指出立場，例如需要完成哪些工作？可能採取什麼做法？因此，主席需要讓會議朝著目標進展，並在合適的時機提早結束討論。[52]

做出決策前就提早結束討論可能有幾種原因，例如需要更多事實資訊、需參考未出席人員的觀點、與會者需要更多時間思考、活動出現變化、時間不足以充分討論主題，或是事情可由部分人員在會議外決定。[53]

討論結束後，每個議程項目的最後一個步驟就是歸結共識。[54]

掌控與會人員的任務包括準時開始及結束會議。[55] 此外，主席也有責任隨時控管現場人員，包括制止太過多話的參與者；鼓勵安靜的與會者發言，尤其是那些出於緊張和防衛心而沉默不語的人；保護弱勢，例如強調他們的貢獻；鼓勵與會者針對想法辯論，防止參與者因個性不同起衝突；避免否定提議；讓最資深的人士最後發言，以免位高權重的人對主題發表意見後，導致資淺人員如坐針氈；以及總結會議成果。[56] 很重要的一點是建立開放的溝通風氣，因為這能提升團體表現[57]，尤其應允許參與者在不清楚會議目標時立即發問。[58]

若參與者之間爭論不休，要讓團體討論有所進展的方法之一是採用英國思考大

師 de Bono 的「六項思考帽」（Six Thinking Hats），亦即在任一時刻請所有人專注探討問題的一個特定面向。[59] 尤其，強迫所有成員一次只思考某個想法或提議的特定內容，例如，「大家花五分鐘思考這個想法如何才能付諸實行，然後再花五分鐘反思行不通的原因」。遇到凡事只會挑剔、自負的麻煩人物時，這個實用的方法就能有效引導他做出建設性的貢獻。

準時結束會議。散會前，重新檢視會中做出的承諾、詢問與會人員對於日後議程的建議，並訂出下次開會的時間與地點。

會議結束後，儘快將會議記錄寄給所有人。記錄不應執著於準確記錄每個人的發言內容，而該力求清楚記下重要決策、執行事項（誰該在何時之前完成什麼工作），以及未得到結論的議題。[60]

摘要 -- 4
　目標 -- 4
　方法 -- 4
　基本預設 -- 4
　使用文件 -- 4
　撰寫團隊 -- 4
物件 1-1 -- 6
物件 1-2 -- 7
物件 1-3 -- 9
物件 1-4 -- 10
物件 1-5 -- 11
物件 1-6 -- 12
物件 1-7 -- 13
物件 1-8 -- 14
物件 1-9 -- 15
物件 2-1 -- 16
物件 3-1 -- 17

◀ 有些目錄只提供資訊出現的頁數，未具體說明實際的內容。因此，讀者必須逐一查閱章節，才能決定是否需要詳細閱讀。

✕

PISA 2009 問卷調查有何差異？ -- 21
· 學生閱讀情形的最新概況 -- 21
· 評估數位文本的閱讀情形 -- 21
· 進一步評估更多學生能力 -- 21
· 進一步強調教育的進步 -- 21
· 說明與學生相關的新背景資訊 -- 21

相對地，有些目錄可提供相關資料的概要總覽。只要瀏覽目錄，讀者就能決定應仔細閱讀哪些章節。

✓

圖 8.3：並非所有目錄都能達到相同目的。第二個範例可簡潔回答讀者的疑問，幫助讀者快速決定是否閱讀每個章節。

七、善用所有形式的媒體有效溝通

前一章針對簡報提供了一些有助於促進溝通的方法，其中許多原則也適用於電話、電子郵件或面對面溝通。特別是，務必清楚表達你的溝通目標，金字塔架構必須明確清晰，而且也應確實指出後續步驟。溝通時先說結論。撰寫的內容務求清楚準確。[61] 用心撰寫。使用主動語氣、淺顯易懂的語言（即避免術語、行話及縮寫，這都可能導致受眾難以閱讀）、精準的用字，以及正確的語法、選字和標點符號。其他建議如下：

在報告目錄中明確展現金字塔架構。如同簡報的大綱與標語應明顯呈現簡報的結構一樣，書面報告的結構也應該一目瞭然。可從兩個地方著手：以目錄顯示整份報告的章節和小節規劃，在內文部分則應適當分段。下方圖 8.3 提供兩個目錄例子。第一個例子列出一長串物件，但未說明其內容；反觀第二個範例則與讀者建立了問答對話，方便讀者快速判斷是否需要閱讀各個章節。

圖 8.4 示範如何在本文中突顯金字塔架構。在空白處寫下每個小節的摘要，可讓讀者快速掌握整體內容，協助他們決定是否詳細閱讀特定部分。將此技巧與精心編排的目錄結合，可方便讀者選擇以何種深入程度閱讀報告：只瀏覽目錄的話，能以最快的速度掌握報告概要；若閱讀目錄和段落摘要，可進一步瞭解內容；要是閱讀整份報告，則能知道最多細節。

撰寫有效的電子郵件。比起口頭溝通，電子郵件和其他文字形式的溝通管道或許會讓你看起來較欠缺能力和智慧，且思慮欠周。[62] 但在某些情況下，電子郵件的效果可能會比當面溝通更好，例如討論較明確的工作時，就很適合使用電子郵件。[63] 學者 Doumont 和 Kawasaki 等人都提出了一些書寫原則，可提升電子郵件的溝通成效 ：[64]

● 將電子郵件寄給執行者，同時將副本傳送給有必要知道，但不必實際執行的人。

● 主旨應說明收件人必須閱讀信中內容的原因。一種方式是將主旨行分成兩個部分：一般主題和寄信目的（例如「尋找哈利：你同意讓他人參與搜尋行動嗎？」）。如果書信往來期間主題改變，主旨行記得一併更新。

● 每封電子郵件只處理一個主題，好讓討論對話更容易追蹤。[65]

● 說明主題時善用情境、難題與關鍵命題，也就是你想透過電子郵件解答的問題。

> PISA 旨在評估 15 歲青少年迎向人生挑戰前所具備的因應能力。
>
> PISA 旨在衡量即將結束義務教育的 15 歲青少年，在面對現今社會的各項挑戰時所具備的因應能力。這項評估主要關注日後的實際表現，著重於青少年運用知識和技能克服人生挑戰的能力，而非僅關心他們是否完成特定的學校課程。這樣的評估取向反映出課程本身在教學目的與學習目標上的轉變，並日益強調學生運用所學的能力，不只希望他們複製學校教授的內容。

如果能在空白處摘述每個段落的內容，也能有助於突顯報告本文的金字塔架構。如此一來，讀者就能決定是否深入閱讀：

低：只瀏覽目錄
中：閱讀目錄與段落摘要
高：閱讀整份文件

● 電子郵件內容盡量簡潔，最好不超過三段。[66] 除此之外，也要在顧及目的、清晰度、一致性和語氣等條件下，以清楚、有禮貌的方式表達想法。[67]

● 如果電子郵件不小心太長，可考慮將重點改為粗體。另外，可在開頭先說明結論，再陸續提供細節（例如：「你願意尋求其他人的幫忙，一起開始尋找哈利嗎？理由如下……」）。

● 如果有用的話，可放上你的署名。

● 若有需要，可明確分配誰在什麼時候做什麼事情（即指定負責人、工作內容和日期），並盡可能簡明清晰。如果需要收件人採取行動，大可直接明說，但務必保持禮貌。

主動傾聽。主動傾聽包括生理上的聆聽、詮釋、評估和回應，或是在溝通內容不清楚時要求對方說明。稱職的傾聽者也要懂得避免在交談中太早下判斷，也就是不該以為聽到的內容會與預期中一模一樣。另外，也要擅長觀察非語言的暗示，例

如肢體語言和表情。這些技巧需要不斷練習才能精進。[68]

八、讓團隊隨時掌握狀況

良好的溝通可有效激勵團隊。[69]以航空機組人員為例，出色的團隊領導力包括鼓勵成員參與工作的規劃與執行、清楚下達工作內容、需要改變時徵詢團隊的意見等等。[70]

管理團隊是一個持續不間斷的過程，簡述如下：

● 確認成員瞭解專案的進展，尤其複雜的專案更應如此。

● 對每個團隊成員設立清楚的期許，並確認當事人也能明瞭。

● 讓專案成為團隊成長的機會。套句拿破崙的說法，人就像數字，只有放到對的位置上才有價值。

● 快速提供正反面意見。

● 多和每個人在非正式場合聊天。

● 持續提供培訓。

● 確認每個人都能針對專案的進度回饋意見，並提供改進的想法。

九、管理進度

定時（或許每個禮拜）對照原始計畫檢視實際進度。如果進度太慢或開銷過大，應立即著手修正。

管理進度也包括與主管應對得宜。如果你不同意主管的看法，代表你必須判斷何時應該反駁，何時又應該妥協。例如，假設你發現主管犯了錯，你回報的方式或許就能產生強大的影響力，使錯誤獲得修正。以航空機組人員為例，新進成員通常都經過培訓，瞭解如何運用特定的溝通技巧，更有建設性地突顯資深組員犯的錯誤。這些技巧包括：清楚說明問題本質；建議解決方案，但由主管做出最終決策；以及解釋為何你的建議會是理想做法。[71]

十、展現高道德標準

暫且不論意識型態上的目的，維持高道德標準可降低你落入說謊困境的機率，這可是很難成功脫身的棘手狀況。[72]

十一、人脈

經營人脈（建立、維持與運用人際關係）可為你帶來知識、資源和人力。[73]此外，你也應該善用團隊的人際網絡，並致力於三大面向：推行外交活動（例如向管理部推銷專案、維持專案的聲譽與形象、遊說以獲得資源，以及持續留意支持與反對專案的特定人士）、在組織內全面搜尋相關資訊，以及與其他單位妥善協調工作。[74]

這些觀念不僅對專案管理有效，也適用於個人職涯，畢竟人際關係處理得越得當，事業越有可能成功。[75]

有效經營人脈的內涵包括結識一群良師益友，妥善經營彼此的關係，使其成為你信賴的顧問。[76]在這類人際關係中，你應該扮演積極參與的角色，而非只是被動接受的一方。一種方法是積極經營，也就是將維持關係視為己任，包括規劃會議、擬定議程、提出問題、用心傾聽、完成交派的事務，並徵求他人的意見。[77]

十二、談判

不管你在努力達成目標的過程中是否需要與他人合作，難免都需要談判。[78]無論我們是否注意到（也不論我們是否喜歡），其實我們每天都在談判。因此，談判能力對於成功與否可謂至關重要[79]，但絕大多數的證據顯示，我們很多時候並未有效談判。[80]

談判至少能達到三種目的：創造價值、主張價值及建立信賴感。[81]談判是個相當籠統的主題，本章有限的篇幅恐怕無法全面闡述，因此以下僅就這個主題提供一些基本概念。[82]

將人與問題分離，專注於處理利益問題。 區隔利益與各方在談判議題中所持的立場，很多時候可以在談判過程中發揮作用。[83]解決問題時，難免牽扯個人情緒和自我意識，導致問題益加複雜，甚至觸怒當事人。為了避免這種情況，談判專家Fisher 等人建議從下列各方面著手管理：

● **認知**：站在對方的立場思考，並在協商中開誠佈公地討論彼此的想法

● **情緒**：理解（自己與對方）的情緒，讓情緒有發洩的出口，若有一方情緒爆發也應淡然處之

● **溝通**：主動傾聽，清楚表達想法使他人理解，並避免不必要的過度發言[84]。做到上述各點後，應將心力集中在協調利益，而非在乎彼此立場。

尋找你的 BATNA。「談判協議最佳替代方案」（best alternative to a negotiated agreement，BATNA）是指萬一無法與對方達成共識，你所希望選擇的行動方案。[85] 找出 BATNA 可為你設立一個可接受的最低限度。上談判桌的目的無庸置疑就是為了爭取一個比談判前更理想的結果，因此任何低於 BATNA 的交易都應予以拒絕。[86] 預設一個替代方案有助於得到更好的結果（無論是你或雙方共同的結果），而你的替代方案比對方的方案越好，意味著你的收穫越大。[87] 要注意的是，BATNA 並非固定不變，反而應該適時調整，隨時增減及變動。因此，若情況允許的話，不妨花點心思確定你的替代方案。[88] 不可否認的是，理想的 BATNA 通常無法輕易取得，但務必事先確立。[89] 遵循兩位學者 Bazerman 和 Neale 的「戀愛法則」（falling-in-love rule）是一種方法。找房子（或處理類似的高風險事務）時，應「愛上三個物件而非一個」。[90] 這會延遲你對現狀感到滿意的時間，換句話說，不該找到滿意的解決方案就立即停止搜尋，應繼續提出更多選項（詳見第三章）。

創造價值。雖然我們容易將談判視為從一塊固定大餅中奪取較大份量的舉動，但其實這也可以是一種創造價值的行為，也就是將餅做得更大。[91] 因此，不妨試著找出有利於所有人的替代方案。就創造價值這點，談判專家 Fisher 和他的同事建議，捨棄大餅只有固定大小的成見、擺脫追尋單一答案的目標，並停止「他人想解決問題是他們的事」的想法。由此可知，創造價值的過程其實與之前尋找解決方案的程序多所雷同（詳見第五章）。

先友善，再效法對方。與廣大人際網絡中的其中一員談判時，是該盡力配合（保持和善）還是自私護己（試圖爭取最大利益）？後者或許能在短時間內鞏固最大利益，但若長期來看，前者反而能帶來最大的好處。政治科學家 Robert Axelrod 安排了一場電腦程式競賽，邀請賽局理論專家提出各種談判策略，最後他得到的結論是，我們應先展現合作的誠意，然後效法對方上一步的行動予以回應。[92] 關鍵在於必須領悟一點：你與對方都是透過實際行動彼此溝通。展現合作的誠意（即一開始的友善態度）等於傳達了你願意協調的善意。如果對方採取強硬策略，那麼你也應該以牙還牙。同樣的道理，如果對方態度和善，你也應該展現和善的一面。在後續進展中，持續效法對方上一步的作為。如此一來，雙方就能營造一個相互配合的環境，在彼此學習的過程中攜手創造雙贏共識。[93]

為了使這套溝通策略奏效，政治科學家 Axelrod 提出了四道處方：（一）不必羨

慕（如果對方率先使談判破局，他們會再受到一次來自你的同樣對待；只需坦然接受，繼續進行下去即可[94]）；（二）保持友善，亦即別率先發難，破壞合作的局面；（三）依照對方善意合作或關閉協商的態度據實回應；（四）清楚表達，明確向對方傳達你將秉持互惠原則與之互動。[95]

2.2 管理顧客關係

你時常需要面對多名客戶，亦即至少會有一位決策者，外加一或多位重要關係人。

由於與關係人的互動欠佳是導致專案失敗的一大主因，因此管理你與團隊的關係及團隊成員的期望是不容小覷的重要環節。[96] 管理期待的工作內涵包括：從模糊的期許中找出焦點、更明確地表達期望，以及修正不切實際的期許。[97]

儘早建立可信度，並不斷強化。儘早讓專案客戶參與，讓他們有機會請團隊為其解決問題。建立頻繁回報的制度（例如每週回報），並幫助客戶隨時掌握問題及潛在問題。[98]

一、不說大話，表現超越預期

若要建立及維持高公信力，必須表現出你值得信任的一面，其中以準時完成交派的工作為最低要求[99]，不過一般而言，若能不說大話，且表現超越預期，通常就能獲得他人信賴。史丹佛大學的 Tom Byers 建議企業家遵循五大原則：（一）準時出席；（二）和善待人；（三）信守承諾；（四）比承諾付出更多；（五）秉持熱忱與熱情工作。[100]

二、主動積極

瞭解客戶的需求和管理作風，並迅速建立公信力（方法包含：不說大話及表現超過預期、展現可靠的一面、秉持高道德標準，以及展現對所有人的尊重）。

做好事前準備。 倘若受邀參加會議卻遲遲未收到議程，仍需做好準備再出席，尤其現場有更資深的與會者時更應如此。或許到時這些事前準備不會派上用場，但假如資深的與會者看著你問道：「今天為什麼要開會？」，你就能胸有成竹地回答。

瞭解政治情勢。 雖然我們時常理所當然地認為組織會做出理性決定，但事實上，

管理決策時常不是出於理智，過程中政治和權力都扮演著重要角色。[101] 瞭解這些動態因素（例如辨別掌權者與其動機）可能會是你成功的關鍵。

三、防止「範圍潛變」

客戶可能是專案的資金來源，例如你的老闆就是其一。不過一旦專案啟動，你通常需要與更多其他人互動（例如終端使用者），而他們可能擁有不同看法。他們可能要求你在專案中考慮他們重視的因素，進而產生工作範圍擴大的現象。因此，建議研擬一套範圍管理計畫，將相關客戶納入考量。[102] 擬定清楚的專案計畫可讓專案從一開始就免除範圍潛變的機會。

對了，團隊中的每一個人都適用這個辦法。若決策者未正式下達指示，就讓團隊成員依照關係人的要求負擔大量的額外工作，通常不是理想的因應之道。

四、溝通

頻繁溝通，為客戶和其他關係人更新專案進度。即使發生壞消息，也要據實以報：最好由你親口告訴他們，不是他們輾轉從他人口中得知。[103]

2.3 管理風險

不只準備階段需要管理風險（詳見前文），專案執行過程中也應持續管理。風險有很多種，包括來自領導者的不適當支持、關係人的立場改變，或是範圍潛變。[104] 風險可分解成兩大要素：發生機率與發生後帶來的影響。除了考量你自身承受風險的能力，也務必正視這兩項因素。[105] 風險的處理方法可分為四種，以下依風險的嚴重程度從高排列至低：[106]

● **轉移風險**：將風險轉嫁給其他人，例如購買保險

● **控管／降低風險**：持續重新評估風險，除了衡量發生機率與影響，也應針對突發狀況擬定計畫

● **迴避風險**：某個風險發生前，先選出一個不受該風險影響的替代方案

● **假定風險確實存在**：接受風險，照常執行工作

管理風險需要先識別風險及排定優先順序、規劃管理方式，並在過程中不斷監控。要做到這幾點，可考慮整理出前五大風險並不定期審查。[107]

2.4 結案

總結報告。在結案後落實匯報作業，可大幅改善個人和團隊的表現。[108] 機長和太空人的例行工作之一，就是在飛行結束後總結報告工作成果，藉此找出錯誤和日後避免重蹈覆轍的方法。這類報告具有凝聚向心力的作用，但在師法錯誤之前，必須先承認犯錯，但這可能使人產生能力不足的自我認知。[109]

為了減少這種現象，務必感謝每位成員的參與及其在過程中發揮的價值、反覆提醒自我反省的重要、提出開放式問題，並營造一個令人安心的開放式環境。在此環境中，每個人都有犯錯的權利，成員間彼此接受與尊重，且所有人皆清楚明白，報告內容會一律保密。[110] 務必讓所有人清楚知道，安排報告並不代表發生問題，只是創造一個讓組員能夠討論、分享個人收穫的機會。[111]

共享榮耀。在現今仰賴資訊的經濟模式下，企業無不努力吸引並留住人才。因此，工作表現獲得認可是職場上很重要的事情。[112]

但這並不表示，即使你勞苦功高，就應將所有功勞攬在自己身上。不吝將成果歸功於所有共事的夥伴，的確是營造參與感的一種方法，而員工滿意度和參與感正是攸關企業績效的重要因素。[113] 因此，慷慨與團隊成員共享功勞，或許就是促使團隊成功的一大推力。

3. 挑選及監控重要指標

變化是專案管理的一部分，原始計畫和實際進度之間難免會有落差。因此，與其完全避免，不如盡可能控制在可接受的範圍內。[114] 要做到這點，應找出一組指標並持續觀察，藉此協助你及早發現落差，進而採取補救措施。

4. 記錄所有你認為日後可能有用的資訊

每個解決問題的過程都是一次學習的機會，務必善加運用。

5．出現新資訊時記得更新你的分析圖

即使到了問題解決程序的後期，分析圖依然是主要的參考指南及資料庫。如果出現新證據，應立即放入分析圖中，此外也要適時刪減及新增分支，並以證據為基礎調整結論。

6．對「哈利事件」的啟示？

決定最好先求助他人幫忙尋找哈利之後，我們先去拜訪隔壁養了七隻狗的鄰居，由於這驚人的數字，我們私下稱他為「養狗專家」。他給了我們當地寵物協會主任的電話號碼。我們撥了通電話，但直接轉接語音信箱，所以我們留言後就準備出發尋找哈利。不過幾分鐘後，主任回電了。雖然那時他正在國外出差，但朋友住處幾個街區以外的一戶人家早就主動聯絡協會，說他們發現並收留了哈利，就等主人前去領回。最後我們總算找回了哈利，而這距離我們發現哈利不見只有幾小時。足見人際網絡的力量！

第八章是本書深入解說問題解決過程的最後一塊拼圖。最後一章中，我們將針對如何有效解決問題補充一些最後的想法，包括過程中應抱持的態度以及應培養的技能。

回顧與補充

兩敗俱傷。部分數據顯示，超過 70% 的併購案「無法提供預期的優勢，而經濟價值也在過程中遭受波及。」[115]

實證式管理究竟是否已經落實。雖然醫學界開啟了以實證研究引領實務的先河，但有些人認為，管理領域尚未跟上腳步[116]，情報分析也仍缺乏證據支持。[117]

尋求意見回饋(別責備氣象預報員)。比起包括臨床醫生在內的多種職業，大部分氣象預報員似乎不太有自信，至少在天氣預測上看似如此。這是因為他們能持續、即時地收到外界對於預測準確度的意見回饋，進而促使他們虛心學習。[118]

「團隊合作?這就是我所受訓練的宗旨。」美國空軍官校的 Robert Ginnett 指出，

現今的教育體系崇尚並鼓勵個人表現，但在畢業後的剩餘人生中，社會對我們的期待往往與這相違背，反而強調一個人在團隊中的角色。[119] 如果連戰鬥機飛行員（高度強調個人特質的專業，至少一般大眾普遍這麼認為）都自認是與團隊共事，或許我們的教育應該開始訓練及鼓勵學生不只注重個人任務，更應重視團隊合作。

最佳團隊規模仍莫衷一是。 文獻對於最理想的團隊規模眾說紛紜。有些研究指出，人數多一點比較好，但也有人認為太多或太少都不好（最好少於 10 人，或是擁有能將工作完成的最少人數即可 [120]）。不過，也有其他研究指出，人數和團隊表現之間沒有關連。[121]

轉型領導。 轉型領導可定義為「領導者在合作過程中影響他人的價值觀、態度、理念和行為，藉此達成組織的使命和目標。」[122]

沒人喜歡聽從指揮。 雖然專制獨斷的領導風格在某些情況下較有效率，但大多數團隊成員還是喜歡有參與感的領導方式。[123]

關於談判。 談判有兩個主要流派，分別以「合作」或「競爭」為主軸，其中前者較偏解決問題導向，目標在於確保各方都能受益；後者則相對比較敵對。[124] 實證資料顯示，採取競爭方式的談判，成效很難比得上合作型的談判。[125]

五種團隊類型。 Hackman 與 O' Connor 區分出五種類型的團隊，各有特色 [126]（詳見後頁表 8.3）。

把餅做大。 修改協議時，以讓至少一方得利為目標，同時不損及任何人的權益，這稱為「帕雷托改善法」（Pareto improvement）。[127]

以牙還牙、Pavlov 與其他談判策略。 除了政治科學家 Axelrod 的「以牙還牙原則」（「先友善，再效法對方」）之外，也可採取 Pavlov 提出的「合作策略」，但唯一的前提是雙方必須在前一回合中使用相同策略。相較於以牙還牙，Pavlov 的方法可修正不小心犯下的過錯，促成無條件的合作模式。[128] 這種策略在嘈雜的環境中成效不彰 [129]，而在嘈雜環境或雙方將合作誤解為欺騙時，以牙還牙也有其限制。[130] 若在嘈雜的環境中採取以牙還牙的策略，提供額外（但非無條件）的優渥方案或許可以獲得更好的談判結果。[131]

「歡迎參加會議，請站著開會。」 密蘇里大學的一項研究發現，若要制定決策，坐著開會的時間會比站著開會來得長 34%，但不一定能做出比較好的決定。[132]

問自己幾個問題，從中理出深入見解。 太空飛行資源管理（Space Flight Resource

Management）計畫主要訓練太空人成功完成任務所需的非技術性技能。該計畫的相關資源中有份問題清單，可協助太空人確保一切維持在正軌上，這些問題包括：「大家都同意接下來的行動嗎？」「風氣夠開放嗎？」以及「衝突解決後，彼此之間的尊重是否安好無損？」[133]

總結報告實務補充。學者 Salas 等人針對醫療團隊的總結報告提出十二種經過實證的最佳實務做法：一、利用報告診斷問題 ； 二、建立支持型學習環境；三、鼓勵領導者和成員留意團隊合作流程 ； 四、教授如何製作優秀的總結報告 ； 五、確保成員在報告過程中感覺自在 ； 六、聚焦於幾個重要議題 ； 七、說明涉及的確切交互作用 ； 八、使用客觀的績效指標，協助給予意見回饋 ； 九、晚點再針對結果提供意見，且頻率應比醫療過程中的意見回饋少 ； 十、適度對個人與團隊回饋意見 ； 十一、及時回饋意見 ； 十二、詳細記錄以供日後參考。[134]

表 8.3：團隊可分為五種 [a]

團隊	主要特徵	適合情況
面對面溝通團隊 Face-to-face team	一般對於團隊的認知。成員齊聚一堂，極度仰賴彼此間的互動。	工作需要多種背景的成員個別做出貢獻，且彼此的專業互補。
網路聯繫團隊 Virtual team	與面對面溝通團隊一樣，但成員不在同一處。	工作之間環環相扣，但成員身處不同地方。
手術型團隊 Surgical team	成員一起工作，但由一個人統籌負責。這種形態的團隊宗旨在於確保領導者可以獲得所有成員的協助。	工作需要高度的個人解析、專業和 / 或創造力，比較像是劇本寫作，而不是上台表演。
共作性團隊 Co-acting team	成員在團體中各有各的工作。	工作需要同時進行，彼此間不太需要互動。
沙丘型團隊 Sand dune team	團隊組成和範圍並不固定：人們可自由加入，有必要時也能中途退出。這種形態的團隊大多有個較為穩固的核心小組。	資源有限的時候。

[a] 取自 J.R. Hackman & M. O' Connor （2004）。優秀的分析型團隊需具備何種條件？個人與團隊執行情報分析的能力。資料來源：Intelligence Science Board, Office of the Director of Central Intelligence, Washington, DC。

「別騙人了！其實這樣解決就好。」

策略思考無所不在，我沒肯定哪種解決方式最好，但在決

策的過程中我們應該抱持何種態度以及擁有哪些技能，想

必你已獲益良多。現在你可以隨心所欲的使用了。

第 9 章

處理難題與總結

本章旨在總結全書內容，概觀回顧整個解決問題的過程，最後再補充一些原則以供參考。這些準則除了可管理程序，也適用於試圖解決問題的人。

1. 管理程序

回顧前面八章，我們解決問題的方法可能令人卻步。事實上，在許多問題上完全採用這套方法或許還會獲得反效果。決策專家 von Winterfeldt 與 Edwards 觀察自己使用決策工具的情形，觀察結果似乎也直接反映出上述結論：「我們每天使用決策分析元素（例如機率預估），但透過完整分析來幫助或檢驗個人決策，每年大概只有一兩次。為了獲取有系統的縝密想法而使用正式、合規的工具，所需的成本很高，即使是專家也不見得習慣或只偶爾使用。」[1]

根據我們對於策略思考的定義（由設計、分析與整合決策等步驟所構成的程序；在設計階段確立所需的主要活動、在分析階段蒐集及處理必要資料、在整合決策階段選擇行動方案及決定解決辦法），我們的確需從設計階段著手，找出後續需要的主要活動。有些情況需運用整套方法，有些可能只需要部分程序。因此，與其將這套方法視為一體適用的架構，認為每次都該完整套用，不如將此當成一系列的獨立模組，由你依照確切的情況需求，合理判斷是否需要使用各個模組。

1.1 在有壓力的情形下，先求保留關鍵元素

我們的方法不適合需在幾秒、幾分鐘，甚或幾個小時內決定解決方案的問題，因為這類問題沒有充裕的時間繪製兩張問題分析圖，以及完成之前討論過的分析程序。事實上，即使是不急迫的問題，可能還是難免會有時間限制，而且可能也會遭遇其他限制，例如預算不足而無法完成整個分析程序。

可以的話，應盡力排除時間壓力，因為額外的壓力很難讓人有效解決問題。例如，2002 年美國國會必須在 21 天期限內判斷伊拉克是否擁有大規模毀滅性武器，據信就是緊迫的時間壓力在分析過程中產生重要影響，最終才會得出錯誤結論。[2]

然而，不設期限的情形很少見，而要在時間內完成工作，勢必需要有些預設基礎及「走捷徑」的其他方法。[3] 在這些情況下，直接省略某些步驟，集中心力尋找解決方案並加以執行，可能會是一種方式（詳見圖 9.1 [c]）。不過這有風險，一旦問

題的界定或診斷出錯，就可能誤導你選擇不適當的解決方案。相反地，保留原有的四個步驟，但縮短每個階段的時間，或許是較理想的做法，如圖 9.1（d）所示。

關鍵在於犧牲可有可無的部分，挪出時間供所有重要部分使用。學者 Basadur 建議，面臨時間壓力時，可考慮犧牲一些歧異性。[4] 這似乎很合理。如果直接省去界定問題的步驟，最後鎖定的問題可能會有所偏差，而在那之後所採取的一切行動，都將根基於不甚穩固的基礎上。相反地，如果保留界定問題的步驟，並將原本分配給拓展解決方案分析圖的時間挪來使用，這樣或許沒辦法列出所有可能的變項，找到絕佳的解決方案，充其量只能發現還不錯的解決辦法。這的確不是最理想的結局，但能針對正確的問題找到還不錯的解決方案，還是遠勝於發現一個絕佳辦法，但卻解決錯誤的問題。

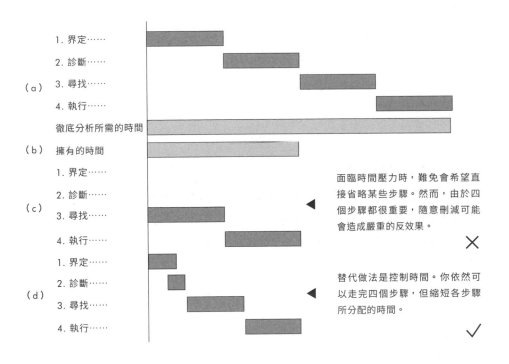

圖 9.1：在有時間壓力的情況下，盡可能避免省略任何步驟。

有時候，我們擁有的時間不夠全面診斷問題，而且反應時間極短，在這類情況下，機長通常會仰賴程序管理，將當下的狀況視為緊急情況，不先清楚定義問題就直接著手處理。[5] 成功的運用案例是全美航空 1549 號班機起飛後遭飛鳥撞擊，導致兩具引擎全數熄火，最後安全迫降在哈德遜河上。事故發生後，機長 Sullenberger 原本打算降落紐澤西的泰特伯勒機場（Teterboro Airport），但在意識到飛行高度不夠後，轉而選擇水面迫降。[6]

1.2 若有需要，可在不同步驟間來回調整

雖然本書介紹的方法是逐步推進的連續流程，但由於某些專案有必要在不同步驟之間反覆調整，因此不妨將這套方法視為不同空間的集合，而非制式步驟。[7] 當然，複雜、定義模糊、非急迫性的問題（CIDNI）通常紊亂難以理清頭緒，不論耗費多少心力還是可能無法徹底理解，進入診斷或尋找解決方案的階段。借用學者 Rittel 和 Webber 對棘手問題的描述，「理解問題和解決問題是一體兩面。」[8] 發現證據可能會促使你修改想法，讓你有充分理由在不同步驟間反覆琢磨。這是與決策議題共通的一種特性。兩種程序難免都會來回調整，而且分析師也時常遭受告誡：若不在各步驟間反覆思索，可能意味著你看待問題不夠深入，流於表面。[9]

需注意的是，隨著發現新證據而調整想法並不容易，因為你必須捨棄之前的進度，這勢必會讓人覺得有點可惜。[10]

1.3 決定是否分享分析圖

若能對點子產生擁有感，能使人更願意投注心力，努力實現想法，因此讓關係人參與決策過程有助於提高專案成功的機會。[11] 所以，允許關係人儘早、頻繁地參與勢必有所助益，不只是因為多了些人可以幫忙提供意見，也有利於實際執行。

至於如何讓關係人有所參與，或許可考慮向他們展示問題分析圖，或者完全不公開。在我的經驗中，最好的做法主要取決於關係人的個性，以及分析圖能否開啟與他們之間的建設性對話。有些人覺得問題分析圖過於沈重，無法產生共鳴；相對地，有人會立刻投入其中，展開分析圖所提倡的擴散式思考。因此，若真要說的話，是否應該向關係人公開分析圖，將此列入標準程序，其實不是重點所在，反而是應該保持敏銳觀察力，判斷分析圖是否會對你所面對的情形產生反效果。

2. 自我管理

優秀領導者明白自己的優勢和短處，並會尋找補強後者的方法。[12] 你必須瞭解自己，知道自己的專業與不擅長之處。本節提供一些指導原則，協助你掌握應該培養的能力，也分享一些培養這些能力的可行方向。

2.1 培養正確的能力與態度

小心會產生負面影響的自然傾向。 談判專家 Leigh Thompson 發現，有四項特徵除了會限制我們的談判能力之外，可能也會影響我們的策略思考能力。[13] 在前幾章中，我們已經說明前三種特徵：過度自信（詳見第一、三、八章）、落入「驗證性偏誤」的窠臼（詳見第三、四章），以及「但求滿意」的心態（詳見第三章）。Thompson 指出的第四種特徵是自我強化（self-reinforcing）的能力不足，即礙於嘗試過程所伴隨的風險而自我設限，無法試驗新的行動方案。

除了留意這些我們可能與生俱來的負面傾向之外，也需積極培養有用的能力。

磨練設計能力。 工程師 Clive Dym 與同事發現，優秀的設計師都有幾項共通的重要能力，包括容忍不明確性、隨時掌握整體狀況、應對不確定性、決策、善盡團隊成員本分，以及有效思考與溝通。[14] 此外，傑出的設計能力也需融合理性與感性的方法。

磨練研究能力。 誠如第一章所述，英國研究協會已歸納出幾項優秀研究人員理應培養的能力（詳見 20 頁表 1.2），這些能力也是有效解決問題的特徵。[15]

在適當的情形下坦然面對失敗。第一步，確認失敗的代價在可承受的範圍內。 有些情況不容許失敗，因此也就沒有機會在嘗試錯誤（trial and error）中學習。例如，「雙子星計畫」和「阿波羅計畫」就是勢在必得且難度極高的任務（先進入地球軌道，然後與太空站對接，再前往月球軌道，循序漸進），而非第一個任務就鎖定在登陸月球，失敗後反覆嘗試。這種背水一戰的案例只許成功，而這也是劍橋大學流體力學教授 Michael Thompson 對年輕研究學者的要求：「你必須像手術醫生一樣，全力達到盡善盡美，不犯任何錯誤。」[16] 但若是其他情形，讓不需付出高昂代價的失敗經驗成為理想的學習契機，或許能帶來極大助益。例如，矽谷企業的成功關鍵，有時正是歸功於低成本的失敗經歷。[17]

在適當的情形下坦然面對失敗。第二步，確保失敗能提供寶貴的學習機會。雖然失敗並不足畏，但前提是失敗必須創造學習契機。組織理論家 Russell Ackoff 將「分類誤差」（errors of commission，做了不該做的事）與「遺漏錯誤」（errors of omission，無法完成應該完成的事）加以區分，指出後者通常會產生較大的影響，但一般的會計實務通常只會發現前者。他也建議，經理主管應讚揚組織中出現的最佳錯誤，所謂「最佳」是指能創造最高程度的學習。[18] 學習新事物的過程中，犯錯是正常不過的現象，因此只要大家能從錯誤中有所收獲，主管就應該鼓勵犯錯。

保持學習心態。史丹佛大學發展心理學家 Carol Dweck 檢視了許多人的心態，發現我們能從兩種角度看待能力：第一種認為能力是固定不變的，必須加以證明；第二種則認為能力可透過學習加以培養。如果採用學習哲學看待能力，那麼失敗就無關犯錯或遭公司解雇，而是沒有成長，未能發揮個人潛力。[19] 要想保持學習心態，必須得先能承認自己的缺點和罩門，而這需要勇氣、誠實和安全的環境。體認這點之後，也就不難理解為何建立這種文化和環境，會是 NASA 落實任務總結報告的必要條件。[20]

保持大概的探究方向。心理學家 Barbara Spellman 發現，心中掛念一個問題可讓人有能力處理大量資訊，因此著實有其必要。但她也指出，太專注於一個問題可能使人盲目，錯過眼前顯而易見的資訊。[21]（回想一下第六章的大猩猩。）因此可以的話，保留一點心力留意整體狀況，同時追尋解決過程中可能出現的一線轉機（詳見第四章有關意外發現的小節）。

再信任都要小心。若掩飾得宜，謊言其實很難拆穿。[22] 一般人不太能區分謊言和真相。事實上，一項整合分析的結果指出，我們洞悉謊言的能力只比丟硬幣決定真偽稍微好一點而已（54%）。[23]

特定情況下，若能有科技輔助（例如測謊器），拆穿謊言的機率似乎可以大幅提高。[24] 諸如「初步可信度評估篩選系統」（Preliminary Credibility Assessment Screening System）等新技術主要仰賴感應器測量肌膚導電度和血流變化，似乎也能改善結果。[25]

然而，如果無法取用上述技術，情況可能不太樂觀。研究結果顯示，訓練或過往經驗都無法提升一個人拆穿謊言的能力。[26]

心理學家 Spellman 指出，要想拆穿謊言，首先必須積極尋找謊言的模式，或抱

持著謊言之中可能存在一套模式的信念。[27] 此外，說謊時似乎會同時透露出一些線索。一項研究中，社會心理學家 DePaulo 與同事發現，騙子似乎較不熱心，較少花言巧語，給人的印象較為負面，而且神情比誠實的人更為緊張。[28] 不過他們也提醒，這些線索只意味著當事人可能說謊，因此需要搭配其他證據才能加以確定。如此一來，實務上可遵循的原則其實相當有限，所以最好的做法大概就是依循俄國的一句諺語：相信，但記得求證。（Trust, but verify.）

2.2 增進智慧

如果我們將智慧想成在相對價值之間取得平衡的能力，那麼要當名智者，便需竭力使自己成為一個有能力解決問題的人。解決問題的過程的確隨處可見需要謀取平衡的案例：創意思考與批判性思考、謙卑行事與果斷裁定、客觀分析與主觀直覺[29]、勇敢疾呼（即使不是當權者）與順其自然[30]，無處不需取得平衡。[31]

隨時調整。將解決 CIDNI 問題本身設想成一種專案，或許能有所裨益，而在專案管理中，事情難免出錯。[32] 一旦有個環節發生錯誤，你需要適度調整原始計畫，斟酌你對新情況的應對後重新取得平衡。

在謙遜與果斷間取得平衡。管理學教授 Pfeffer 與 Sutton 採用柏拉圖對智慧的定義（知所知，知所不知），建議人們應秉持信念，督促自己「依循知識行事，同時對已知的事情保持懷疑態度，並敞開心胸接受過程中所能提出最理想方案的不完美之處。」[33] 他們進一步指出，柏拉圖的定義「促使人依循（當下擁有的）知識行事，對已知的事物抱持懷疑態度，因此能一面著手執行當下的工作，一面持續學習。」[34] 劍橋大學流體力學教授 Michael Thompson 同意這種說法，認為「『知所不知』或許比『知所知』更為重要」。[35]

要在自信與不安全感之間取得平衡，或許不是一件很容易的事，就如同康乃爾大學心理學家 Justin Kruger 與 David Dunning 的觀察所顯示，若對特定領域的相關認知有限，不但容易得到錯誤結論，更會因為當事人能力不足而無法意識到自己所犯的錯誤。[36]

尋求他人意見。解決複雜問題類似於情報分析，都是在不確定的情境中做出判斷，可想而知勢必面臨不少缺失，[37] 尤其我們容易過於自信，在超出證據所能確定的程度上妄下結論。一種消除成見以免產生過度自信的做法，是自問為何在面對某

種結果時，我們特別容易產生信心。[38] 另一種方式是適時聽取有建設性的意見回饋，這能幫助我們更有效地修正判斷。[39] 因此，還是應該時常尋求他人意見。

謹慎運用直覺。雖然本書主要著眼於解決問題時的理性面，但直覺與本能不啻也是過程中不可或缺的要素。這些能力的確能在決策時發揮作用，例如決定先檢驗哪項假設、判斷該進一步深究分析的哪個面向，或是針對特定受眾挑選最有效果的溝通方式。

動物學家暨諾貝爾獎得主 Peter Medawar 建議年輕研究員把科學視為一種發揮想像力的猜測行為，必須「在深厚的理解基礎上運用常理。」[40] 英國數學家 John Littlewood 指出，「大部分偉大成就都是源於絕望的混亂與掙扎，靠著敏銳的『嗅覺』知道有東西值得繼續探尋。」[41] 無論是憑靠直覺或公正不偏的分析，兩者都是成功的必要條件，彼此不能互相彌補，過度偏向任一邊都可能產生不利影響。因此，與其試圖無視直覺與本能的影響力，不如妥善運用，不過是以自我反思的方式。[42] 誠如我的良師益友 Pol Spanos 所說，「直覺是稱職的僕人，但卻是糟糕透頂的主人」。

學著使用未達理想標準的證據。本書始終提倡實證方法。如同第六章所述，至少在醫學領域中，優良的證據通常是從隨機試驗中得到。然而在某些情況下，這類證據不僅難尋，也無必要。2003 年聖誕節出版的《英國醫學期刊》中，有篇嘲諷文章說明了這個道理。該文章中，作者 Gordon Smith 與 Jill Pell 探討降落傘在防止意外喪命或跳機導致重大心理創傷等方面的效果。他們使用隨機對照試驗，指出降落傘的效果並未經過嚴格評估，而最後的結論是，「如果由最大力提倡實證醫學的人籌備及參與一項採取安慰劑對照法的降落傘雙盲交叉試驗，或許對所有人最有利。」[43] 在此基礎上，研究將受試者隨機分成兩組。一組受試者會拿到降落傘，而由於研究採用安慰劑對照法，因此另一組人會拿到背包（對照組）。受試者和研究主持人都不知道哪組拿到降落傘，哪組分到一般的背包（雙盲）。「交叉」則是指一段時間後，受試者會交換組別。換句話說，不管起初隨機分到哪一組，受試者隨時都有可能改分配到對照組，也就是在沒有降落傘的情況下自高空一躍而下。文章有一點說得很好：並非所有案例都能堅持只仰賴最理想的證據做出結論。有時候，觀察稍不嚴謹的分析，就足可得出結果。就像解決問題過程中的許多時候一樣，你必須在異常情況與標準品質之間取得平衡，決定對當下案例最合理的處置方式。

2.3 實際練習

很多時候，明日之星與優秀前輩的唯一差異只在於練習的時數。[44] 本書很多概念看似簡單，但實際運用這些概念，進而求得解答的過程卻一點也不容易。這就像是打網球，資深選手讓網球運動看似輕鬆容易，但光靠閱讀網球的相關介紹無法變成球技高超的球員，必須實際練習才行。[45] 自從學者 Simon 與 Chase 在 1973 年寫了一篇關於西洋棋的研究報告〈如何變成下棋高手？答案是練習，無止盡的練習。〉（How does one become a master in the first place? The answer is practice—thousands of hours of practice.）之後 [46]，透過刻意練習以成就專業的信仰就在不同領域中逐漸生根，包括音樂 [47] 和體育。[48] 發展解決複雜問題的專業無庸置疑也適用一樣的道理。

培養重新站起來的能力。所謂練習，意味著你會面臨一些挫折，其中有些挫折可以避免，有些則在你的掌控範圍之外。這些挫敗不是重點，重點是你如何面對。因此，以正面態度適應逆境（也就是擁有從挫敗中站起來的能力）就顯得極其重要。好消息是，這項能力可以利用不同方法來提升，例如激發正面情緒（展現樂觀態度、欣賞及發揮幽默感）、改善認知彈性、養精蓄銳、經營強大的社會支持，以及培養積極應對的態度（包括練習）。[49]

3. 「哈利事件」給我的啟示？

哈利不是我朋友約翰的狗，是我的。除了這點和名字不同之外，整個案例都是真實發生的故事。某個星期三，他在我出門上課的時候消失了。一開始，我的老婆 Justyna 一口咬定，如果不是傭人帶走了哈利，至少也是她敞開大門，哈利才有辦法跑出去。畢竟哈利已經很久沒有走丟，而且就這麼巧，哈利不見那天，我們才把表現不穩定，甚至語出威脅的傭人開除。換成是你，你會怎麼想？

所以，那時我認定這是一起綁架事件，在報警和擅自聯絡傭人這兩個選擇之間猶豫不決。不用說，如果當初我選擇了後者，我一定會在過程中不小心脫口而出幾句法文髒話。但幸好，我們（其實是 Justyna）決定先問鄰居，看他們有沒有注意到任何風吹草動。一個鄰居告訴我們，在園藝工人抵達之後，他看到哈利單獨出現在我家前面。他的這番話完全改變了我的觀點。

只是真實情況依然尚未明朗。每當園藝工人來到我家，哈利總會大聲吠叫，而且鄰居在園藝工人抵達現場後看見哈利獨自出現在家門前，但園藝工人卻聲稱當天沒有看見或聽見哈利的聲音。兩方說詞不太一致。或許鄰居看錯（或說謊），也有可能是園藝工人搞砸了什麼事，試圖掩飾。我們決定相信鄰居的說詞（後來證明這是正確的決定），出門尋找消失的哈利，最後在一小時內順利找到。在沒有失禮冒犯傭人的情況下，成功化解了這道謎團。

如果我說，我在尋找哈利期間分別做了一張 What 卡、一張 Why 卡和一張 How 卡；繪製了診斷問題分析圖和解決方案分析圖；請求身邊的人幫忙檢查所有證據，針對寵物走失的各種原因判斷發生機率；使用多屬性決策輔助工具；並將我的結論整理成精美的書面資料，說服 Justyna 相信哈利應該是遭人綁架，所以我們應該如何尋找，那麼我一定是在騙人。誠如第一章所述，哈利走失是不需徹底採用整套方法的那種問題，不過我確實曾在腦海中演練了一次本書提倡的所有步驟，而在腦中演練這套流程，目的在於幫助我從直覺／第一種思考模式（打電話給傭人，控訴她擅自帶走哈利，而且老實說，我很有可能在過程中出言不遜）轉換成反思／第二種模式。因此，這套方法不只幫助我們更快找回愛狗，也避免我落入最後必須向無辜的傭人道歉的尷尬下場。

至於園藝公司的人，我們只有稍加懷疑，沒有採取實際行動，實屬萬幸。

幾個禮拜後，哈利又不見了。那天我們沒有開除任何傭人，但當天正好也是星期三，跟之前幫忙整理草坪的工人造訪時同一天。我們只簡單做了貝氏分析，就得到這一切並非單純巧合的結論。因此，我們與園藝工人懇談了一番。托他們的福，從那次之後，哈利就不再突然消失了。

只能說，問題不是出在他們身上就是了。

回顧與補充

物極必反? 有人認為，事情太過順利不一定是好事，這反而可能侵蝕成功的根基，請參閱（Coman & Ronen, 2009）。

致
謝

誠摯感謝我親愛的好友兼老闆 Paula Sanders，是妳在過去幾年中不斷激勵我，並投入大量時間和我討論，這本書才能順利付梓出版。也感謝妳邀請我加入妳在萊斯大學的團隊，讓我有機會發展及檢驗書中的許多概念。

感謝 Tim van Gelder、Domenico Grasso、Ralph Biancalana、Jonathan Burton、Edward Kaplan、Hal Arkes、Matthew Juniper、Ken Homa 和 Roberta Ness，過去幾年中與你們的討論和交談讓我獲益良多。

沒有審稿的寶貴意見，這本書不會有現在的樣貌，因此我要特別感謝 Erwan Barret、Jon Bendor、François Modave、Tracy Volz、Jennifer Wilson 與 Petros Tratskas。

我的姊姊 Astrid Chevallier 提供了許多珍貴想法，很感謝她。也謝謝 Anastasio García、老媽、Eléonore 和 Thibaut 的鼓勵和支持。

和我一起合組 Kirby-sur-Seine 樂團的好友兼死黨 Frédéric Houville，是他讓我知道音樂可以提升一個人的策略思考能力。謝謝你，Fred！也要感謝 Philippe Gilbert 以身作則，讓我瞭解良好的人際關係有多重要。

我在萊斯大學的多位同事都曾幫助我整合及提升我的想法，雖然他們可能在無意間拉了我一把而不自知，但我還是想表達我真誠的感謝，尤其是 David Vassar、Matt Taylor、Seiichi Matsuda、Dan Carson、Celeste Boudreaux、Penny Anderson、Galina Dubceac、Susannah Mira、Nicole Van Den Heuvel、Kate Cross、Cindy Farach- Carson、Jana Callan、Antonio Merlo、Gia Merlo、Kathy Collins、Adria Baker、Kevin Kirby、John Olson、Paul Padley、Joe Davidson、Carlos Garcia、Richard Zansitis、Bob Truscott 和 Luigi Bai。此外，我也想特別感謝以前教過的幾位學生，包括 Mary Walker、David Warden、Luke Boyer、Saadiah Ahmed、Malaz Mohamad、James Hwang 和 Michael Sinai。

感謝亦師亦友的 Pol Spanos 這些日子以來的指導，我很懷念那些極具啟發的討論與交流，期待往後還有更多機會向你學習！我的優秀好友 Mariana Téllez 教導我如何像個律師一樣敏捷思考（當然是好的方面），以及如何更有效地提問以釐清事情真相，但願我能擁有她一半的勇氣，真的很感謝她。此外，我也要感謝 Alain Ogier（Papou）、Beatriz Ramos、Javier Arjona、José Alfredo Galván、Marta Sylvia Del Rio、Humberto Alanis、Francisco Azcúnaga、Mario Alanís、Michael

Kokkolaras、Stéphanie Page、Stuart Page、Ricardo Mosquera、María Emilia Téllez、Anthony Hubbard、Xavier Abramowitz、Nicolas Boyat、David Sandoz、Régis Clot、Jean Vincent Brisset 和 Konrad Wlodarczyk。

非常感謝原文版編輯 Courtney McCarroll 與 Abby Gross，是你們的優秀能力讓這次的合作無比愉悅，尤其感謝 Abby 很早就與我聯絡洽談這項計畫，並且堅持到最後。

最後謝謝妳，Justyna，感謝妳一直以來的陪伴；另外也要謝謝 William 忠心耿耿、不離不棄⋯⋯並為我提供這本書的靈感。

參考注釋／

第一章

1.（Grint, 2005）[pp. 1473-1474].

2. 後者相關文獻可參考（Polya, 1945）、（VanGundy, 1988）。

3.（Leach, 2013）.

4.（Holley, 1997）。可以想見，隔天耶魯學生在報紙上看見心愛的阿丹……在哈佛先生的雕像前開心地吃著漢堡，他們受到的心理創傷有多大。

5. 可參閱（David H. Jonassen, 2000）、（G. F. Smith, 1988）。

6.（Wenke & Frensch, 2003）[p. 90],（Mason & Mitroff, 1981）[p. 5].

7.（Simon, 1974）,（David H. Jonassen, 1997）,（Pretz et al., 2003）[p. 4],（S. M. Smith & Ward, 2012）[p. 462],（Mason & Mitroff, 1981）[p. 30].

8.（Bardwell, 1991）.

9.（David H. Jonassen, 2000）.

10.（Brightman, 1978）.

11.（United Nations）.

12.（Hayes, 1989）[p. 280].

13. 請參閱 Rittel 對於棘手問題的論述（Rittel, 1972）。

14. 請參閱（Blair, 2000）[p. 298]。

15.（Weiner, 2014）.

16.（Perkins & Salomon, 1989）,（Gauch, 2003）[pp. 2–3],（Grasso & Burkins, 2010）[pp. 1–10];（Kulkarni & Simon, 1988）[p. 140],（Sanbonmatsu, Posavac, Kardes, & Mantel, 1998）,（Sheppard, Macatangay, Colby, & Sullivan, 2009）[p. 175],（Katzenbach, 1993）,（Savransky, 2002）[p. 18],（M. U. Smith, 1991）[pp. 10–15],（Brown & Wyatt, 2010）.

17.（Theocharis & Psimopoulos, 1987）,（Manathunga, Lant, & Mellick, 2006）.

18.（National Research Council, 2012）[p. 76]. See also（Manathunga, Lant, & Mellick, 2007）.

19.（Chi, Bassok, Lewis, Reimann, & Glaser, 1989）,（David H. Jonassen, 2000）. See also（National Research Council, 2014）[pp. 53–55].

20.（Feynman, 1997）[pp. 36–37].

21. （Gawande, 2009）.

22. （Rousseau, 2006）,（Rousseau & McCarthy, 2007）,（Rousseau, 2012）,（Pfeffer & Sutton, 2006b）,（Pfeffer & Sutton, 2006a）.

23. 可參閱（Keith J. Holyoak & Koh, 1987）、（National Research Council, 2011a）[pp. 136–138]。

24. （National Association of Colleges and Employers, 2014）[p. 4].

25. 可參閱（Basadur, Runco, & Vega, 2000）、（Adams, 2001）[pp. 120– 121]、（Assink, 2006）、（Basadur, Graen, & Scandura, 1986）。如需瞭解探索可能選項所需的擴散式思考，請參閱（Reiter- Palmon & Illies, 2004）。

26. （S. M. Smith & Ward, 2012）[p. 465]、（VanGundy, 1988）[p. 5]、（Adams, 2001）[p. 121]。

27. 雖然我們偏好延後判斷的時間，但也有其他人主張在概念發想階段融入些許聚斂式思考。若想瞭解相關論述，請參考（Basadur, 1995）。

28. 請參閱（Hammond, Keeney, & Raiffa, 2002）[p. 53]。

29. （Twardy, 2010）.

30. （Research Councils UK, 2001）.

31. 其他列表可參閱（Reeves, Denicolo, Metcalfe, & Roberts, 2012）和（Careers Research and Advisory Centre, 2010）。

32. （Ness, 2012）.

33. （Wuchty, Jones, & Uzzi, 2007）.

34. （National Research Council, 2011a）[p. 61]，此外也可參閱（National Research Council, 2014）[p. 64]。

35. （Gauch, 2003）[pp. 269–270].

36. （Gauch, 2003）[p. 273].

37. （Karvonen, 2000）.

38. （Thomke & Feinberg, 2009）.

39. 援引於（Thomke & Feinberg, 2009）。

40. （Keith J. Holyoak, 2012）,（Keith J. Holyoak & Koh, 1987）,（National Research Council, 2011b）[pp. 136–138].

41.（Feynman, 1998）.

42.（Fischhoff, 1982）[p. 432].

43.（Arkes, Wortmann, Saville, & Harkness, 1981）.

44.（Klayman & Ha, 1987）,（Klayman & Ha, 1989）,（Nickerson, 1998）.

45.（Pfeffer & Sutton, 2006b）[p. 13].

46.（Grol, 2001）,（Heyland, Dhaliwal, Day, Jain, & Drover, 2004）,（Rauen, Chulay, Bridges, Vollman, & Arbour, 2008）. See also （Golec, 2009）,（Sheldon et al., 2004）,（Straus & Jones, 2004）.

47.（Sackett, Rosenberg, Gray, Haynes, & Richardson, 1996）,（Straus, Glasziou, Richardson, & Haynes, 2011）[p. 1].

48.（National Research Council, 2011a）[p. 28].

49. 可參閱（Allen, Bryant, & Vardaman, 2010）、（Pfeffer & Sutton, 2006b, 2007）、（Rousseau, 2006）與（Rousseau & McCarthy, 2007）。

50.（National Research Council, 2011b）[pp. 95–97],（National Research Council, 2011a）[pp. 2–4; 88, 91, 92].

51.（Pfeffer & Sutton, 2006b）[pp. 52–53].

52.（McIntyre, 1998）.

53.（Basadur, 1995）.

54.（Woods, 2000）.

55. 請參閱（Leung & Bartunek, 2012）[pp. 170–173]。

56.（National Research Council, 2014）[pp. 62–63].

57. 請參閱（National Research Council, 2011b）[pp. 155–156]、（Silver, 2012）[pp. 53–73]。

58.（Tetlock, 2005）[pp. 20–21].

59. 另請參閱（Graetz, 2002）、（Mintzberg, 1994）、（Liedtka, 1998）、（Heracleous, 1998）。

60.（Beaufre, 1963）[p. 23].

61.（Savransky, 2002）[p.4].

62.（Savransky, 2002）[p. 5]。如需更多問題分類，可參閱（G. F. Smith, 1988）、

（M. U. Smith, 1991）、（Bassok & Novick, 2012）、（Kotovsky, 2003）。另外也可參考（David H. Jonassen, 2000）[p. 67]，瞭解何為定義周全與定義模糊的問題。若要瞭解無傷大雅、有傷害性與重大問題，以及這些問題對於管理和領導階層人士的意義，請參考（Grint, 2005）[p. 1473]、（Rittel, 1972）。

63.（Strobel & van Barneveld, 2009），（David H. Jonassen, 2011）[pp. 153–158].

第二章

1.（von Winterfeldt & Edwards, 1986）[p. 31],（Rozenblit & Keil, 2002）。有關定義問題的重要性，也可參閱（L. L. Thompson, 2012）[p. 186]、（Markman, Wood, Linsey, Murphy, & Laux, 2009）[pp. 94–95] 與（Kaplan, 2011）[pp. 39–40]。

2. 請注意，說明方法的過程中，我們會交替使用「問題」和「專案」，就像「目標」與「目的」一樣。不過，高度複雜的專案（例如設計及建置地區性高速公路系統）可能需要更深入研究專案計畫，因此這些詞彙可能需要加以區隔，但我尚未找到一致的分類方法。請參閱（Eisner, 2002）[pp. 67–90] 或（Kerzner, 2003）[pp. 377–448]，以瞭解相關論述。

3. 若需其他範本，可參考（Davis, Keeling, Schreier, & Williams, 2007）。

4. 可參閱（Pretz, Naples, & Sternberg, 2003）[p. 9]、（Singer, Nielsen, & Schweingruber, 2012）[p. 76]、（Jonassen, 2000）、（DeHaan, 2011）。

5.（Thibodeau & Boroditsky, 2011）。這呼應了 Kahneman 與 Tversky 的研究，他們以不同方式呈現問題，有系統地翻轉了人們向來偏好的解決辦法（Tversky & Kahneman, 1981）。這些方法的影響可在許多情況中觀察得到；如需概略瞭解相關論述，請參閱（Levin, Schneider, & Gaeth, 1998）。

6.（Bardwell, 1991）.

7. After（Scapens, 2006）.

8.（Ness, 2012a）[p. 21].

9.（Brownell et al., 2009）。另請參閱（Institute of Medicine, 2014）[pp. 13–14]。

10.（Ness, 2012b）.

11.（Evans, 2012; Glockner & Witteman, 2010; Kahneman, 2003, 2011; Kahneman & Frederick, 2002; Stanovich & West, 2000）.

12.（National Research Council, 2011）[p. 123].

13.（Kahneman, 2011）[p. 79].

14.（National Research Council, 2011）[p. 122]。另可參閱（Kahneman & Klein, 2009）。

15. 請參閱（Gawande, 2009）[pp. 162–170]，瞭解成功投資人士為何將成就歸功於避免衝動使用第一種思考模式。此外，深潛人員的訓練也明確規定，採取行動前應先暫停動作，亦即「停下來、深呼吸、想一下、再動作」（PADI, 2009）。

16. 可參閱（Hammond, Keeney, & Raiffa, 2002）[p. 53]。

17.（L. Thompson, 2003）,（Adams, 2001）[p. 121].

18.（L. Thompson, 2003）.

19. 請參閱（Berger, 2010）[pp. 21–28]，瞭解設計師如何適時運用對事物的陌生感，獲致突破性成果。

20.（Sherman, 2002）[p. 221].

21.（Eisner, 2002）[pp. 67–68].

22.（National Research Council, 2011）[p. 177].

23. 關於允許相關人員參與，以及經由組織階層推行決策的正面影響，可參考（Ramanujam & Rousseau, 2006）[p. 823] 的討論。

24.（Steingraber, 2010）.

25. 專注探討核心問題是部分管理顧問的標準作業程序；請參閱（Davis et al., 2007）。

26.（Bardwell, 1991）.

27.（Grasso & Martinelli, 2010）.

28.（Eliasson, Hultkrantz, Nerhagen, & Rosqvist, 2009）.

29.（Eliasson, 2009）.

30.（Ness, 2012a）[p. 11].

31.（Bardwell, 1991），（Hammond et al., 2002）[p. 16, 20]，（Dougherty & Heller, 1994）.

32.（Ness, 2012b）。有關範圍的相關討論，也可參閱（Heuer & Pherson, 2011）[pp. 49–51]。

33.（Straus, Glasziou, Richardson, & Haynes, 2011）[p. 21].

34.（Thibodeau & Boroditsky, 2011）.

35.（Minto, 2009）[pp. 37–62].

36. 請參閱（Mackendrick, 2004）[pp. 22–26]。

37. 可參閱（Shaw, 1958）與第三章。

38.（McKee & Fryer, 2003）.

39.（J. M. T. Thompson, 2013）.

40. 請參考（Gershon & Page, 2001），裡面舉的例子可說明為何簡短易記的故事，效果會比條列式重點更為顯著。

41. 請參閱（McKee, 1997）[p. 189]。劇本創作中，難題稱為「引發事件」（McKee & Fryer, 2003），（Burke, 2014）[p. 295]。

42. 如需範例，可參考法國詩人 La Fontaine 的極簡派手法，他在寓言<兩隻公雞>中使用兩句簡潔的詩句就說明了一切：Deux coqs vivaient en paix : une poule survint,/ Et voila la guerre allumee（兩隻公雞和平共存，直到／母雞點燃了戰爭）（de La Fontaine, 1882）。

43.（Twardy, 2010），（Rider & Thomason, 2010）[p. 115].

44.（Twardy, 2010），（Rider & Thomason, 2010）[p. 115].

45.（Austhink, 2006）.

46.（Twardy, 2010）.

47.（MacDonald & Picard, 2009）。另請參閱（J. M. T. Thompson, 2013）。

48.（Smith, 1988）.

49. 這稱為沉沒成本謬誤（Arkes & Ayton, 1999; Arkes & Blumer, 1985）。

50.（Frame, 2003）[pp. 2–6].

51.（Mackendrick, 2004）[pp. 78–79].

52.（Rittel, 1972），（Bardwell, 1991）.

53. （Cousins, 1995）.

54. （von Winterfeldt & Edwards, 1986）[pp. 161–162].

55. （Efron, 1986）.

56. （Schauer, 2009）[p. 37].

第三章

1. （Brownlow & Watson, 1987）。這屬於分治法（divide and conquer approach）的例子，請參閱（Schum, 1994）[pp. 138–139]。

2. （Prime Minister' s Strategy Unit, 2004）[p. 91].

3. （Dube‑Rioux & Russo, 1988; Eisenfuhr et al., 2010; Fischhoff, Slovic, & Lichtenstein, 1978; Lee, Grosh, Tillman, & Lie, 1985; J. Edward Russo & Kolzow, 1994; Vesely, Goldberg, Roberts, & Haasl, 1981; von Winterfeldt & Edwards, 2007）.

4. （Bommer & Scherbaum, 2008）.

5. （Eisenfuhr et al., 2010; Kazancioglu, Platts, & Caldwell, 2005; Mingers, 1989; Quinlan, 1986, 1987）,（von Winterfeldt & Edwards, 1986）[pp. 63–89].

6. （Wojick, 1975）.

7. （Keeney, 1992）,（Goodwin & Wright, 2009）[p. 35]（Brownlow & Watson, 1987; von Winterfeldt & Edwards, 1986）.

8. （Eisenfuhr et al., 2010）,（Keeney, 1992）.

9. （Goodwin & Wright, 2009）[p. 103].

10. （Breyfogle III, 2003; Hackman & Wageman, 1995; Ishikawa, 1982）.

11. （Cavallucci, Lutz, & Kucharavy, 2002; Higgins, 1994）.

12. （Goodwin & Wright, 2009; Howard, 1989）（Eisenfuhr et al., 2010）[pp. 39–43],（Howard & Matheson, 2005）.

13. （Ohmae, 1982）.

14. （Mitchell, 2003）.

15. （Buzan, 1976; Davies, 2010）.

16. （Brinkmann, 2003; Novak, 1990; Novak & Canas, 2006）.

17.（Conklin, 2005）.

18.（Gelder, 2005; Heuer & Pherson, 2011; Reed, Walton, & Macagno, 2007; Twardy, 2010; Van Gelder, 2001, 2003, 2005）.

19.（T. Anderson, Schum, & Twining, 2005）[pp. 123–144],（Schum, 1994）[pp. 160–169].

20.（Hepler, Dawid, & Leucari, 2007）,（Fenton, Neil, & Lagnado, 2012）,（Vlek, Prakken, Renooij, & Verheij, 2013）.

21.（Duncker & Lees, 1945; Jansson & Smith, 1991; Pretz, Naples, & Sternberg, 2003; Smith & Blankenship, 1991; Smith & Ward, 2012; Smith, Ward, & Schumacher, 1993; van Steenburgh, Fleck, Beeman, & Kounios, 2012; Weisberg & Alba, 1981）,（Smith & Ward, 2012）[p. 467],（Pretz et al., 2003）[p. 19],（Linsey et al., 2010）.

22.（Estrada, Isen, & Young, 1997; Keinan, 1987）.

23.（Elstein & Schwarz, 2002; John S Hammond, Keeney, & Raiffa, 1998; Kahneman, 2011）,（Hora, 2007）[pp. 142–143].

24. Berner & Graber, 2008；Fischhoff, 1982；Klayman, Soll, Gonzalez-Vallejo, & Barlas, 1999；McKenzie, 1997; Taleb, 2007；Yates, Lee, & Shinotsuka, 1996）。另外也可參閱（Hora, 2007）[p. 144]。

25.（Chamberlin, 1965; Dunbar & Klahr, 2012a; Ness, 2012; Platt, 1964）（Ditto & Lopez, 1992; Dunbar & Klahr, 2012b; Macpherson & Stanovich, 2007; Nickerson, 1998）.

26.（Dunbar & Klahr, 2012b; Elstein, 2009; Macpherson & Stanovich, 2007）。此列表並不完整，如需深入瞭解偏誤與啟發法（heuristics）的缺陷，請參閱（Croskerry, 2002; Tversky & Kahneman, 1974）。

27.（Blessing & Ross, 1996; Buckingham Shum et al., 1997; Cox, Irby, & Bowen, 2006; Kulpa, 1994）.

28.（Brownlow & Watson, 1987）.

29.（Rider & Thomason, 2010; Twardy, 2010）.

30.（Bettman, Johnson, & Payne, 1991）.

31.（Larkin & Simon, 1987）.

32.（Baddeley, 2003; Green & Dunbar, 2012）.

33.（Baddeley, 1992; Dufresne, Gerace, Hardiman, & Mestre, 1992; Dunbar & Klahr, 2012b; Halford, Baker, McCredden, & Bain, 2005; Miller, 1956）、（Brownlow & Watson, 1987）、（Olson, 1996）[p. 10]。另請參閱（Simon, 1996）[pp. 66–67]。

34.（Assink, 2006; Baker & Sinkula, 2002）.

35.（McIntyre, 1997）.

36. 此過程呼應 Schum 的假設質變（mutation of hypotheses），請參閱（Schum, 1994）[pp. 192–194]。

37.（Joseph & Patel, 1990）.

38.（Hafner, 1987）.

39. 就技術上而言，尤其在統計的概念中，我們並非接受假設，而是無法反駁。詳見第四章。

40.（Twardy, 2010）。如需進一步瞭解機率上所謂的獨立，請參閱（Schum, 1994）[pp. 150–151]。

41. 請參閱（First, 2005）。

42.（De Bono, 1970）.

43.（Hurson, 2007）.

44.（Adams, 2001）.

45.（Maier, 1963）[pp. 125–126],（John S. Hammond, Keeney, & Raiffa, 2002）[p. 53].

46.（De Bono, 1970）.

47.（Schoemaker, 1995）.

48.（Sample & Bennis, 2002）。另請參閱（Berger, 2010）[pp. 61–66]，瞭解設計師如何突破傳統思考模式。

49.（Simon, 1972）.

50.（Simon, 1990）.

51. 請參閱（Simon, 1996）[pp. 28–29]。

52.（Fischhoff et al., 1978），另請參閱（Hora, 2007）[p. 143]。

53.（Osborn, 1953）.

54. 另請參考（Bo T. Christensen & Schunn, 2009）[pp. 48–49]。

55.（Ness, 2012）。探索不同選項能協助團體做出有效決策；請參考（Nixon & Littlepage, 1992）提出的實際證據與討論。

56.（Adams, 2001）.

57. 業界不乏鼓勵設計師運用對某個主題的陌生感，據以發揮創意；請參閱（Berger, 2010）[pp. 24–28]。另外也可參考（Thompson, 2011）[pp. 205–206]，瞭解鼓勵團隊接觸不尋常，甚至不正確的選項，最終能創造哪些價值。

58.（Elstein, 2009; Parnes, 1961; Reiter- Palmon & Illies, 2004; Shalley, Zhou, & Oldham, 2004）.

59. 可參閱（Andersen & Fagerhaug, 2006; Arnheiter & Maleyeff, 2005; Collins & Porras, 1996）。

60. 這個條件有點類似 Browne 的差異門檻概念（Browne & Pitts, 2004; Browne, Pitts, & Wetherbe, 2007）。

61.（Barrier, Li, & Jensen, 2003）.

62. Schum 提出的反事實主張（counterfactual assertion）與我們的洞察力概念相關。他指出，任何情況都有不同背景條件可以鎖定，重點在於必須挑出違反背景的適當條件（Schum, 1994）[pp. 149–150]。

63.（Prime Minister' s Strategy Unit, 2004）[p. 91].

64. 在人工智慧領域中，這些狀態統稱為值，請參閱（Quinlan, 1986）。

65. 可參閱（Isen, Daubman, & Nowicki, 1987; Martins & Terblanche, 2003; Oldham & Cummings, 1996; Shalley, 1995; Shalley et al., 2004; Spellman & Schnall, 2009）。若需範例，請參考（Gick & Holyoak, 1980）。

66.（Keith J. Holyoak, 2012）。請注意：本書並未特別區分類比與比喻。

67.（Gavetti & Rivkin, 2005; Keith J. Holyoak, 2012）.

68.（Keith J. Holyoak & Koh, 1987），（National Research Council, 2011）[pp. 136–138].

69.（Gentner, 1983）.

70.（Bo T. Christensen & Schunn, 2007; Smith & Ward, 2012）（Keith J.

Holyoak, 2012）[p. 240]。（這是比較之下的結果；請參閱（Enkel & Gassmann, 2010）的詳細討論。）

71. 這稱為功能固著（functional fixedness），可參閱（Bo T. Christensen & Schunn, 2009）[pp. 50–54]。

72.（Ness, 2012）[pp. 38– 39].

73.（Keith J. Holyoak, 2012）。另外也可參閱（De Bono, 1970; Dunbar & Klahr, 2012b; Gentner, 1983; Gentner & Toupin, 1986; Gick & Holyoak, 1980; Keith J. Holyoak & Thagard, 1989, 1997; Ribaux & Margot, 1999; Spellman & Holyoak, 1996）。

74. 可參考（Gronroos, 1997）。

75.（Van Waterschoot & Van den Bulte, 1992）.

76.（Pfister, 2010）.

77.（Ohmae, 1982）.

78. 請參閱 Duncker 於 1945 年提出的放射線問題（Duncker & Lees, 1945），且（Bassok & Novick, 2012）[p. 414] 中也有相關解說。

79. 範例請參閱（Wiebes, Baaij, Keibek, & Witteveen, 2007）[pp. 41–50]。

80.（Smith & Ward, 2012）[p.465].

81.（Ribaux & Margot, 1999）.

82.（Platt, 1964），（Chamberlin, 1965）。或者也能參閱（Tweney, Doherty, & Mynatt, 1981）[pp. 83–85] 的摘要概述。

83.（Nickerson, 1998）.

84.（van Gelder, 2003），（Twardy, 2010），（van Gelder & Monk, 2016）.

85.（Minto, 2009）.

86. 請參閱（C. Anderson, 2004）、（Brynjolfsson, Hu, & Smith, 2006）、（Brynjolfsson, Hu, & Simester, 2011）。

87. 請參閱（Orasanu, 2010）[pp. 158–159]。

88.（Pinar, Meza, Donde, & Lesieutre, 2010）.

89.（Leonhardt, 2005）.

90.（National Research Council, 2011）[p. 136]。另 請 參 閱（Schum,

1994）[pp. 126–130]，瞭解多餘特性的價值與缺點。

91.（Mahoney & DeMonbreun, 1977）.

第四章

1. 這就好比情境能將真實環境侷限在幾種可能狀態，進而簡化複雜的規劃工作（Schoemaker, 1995）。

2.（Anderson, Schum, & Twining, 2005）.

3.（Chamberlin, 1965）,（Platt, 1964）.

4.（Miller, 1956）；另請參閱（Cowan, 2000）。

5. 可參閱（Juran, 1975）、（Brynjolfsson, Hu, & Simester, 2011）。

6. 在哈利事件中，假設不只各自獨立，而且真正互相排斥，即任一假設成立會導致其他假設無法成立。所以，如果我們已利用分析圖妥善分析問題，答案就在這些假設之中（而且只有一個）。

7.（Platt, 1964）.

8.（Gauch, 2003）[p. 98].

9.（Mitchell & Jolley, 2009）[pp. 70–71].

10. 一種方法是將診斷性假設視為情境，亦即依照事件發生的次序有條理地加以呈現。請參閱（Vlek, Prakken, Renooij, & Verheij, 2013）。

11.（Klahr, Fay, & Dunbar, 1993）[p. 114].

12.（Macpherson & Stanovich, 2007）[p. 178].

13.（Anderson & Schum, 2005）[pp. 49–50].

14.（Hill, 1965）.

15.（Surowiecki, 2005）.

16.（Page, 2008）.

17.（Tversky & Kahneman, 1974）.

18.（Clarke & Eck, 2005）.

19.（D. Schum, Tecuci, Boicu, & Marcu, 2009）.

20.（K. N. Dunbar & Klahr, 2012）[p. 705].

21.（Gauch, 2003）[pp. 124–131, 269]。本書後續章節中，我會使用「證據」

一詞概括預設與證據的內涵。

22. 有關實證醫學的詳細介紹，可參閱（Rosenberg & Donald, 1995）。

23.（D. A. Schum, 1994）[p. 23].

24.（George & Bruce, 2008）[p. 174].

25.（Reichenbach, 1973）[pp. 100–103].

26.（Tecuci, Schum, Boicu, Marcu, & Russell, 2011）.

27.（Taleb, 2007）[pp. 40– 42].

28.（Gabbay & Woods, 2006; Kakas, Kowalski, & Toni, 1992; Pople, 1973）.

29.（Tecuci et al., 2011）.

30.（Pardo & Allen, 2008）.

31.（Van Andel, 1994）.

32.（K. N. Dunbar & Klahr, 2012）[p. 707].

33. 可參閱（Patel, Arocha, & Zhang, 2012）。

34.（Kell & Oliver, 2004）。另請參閱（D. A. Schum, 1994）[pp. 139–140]。

35.（Tecuci et al., 2011），（Tecuci, Schum, Marcu, & Boicu, 2014）.

36.（Doherty, Mynatt, Tweney, & Schiavo, 1979）.

37.（Taleb, 2007）[p. 41].

38.（Welch, 2015）[p. 69–77]。另請參閱（Gawande, 2015）、（R. B. Ness, 2012a）[p. 38]。

39. 請參閱（Oskamp, 1965）、（Son & Kornell, 2010），另請參考（Bastardi & Shafir, 1998）。

40.（Pope & Josang, 2005），（Oliver, Bjoertomt, Greenwood, & Rothwell, 2008）.

41.（Nisbett, Zukier, & Lemley, 1981），（Arkes & Kajdasz, 2011）[p. 157].

42.（Beyth- Marom & Fischhoff, 1983; Tweney, Doherty, & Kleiter, 2010）.

43.（Mitchell & Jolley, 2009）[p. 72].

44.（Welch, 2015）[pp. 114–115].

45.（Anderson et al., 2005）[p.74].

46.（D. A. Schum, 1994）[p. 33].

47.（Zimmerman, 2000）[p. 111]，（Klahr et al., 1993）[p.114].

48.（Platt, 1964）.

49.（Heuer, 1999; Heuer & Pherson, 2011）,（George & Bruce, 2008）[p. 185].

50.（Heuer, 1999）[pp. 95– 109],（Heuer & Pherson, 2011）[pp. 160–169].

51.（National Research Council, 2010）[p. 19].

52.（Twardy, 2010）。能整理證據並將其與假設建立連結的其他圖示工具，還包括威格摩爾圖表（Wigmore chart）和貝氏網路（Bayesian network，以物件為導向）；請參閱（Hepler, Dawid, & Leucari, 2007）。

53.（Twardy, 2010）.

54.（Twardy, 2010）.

55. 另請參閱 Schum 的聚斂性證據（convergent evidence）概念（D. A. Schum, 1994）[pp. 401– 409]。

56. 請參閱（King, 2010）。

57.（U.S. Senate Select Committee on Intelligence, 2008）.

58.（Tecuci et al., 2014）,（Tecuci et al., 2011）.

59.（Prakken, 2014）,另請參閱（von Winterfeldt & Edwards, 1986）[p. 171]。

60. 可參閱（Anderson et al., 2005; D. A. Schum, 2009）、（Boicu, Tecuci, & Schum, 2008）。

61.（Anderson et al., 2005）[p. 62].

62.（Anderson et al., 2005）[pp. 64–66].

63.（Anderson et al., 2005）[p. 71].

64.（Boicu et al., 2008）.

65. 避免使用括號中的說法，若不得已必須使用，也應極為謹慎，因為技術上沒有所謂的確認或接受假設。如需更深入的討論，請繼續參閱下文。

66.（Klayman & Ha, 1987, 1989; Mahoney & DeMonbreun, 1977; Snyder & Swann, 1978; Wason, 1960）（K. N. Dunbar & Klahr, 2012）[p. 705].

67.（Klayman & Ha, 1987）.

68.（Wason, 1960）。如需詳細討論，請參閱（Michael E Gorman & Gorman, 1984）。

69.（Popper, 2002）。另請參閱（D. A. Schum, 1994）[p. 28]。

70. 不過在本書中，我們仍然使用「接受」而非「無法反駁」，期能讓敘述更為清晰易懂。

71. （Klayman & Ha, 1987）[p. 214]。另請參閱（Oreskes, Shrader- Frechette, & Belitz, 1994）、（McIntyre, 1998）。

72. （Taleb, 2007）.

73. （Platt, 1964）.

74. （Anderson et al., 2005）[p. 257].

75. （Mahoney & DeMonbreun, 1977）.

76. （Cowley & Byrne, 2005）.

77. （Cowley & Byrne, 2004）.

78. （Tweney, Doherty, & Mynatt, 1981）[pp. 81–82].

79. （National Research Council, 2011b）[p. 132].

80. 請參閱（E. Dawson, Gilovich, & Regan, 2002）。

81. （Michael E. Gorman, Gorman, Latta, & Cunningham, 1984）,（Mynatt, Doherty, & Tweney, 1978）,（Tweney et al., 1980）.

82. （Tweney et al., 1980）[pp. 110–111].

83. 請參閱（Mynatt et al., 1978）[p. 405]。同時尋找正反兩面的證據與分庭抗禮式的做法有一些共通之處，像是英美司法體系就是很好的範例。該體系由正反兩方提供證據，交互分析後再判定事實真相（或盡可能接近真相）（Schauer, 2009）[p. 208]。另外也可參考（D. Schum et al., 2009）、（D. A. Schum, 1994）[pp. 55–58]。

84. （P. Thagard, 1989）.

85. （Zlotnick, 1972）.

86. （Kell & Oliver, 2004; R. B. Ness, 2012b; Van Andel, 1994）,（Fine & Deegan, 1996; Vale, Delfino, & Vale, 2005）,（Cannon, 1940）.

87. （R. Ness, 2013）.

88. （Andre, Teevan, & Dumais, 2009）.

89. （Van Andel, 1994）.

90. （Van Andel, 1994）。Pasteur 的說法也同樣貼切：「就觀察來說，機會

是留給做好準備的人」，也就是「毫無成見」的意思，請參閱（Cannon, 1940）。

91.（Tversky & Kahneman, 1974），（Tversky & Kahneman, 1973）.

92.（Lord, Ross, & Lepper, 1979）.

93.（Tim van Gelder, 2005）.

94.（Wason, 1960）.

95.（Davis, 2006）.

96.（Bazerman & Moore, 2008）[p. 179].

97.（Tenenbaum, Kemp, Griffiths, & Goodman, 2011）.

98. 可參閱（Phillips & Edwards, 1966）。

99. 這個例子出自（Gauch, 2003）[pp. 226–232]。

100. 關於使用貝氏定理時該如何設定事前機率，始終眾說紛紜，備受爭議；請參閱（D. A. Schum, 1994）[pp. 49–51] 的討論，另外也可參閱（Prakken, 2014）、（Puga, Krzywinski, & Altman, 2015）、（Cousins, 1995）和（Gustafson, Edwards, Phillips, & Slack, 1969），以瞭解需要考慮的相關因素。

101.（Zlotnick, 1972）。Fenton 等人也提出類似看法，請參閱（Fenton, Neil, & Lagnado, 2012）[p.9]。

102.（Kent, 1964）.

103.（National Research Council, 2011b）[pp. 84–85]。值得注意的是，只考慮機率的範圍，而非單一數值，就能大幅減少這類困難。請參閱（Fenton et al., 2012）[pp. 7–8]、（Fenton & Neil, 2010）。

104.（Fisk, 1972）.

105. 可參閱（Blumer, Ehrenfeucht, Haussler, & Warmuth, 1987）、（Gauch, 2003）[p. 269]。

106.（Pardo & Allen, 2008）[p. 230]。Thagard 對於最佳選擇的定義，是同時滿足融通、簡約和類比等標準，請參閱（P. R. Thagard, 1978）[p. 89]。

107.（Gauch, 2003）[p. 269],（McIntyre, 1998）.

108.（Gauch, 2003）[p. 274].

109.（Platt, 1964），（Chamberlin, 1965）.

110.（Oreskes, 2004）.

111.（Gawande, 2011）.

112.（Pfeffer & Sutton, 2006）[p. 87].

113.（Lemann, 2015）.

114.（Russell, Norvig, Canny, Malik, & Edwards, 1995）[p. 74].

115. 請參閱（Ringle, 1990）、（Rowley, 2007）。

116.（T. van Gelder, 2008）。另請參閱（National Research Council, 2010）[pp. 18–21]。

117.（Rowe & Reed, 2010）.

118.（National Research Council, 2011a）[p. 34],（Arkes & Kajdasz, 2011）[p. 147],（Spellman, 2011）[p. 118],（N. V. Dawson et al., 1993）.

119.（Giluk & Rynes- Weller, 2012）[p. 150],（Philips et al.）,（Barends, ten Have, & Huisman, 2012）[pp. 35–36],（Shekelle, Woolf, Eccles, & Grimshaw, 1999）.

120.（Thompson et al., 2012）[p. 818],（Schunemann et al., 2006）[p. 612].

121.（Klayman & Ha, 1987）[p. 211]。另請參閱（Koriat, Lichtenstein, & Fischhoff, 1980）[p. 117] 和（Edwards & Smith, 1996）。

122.（E. Dawson et al., 2002）。Thagard 也有類似的觀察，他將第一種機制稱為預設路徑，第二種稱為反映路徑（P. Thagard, 2005）。另請參閱（Nickerson, 1998）[p. 187]。

123.（Church, 1991）.

124.（Ask, Rebelius, & Granhag, 2008）.

125. 請參閱（Neustadt & May, 1986）[pp. 152–156] 和（Fischhoff & Chauvin, 2011）[p. 165]。

126.（Hill, 1965）.

127.（Maxfield & Babbie, 2012）[p. 55].

128.（Maxfield & Babbie, 2012）[p. 58].

129.（Hoffman, Shadbolt, Burton, & Klein, 1995）.

130.（Cornell University Law School）.

131.（Koriat et al., 1980）.

132.（Arkes & Kajdasz, 2011）[p. 150].

133.（Bex & Verheij, 2012）.

134.（National Research Council, 2011b）[p. 129].

135.（M. Dunbar, 1980）.

136.（Michael E. Gorman et al., 1984）.

137.（Patel et al., 2012）.

138.（Van Andel, 1994）.

139.（Anderson et al., 2005）.

第五章

1. 援引自（Verberne, 1997）。

2. 早在三十年前，Rusell Ackoff 在一棟辦公大樓中發現類似的問題，最後也用相同的辦法解決；請參閱（Mason & Mitroff, 1981）[p. 25]。

3.（John S. Hammond, Keeney, & Raiffa, 2002）[p. 45].

4.（Fisher, Ury, & Patton, 1991）[p. 57].

5. 請參閱（Rider & Thomason, 2010）[p. 115]。

6. 如需其他方法，另請參閱（Prime Minister's Strategy Unit, 2004）[pp. 107–111] 和（Linsey et al., 2011）。

7.（Geschka, Schaude, & Schlicksupp, 1976）.

8.（Osborn, 1953）[pp. 297–308].

9. 有關 IDEO 的介紹，請參閱（T. Brown, 2008）和（Kelley, 2001）[pp. 53–66]。

10.（Oxley, Dzindolet, & Paulus, 1996）,（Kavadias & Sommer, 2009）.

11. 可參閱（B. Mullen, Johnson, & Salas, 1991）、（Diehl & Stroebe, 1987）、（Vroom, Grant, & Cotton, 1969）和（Paulus, Larey, & Ortega, 1995）。

12.（L. Thompson, 2003），另外也可參閱（L. L. Thompson, 2011）[pp. 212–215]。

13.（Bettenhausen, 1991）.

14.（Kohn & Smith, 2011）.

15.（Diehl & Stroebe, 1987）.

16.（Kelley, 2001）[pp. 56–58].

17.（Kavadias & Sommer, 2009）、（L. Thompson, 2003）、（Hong & Page, 2001）。另請參閱（National Research Council, 2014）[p. 64]。

18.（Ancona & Caldwell, 1992）.

19.（Jones, 1998）[pp. 72–79].

20.（Geschka et al., 1976）[p. 49].

21.（Oxley et al., 1996）[p. 644].

22. 另外也能參考（Madson, 2005）[pp. 32–33]，即興加入「箴言創作」練習。

23.（Diehl & Stroebe, 1987）[p.508].

24.（L. Thompson, 2003）.

25.（John S. Hammond, Keeney, & Raiffa, 1998）.

26.（Heslin, 2009）、（L. Thompson, 2003）[p.104]。另請參閱（L. L. Thompson, 2011）[pp. 205–206]，瞭解由團隊成員獨自實行擴散式思考的優勢。

27.（Paulus & Yang, 2000）[p.84].

28.（Dalkey & Helmer, 1963）.

29.（Rowe & Wright, 2001）.

30.（L. Thompson, 2003）[p.104].

31.（V. R. Brown & Paulus, 2002）.

32.（Smith & Ward, 2012）[p.469].

33.（Katz & Allen, 1982）.

34.（Duncker & Lees, 1945），（Bassok & Novick, 2012）[p. 414].

35.（Gick & Holyoak, 1980）.

36.（Orlando, 2015）.

37.（De Bono, 1970）[p.105].

38.（John S. Hammond et al., 2002）[p. 49].

39.（ John S. Hammond et al., 2002）[p. 49].

40.（Welch, 2015）[pp. 28–34].

41.（R. B. Ness, 2012）[pp. 38–39]，請參閱第三章；另外也可參考（Welch, 2015）[pp. 58–61]。

42.（Seelig, 2009）[pp. 37–38].

43.（Posner, 1973）.

44. 隨著科技不斷創新，雲端儲存問世之後，USB 隨身碟同樣必須面臨式微的命運，請參閱（Kaur, Kumar, & Singh, 2014）。

45. 可參閱（R. Ness, 2013）[pp. 4–5]。

46.（Finke, Ward, & Smith, 1992）[p. 33].

47.（Nemeth, Personnaz, Personnaz, & Goncalo, 2004）.

48.（Shah, Smith, & Vargas- Hernandez, 2003）.

49.（John S. Hammond et al., 2002）[pp. 52– 53]。另請參閱（VanGundy, 1988）[pp. 71–210]、（Smith & Ward, 2012）[p. 469]、（Clapham, 2003）、（Snyder, Mitchell, Ellwood, Yates, & Pallier, 2004）。

50.（Poincaré, 1908）中寫道：「一事無成讓我灰心喪志，於是我跑到海邊住了幾天，思考全然不同的事情。有一天，我沿著懸崖散步，一時間靈光乍現，而且一如往常，靈感總是來得急促短暫又突然，心中頓時浮現一股篤定踏實的感覺……。」原文援用（Gray, 2013）[p. 220] 的翻譯版本。

51. 另請參閱（L. L. Thompson, 2012）[pp. 186– 187]，瞭解如何藉由第三方的參與化解協商僵局。

52. 物理學家 Michael McIntyre 認為，寫作上語言變化的價值受到高估。他表示，「以清楚易讀、傳達資訊為目的的風格寫作，通常重複現象會比讀者的預期更多，同時變化較少。」（McIntyre, 1997）

53. 論述的平行結構的確是 MECE 的必要條件，因此要是某一分類出現不平行的元素，很容易就能察覺及修改。

54.（McLeod et al., 1996）[p. 257],（Hoffman & Maier, 1961）[p. 407],（Watson, Kumar, & Michaelsen, 1993）.

55.（John S. Hammond et al., 2002）[p. 50].

56. 請參閱（Kozlowski & Bell, 2003）[p. 13] 的綜合評述。

57.（Jehn et al., 1999）,（Hoffman & Maier, 1961）.

58.（National Research Council, 2011a）[p. 64]。另請參閱（Jeppesen & Lakhani, 2010）。

59.（Hong & Page, 2004）.

60. （Page, 2007） [pages xxvi, xxix, and 10].

61. （Watson et al., 1993）.

62. （Williams & O'Reilly, 1998）

63. （Ancona & Caldwell, 1992）

64. （Page, 2007） [p. 5 and xxix]。另請參閱（Mannix & Neale, 2005）[p. 32] 的綜合評述，若想瞭解不宜強調多樣性的各種情況，可參閱（Eesley, Hsu, & Roberts, 2014）。

65. 請參閱（Nemeth et al., 2004） [p. 368]，其中援引了 Dugosh、Paulus、Roland 與 Yang （2000）等人的研究。

66. （Ginnett, 2010） [p. 92]。請參閱（Turner & Pratkanis, 1998）和（L. L. Thompson, 2011） [pp.157–165]。

67. 如需綜合評述，請參閱（Mathieu, Maynard, Rapp, & Gilson, 2008） [p. 438]。

68. 請參閱（L. Thompson, 2003）的詳細說明。

69. （Scott, Leritz, & Mumford, 2004）。另請參閱（Basadur, Graen, & Scandura, 1986）。

70. （Osborn, 1948）.

71. 請參閱（VanGundy, 1988） [p.73–74] 的分類。

72. （Guilford, 1956）.

73. （P. M. Mullen, 2003）.

74. （Vroom et al., 1969）.

75. （Page, 2007），（Hargadon & Sutton, 1997），（Loewenstein, 2012） [p. 762].

76. （National Research Council, 2011a） [p. 27].

77. （Jehn, Northcraft, & Neale, 1999）.

78. （McLeod, Lobel, & Cox, 1996）.

79. （Page, 2007）.

80. （Sutton & Hargadon, 1996）.

81. （Van de Ven & Delbecq, 1974）.

82. （Uzzi & Spiro, 2005），（Lehrer, 2012）.

第六章

1.（Simonsohn, 2007）。其他例子請參閱（Ariely & Loewenstein, 2006）。

2.（Ralph L Keeney, 1982）[p. 806].

3. 有關此主題的詳細說明，請參閱（Goodwin & Wright, 2009）[pp. 13–30]、（Ralph L Keeney, 1992）、（Eisenfuhr, Weber, & Langer, 2010）、（Luce & Raiffa, 1957）和（von Winterfeldt & Edwards, 1986）。

4.（Gauch, 2003）[p. 128].

5. 也能選擇從投資報酬以外的角度評估專案，請參閱（Archer & Ghasemzadeh, 1999）的討論。

6.（van Gelder, 2010）.

7.（Leebron, 2015）.

8.（Archer & Ghasemzadeh, 1999）.

9.（Pfeffer & Sutton, 2006a）[p. 5].

10.（Denrell, 2003）；另請參閱（Bazerman & Moore, 2008）[pp. 18–21]，瞭解為何容易發生回憶偏誤，或因為資訊可回溯程度不同而產生偏見。

11.（Rousseau, 2006）[p. 257].

12.（Pfeffer & Sutton, 2006b）[pp. 6–8].

13.（Pfeffer & Sutton, 2006a）.

14.（Abrahamson, 1996）.

15.（Tversky & Kahneman, 1974）.

16.（Pfeffer & Sutton, 2006a）.

17.（Axelsson, 1998）.

18.（Pfeffer & Sutton, 2006a）.

19.（Sherman, 2002）[pp. 221–222].

20.（U.S. Preventive Services Task Force, 1989）、（Grimes & Schulz, 2002）。另請參閱（Schunemann et al., 2006）、（Schunemann et al., 2008）、（Barends, ten Have, & Huisman, 2012）[pp. 35–37]。

21.（Thompson, 2013）.

22.（Open Science Collaboration, 2015）。另請參閱（Ioannidis, 2005）。

23. 請參閱（Pfeffer & Sutton, 2006b）[pp. 45–46]。

24. 請參閱（Arkes & Kajdasz, 2011）[pp. 157–161] 與第四章。

25.（Pfeffer & Sutton, 2006b）[pp. 18–21]。

26.（National Research Council, 2011）[p. 130]。另請參閱（Armstrong, 2001）與（Schum, 1994）[pp. 124–126] 對於佐證性證據（corroborative）和匯聚性證據（converging evidence）的說明。

27. 可參閱（Tsuruda & Hayashi, 1975）。

28. 第二次世界大戰中，同盟國仰賴彼此相距遙遠的監聽站鎖定德國潛艦的位置，詳見（Blair, 2000）[p. 76]。

29.（National Research Council, 2011）[p.177]。另請參閱（Cottrell, 2011）[pp. 142–144] 和（Institute of Medicine, 2014）[pp. 69–77]。

30.（Gauch, 2003）[p. 131]。

31.（Kahneman, Slovic, & Tversky, 1982），（Bazerman & Moore, 2008）[p. 179]，（Makridakis & Gaba, 1998）[pp. 12– 13]。

32. 可參閱（Dawes & Corrigan, 1974）和（Dawes, 1979）。

33. 可參閱（Goodwin & Wright, 2009）[p. 34]。

34.（Edwards, 1977）.

35.（Ralph L. Keeney & Raiffa, 1993）[p. 50]。另請參閱（Ralph L Keeney, 2007）[pp. 117–118]。

36.（Edwards, 1977）[p. 328]。

37.（Goodwin & Wright, 2009）[p. 38]、（Edwards, 1977）。這屬於直接評分法。若需其他方法，請參閱（Eisenfuhr et al., 2010）[pp. 113–122]。

38.（Lord et al., 2007）。另請參閱（Weiss, Slater, & Lord, 2012）。

39.（Goodwin & Wright, 2009）[pp. 38–39]。

40.（Edwards & Barron, 1994）[p. 316]。

41. 可參閱（Goodwin & Wright, 2009）[p. 64–65]。

42.（Olson, 1996）[p. 46]。

43. 如需在分析中使用最多 16 個屬性的 ROC，請參閱（Edwards & Barron, 1994）。

44.（Goodwin & Wright, 2009）[p. 46].

45. 這稱為扁平型最大值（flat maxima），請參閱（Goodwin & Wright, 2009）[p. 50]。

46.（Goodwin & Wright, 2009）[pp. 54–55].

47.（Simons & Chabris, 1999）、（Simons, 2000）。這項實驗是以 Becklen 和 Cervone 的研究結果（Becklen & Cervone, 1983）為基礎。

48.（Watkins, 2004）.

49.（Medawar, 1979）[p. 17].

50. 可參閱（Pfeffer & Sutton, 2006b）[p. 149–150]。

51.（Weick, 1984）.

52.（Van Buren & Safferstone, 2009）.

53.（Anderson, 2004）.

54.（Pratkanis & Farquhar, 1992）.

55.（Bazerman & Moore, 2008）[pp. 179–199].

56.（Rousseau, 2012）[p. 68]；另請參閱（Edwards & Barron, 1994）[p. 310]。1.（Simonsohn, 2007）。其他例子請參閱（Ariely & Loewenstein, 2006）。

第七章

1.（Bumiller, 2010）.

2.（Keisler & Noonan, 2012）.

3. 可參閱（Alley, 2003）[p. 28]。

4.（Abela, 2008）[p. 31].

5.（Burke, 2014）[pp. 293–294].

6.（Alley, 2013）[pp. 35–39].

7.（Shaw, Brown, & Bromiley, 1998）,（McKee & Fryer, 2003）.

8.（Abela, 2008）[p. 65].

9.（McKee & Fryer, 2003）。如需更多有關說故事的詳細說明，另請參閱（Woodside, Sood, & Miller, 2008）、（Barry & Elmes, 1997）、（Lounsbury & Glynn, 2001）和（Kosara & Mackinlay, 2013）。

10.（Holley, 2014）.

11. 例如，提倡以證據引導決策是非比尋常的做法，簡直值得登上報紙版面（詳見 [Dionne, 2014]）。

12. 可參閱（Giluk & Rynes- Weller, 2012）[p. 146–148, 151]、（McCroskey & Teven, 1999）和（Alley, 2013）[pp. 95–101]。

13.（Konnikova, 2014）.

14.（Bartunek, 2007）.

15. 這是經由邊緣途徑（peripheral route）說服他人的一種例子，請參閱（Petty & Cacioppo, 1984）。

16.（Pfeffer & Sutton, 2006）[pp. 45–47].

17.（Sherman, 2002）[p. 221]。另請參閱第二章。

18.（Yalch & Elmore- Yalch, 1984）[p. 526],（Artz & Tybout, 1999）[p. 52].

19.（McKee & Fryer, 2003）.

20.（Allen, 1991）、（Williams, Bourgeois, & Croyle, 1993）、（Arpan & Roskos- Ewoldsen, 2005）。另請參閱（Pechmann, 1992）和（Pfeffer & Sutton, 2006）[pp.47– 48]。

21.（Mobius & Rosenblat, 2006）、（Eagly, Ashmore, Makhijani, & Longo, 1991）、（Langlois et al., 2000）、（L. L. Thompson, 2012）[pp. 163–164]。另請參閱（Brooks, Huang, Kearney, & Murray, 2014）和（Zuckerman & Driver, 1989）。

22.（Nickerson, 1998）.

23.（L. L. Thompson, 2012）[p. 156].

24.（Goodwin & Wright, 2009）[p.244].

25.（McKee & Fryer, 2003）.

26. 具說服力的論述不一定有效，反之亦然。如需詳細探討，請參閱（Schum, 1994）[pp. 22–23]。

27.（Zelazny, 2006）[pp. 53–55].

28.（Kosslyn, 2007）[p. 25].

29．（Zelazny, 2006）[pp. 53–55].

30．（Dalal & Bonaccio, 2010）.

31．（Gino, 2008）.

32．這在多媒體學習中稱為連貫原則（coherence principle），請參閱（Mayer & Fiorella, 2014）。本章也會詳加說明。

33．（Alley, 2013）[pp. 59–67].

34．（Minto, 2009）.

35．（Zelazny, 2006）[pp. 45–46].

36．改編自 Zelazny 所舉的例子，詳見（Zelazny, 2006）[pp. 46–47]。

37．（Keisler & Noonan, 2012）.

38．（Zelazny, 2006）[p. 51].

39．可參閱（Edward R Tufte, 2003）。

40．（Keisler & Noonan, 2012）.

41．可參閱（Alley, 2013）[pp. 105–128]、（J. Garner & Alley, 2013）和（Alley & Neeley, 2005）。

42．（Duarte, 2008, 2010; Reynolds, 2011），（Alley, 2013）[p. 184].

43．（Alley, 2013）[p. 172].

44．（J. Garner & Alley, 2013）；另請參閱（Mayer & Fiorella, 2014）。

45．（Butcher, 2014）.

46．（Mayer & Fiorella, 2014）.

47．（Mayer & Fiorella, 2014）.

48．（Mayer & Pilegard, 2014）.

49．（Mayer & Fiorella, 2014）.

50．（van Gog, 2014）.

51．（J. Garner & Alley, 2013）.

52．（Alley, 2003, 2013; Alley & Neeley, 2005），（Doumont, 2005; Keisler & Noonan, 2012）.

53．（Doumont, 2009）[p. 99].

54．（J. Garner & Alley, 2013）。這與修辭一致性的概念有關，可參閱（Roche,

1979）[pp. 2–4]。

55.（Alley, 2013）[pp. 119–120],（J. K. Garner, Alley, Wolfe, & Zappe, 2011）,（J. Garner & Alley, 2013）.

56.（Alley, 2013）[p. 131].

57.（J. K. Garner et al., 2011）,（J. Garner & Alley, 2013）.

58. 有關技術性溝通方面的說明，請參閱（Doumont, 2005）和（Alley & Neeley, 2005）；若想瞭解多媒體學習理論，則請參閱（J. Garner & Alley, 2013）。

59.（Kawasaki, 2004）[p. 46].

60.（J. M. T. Thompson, 2013）.

61.（Truffaut & Scott, 1983）[p. 17].

62.（Mackendrick, 2004）[p. 32].

63. 請參閱（Roche, 1979）。

64.（Alley, Schreiber, Ramsdell, & Muffo, 2006）,（J. K. Garner et al., 2011）.

65.（Alley, 2003）[p. 126].

66.（Alley, 2013）[pp. 132–133].

67.（Alley, 2013）[pp. 133–137].

68.（Doumont, 2005）[p. 68].

69.（Doumont, 2005）[pp. 99–102].

70.（McIntyre, 1997）.

71.（Hoadley, 1990）[p. 125],（Abela, 2008）[p. 103].

72.（Zelazny, 1996）.

73.（Duarte, 2008）[p. 259].

74.（Alley, 2013）[pp. 159–161],（Doumont, 2005）.

75.（Abela, 2008）[pp. 103–104].

76.（Alley & Neeley, 2005）、（Alley, 2013）[pp. 132, 138]。另請參閱（Berk, 2011）。

77.（Kawasaki, 2008）.

78.（Mackiewicz, 2007a）.

79.（Mackiewicz, 2007a）,另請參閱（Alley, 2013）[pp. 132, 154–155]。

不過，sans serif字型的優勢依然眾說紛紜，請參考（Abela, 2008）[p. 102]的討論。

80.（Alley & Neeley, 2005），（Alley, 2013）[pp. 132, 155].

81.（Alley & Neeley, 2005）.

82.（Orwell, 1970）[p. 139].

83.（Strunk, 2015）[p. 27].

84.（Kalyuga, Chandler, & Sweller, 2004），（Jamet & Le Bohec, 2007），（Mayer, Heiser, & Lonn, 2001），（Mayer & Fiorella, 2014）[p. 279].

85.（Kalyuga & Sweller, 2014）。另請參閱（Kalyuga, Chandler, & Sweller, 2000）：「指導某一領域的初學者時，最有效的方法是使用視覺化圖表，並配合口頭說明同步解釋。」

86.（Doumont, 2005）.

87. 請 參 閱（Bergen, Grimes, & Potter, 2005）[p. 333] 和（Kalyuga & Sweller, 2014）[p. 259]。

88.（Mayer & Fiorella, 2014），（Alley, 2013）[pp. 112–113]，（Bartsch & Cobern, 2003）.

89.（Spence & Lewandowsky, 1991）.

90.（Booth, Colomb, & Williams, 2003）[p. 220]，（Koomey, 2008）[pp. 177–185].

91.（Alley, 2013）[pp. 39–41].

92.（Alley, 2013）[pp. 181–183].

93.（Mayer et al., 2001），（Mayer, 2014）[p. 8]，（Kalyuga & Sweller, 2014）[p. 255]，（J. Garner & Alley, 2013）.

94.（Shah & Hoeffner, 2002）.

95. 請參閱（Zelazny, 1996）、（Abela, 2008）[p. 99]、（Visual- literacy. org）、（Analytics）和（Jarvenpaa & Dickson, 1988）。

96.（Forsyth & Waller, 1995; Shah & Hoeffner, 2002），（Fischer, 2000）[p. 161]，（Mackiewicz, 2007b），（Duarte, 2008）[pp. 76–77].

97. 請參閱（Abela, 2008）[p. 99]。

98.（Zelazny, 1996）[p. 35].

99.（Yau, 2011）.

100.（Viegas, Wattenberg, Van Ham, Kriss, & McKeon, 2007）.

101.（Shah & Hoeffner, 2002）.

102. 如需更多概念圖的範例，請參閱（Duarte, 2008）[pp. 44–61]。

103.（Edward R. Tufte, 2001）[pp. 40–41].

104.（Kosslyn, 1989）.

105.（Duarte, 2008）[pp. 96–97].

106.（J. Garner & Alley, 2013）,（Markel, 2009）.

107.（Alley, 2013）[pp. 207, 224],（Collins, 2004）.

108.（Menzel & Carrell, 1994）.

109.（Smith & Frymier, 2006）.

110.（Flynn, 2003）,（Parks & Komorita, 1998）,（Cialdini, 2001b）[p. 20].

111. 可參閱（Alley, 2013）[pp. 106–107]。

112.（Gelula, 1997）.

113.（Collins, 2004）.

114. 如需有關動作的更多建議，請參閱（Alley, 2013）[pp. 248–250]、（Collins, 2004）和（Gelula, 1997）。

115.（Keisler & Noonan, 2012）.

116.（Lussier & Achua, 2007）[p. 202].

117.（Kosslyn, 1989）[p. 53].

118.（Doumont, 2009）[p. 117]。另請參閱（Alley, 2013）[pp. 264–268]。

119. 另請參閱（Davis, Keeling, Schreier & Williams, 2007）。

120. 請參閱（Nisbett, Zukier, & Lemley, 1981）、（Arkes & Kajdasz, 2011）[p. 157] 和第四章。

121.（Dunbar & Klahr, 2012）[p. 706].

122.（Castka, Bamber, Sharp, & Belohoubek, 2001; Kerr & Bruun, 1983）（Levi, 2011）[p. 60].

123. 可參閱（National Research Council, 2011）[p. 164]。

124.（Gardner, 2006）[pp. 15–18].

125.（Alley, 2003）[p. 27].

126.（Martens, Jennings, & Jennings, 2007）.

127.（Lidwell, Holden, & Butler, 2010）[pp. 140–141]，（Mindich, 1998）[pp. 64–94].

128.（Keisler & Noonan, 2012）.

129.（Mayer, 2014）.

130.（Alley, 2013）[p. 116].

131.（Duarte, 2008, 2010; Reynolds, 2011）.

132.（Kalyuga et al., 2004）[p. 579].

133.（Keisler & Noonan, 2012）.

134.（Alley, 2013）.

135.（Mayer & Fiorella, 2014）.

136.（Cialdini, 2001a）.

137.（Hoy & Smith, 2007）.

138.（Tversky, Morrison, & Betrancourt, 2002），（Abela, 2008）[p. 105].

139.（The Economist, 2013）.

第八章

1. 由於專案與團隊管理涉及的範圍廣泛，因此這裡只稍加介紹。如需詳細說明，可參閱（Thompson, 2011）、（Kerzner, 2003）、（Soderlund, 2004）。

2. 可參閱（Pellegrinelli, Partington, Hemingway, Mohdzain, & Shah, 2007）、（Appleton- Knapp & Krentler, 2006）、（Kappelman, McKeeman, & Zhang, 2006）、（Schmidt, Lyytinen, & Mark Keil, 2001）、（Hartman & Ashrafi, 2002）、（Wright, 1997）。

3. 可參閱（Meredith & Mantel Jr, 2009）[pp. 342–344]。

4.（Atkinson, 1999）、（Frame, 2003）[p. 6]。另請參閱（White & Fortune, 2002）。

5. 可參閱（Parmenter, 2007）[pp. 1–17]。

6. （Bryant, 2010）.

7. （Cartwright & Schoenberg, 2006）.

8. （Cartwright & Cooper, 1993）.

9. （Frame, 2003）[pp. 18–19, 29–36].

10. 可參閱（Fletcher et al., 2003; R. Flin & Maran, 2004; R. Flin, O' Connor, & Mearns, 2002; Helmreich, 2000; Yule, Flin, Paterson- Brown, & Maran, 2006）。

11. （D. G. Ancona & Caldwell, 1992）。另請參閱（Cronin & Weingart, 2007）。

12. （Woolley, Chabris, Pentland, Hashmi, & Malone, 2010）.

13. （Jordan & Troth, 2004），（Thompson, 2011）[pp. 105–106].

14. （Prati, Douglas, Ferris, Ammeter, & Buckley, 2003）.

15. （Lussier & Achua, 2007）[pp. 39–40]。另請參閱（Goleman, 2015）。

16. （Turman, 2005）[p. 147].

17. （Bragger, Kutcher, Morgan, & Firth, 2002），（Macan, 2009）.

18. 請參閱（Levashina, Hartwell, Morgeson, & Campion, 2014）和（Bragger et al., 2002）的概略介紹。

19. （Brown & Swartz, 1989）.

20. （Kennedy, 1962）.

21. 請參閱（Emanuel, 2013）。

22. （Barling, Weber, & Kelloway, 1996）.

23. （Pfeffer & Sutton, 2006b）[p. 104]。如需有關提供與接受幫助的訣竅，請參閱（Schein, 2010）[pp.144–157]。

24. （Pfeffer & Sutton, 2006b）[p. 104].

25. 管理學教授 Hansen 和 Nohria 認為，跨單位合作是組織提升競爭力的一種辦法。他們調查企業主管的意見，發現跨單位合作會遭遇四種阻礙，其一就是不願尋求外部意見，向他人學習。（另外三種分別為：缺乏尋找專業人才的能力、不願意幫忙，以及無法與他人共事及傳遞知識。）請參閱（Hansen & Nohria, 2004）。

26. 可參閱（McNatt, 2000）。至於針對工作表現設定確切又具挑戰的目標，

如需瞭解這種做法的好處，也可參閱（Rousseau, 2012）[p. 69]。

27.（Tierney & Farmer, 2004）.

28. 請參閱（Pfeffer & Sutton, 2006b）[pp. 105– 106]。另請參閱 Edmondson [p. 87]，該研究指出，組織應鼓勵討論及修正錯誤的風氣（Edmondson, 1996）。

29.（Edmondson, 2003）[p. 1446]。另請參閱（Nembhard & Edmondson, 2006）。

30.（Goleman, 2000）.

31.（Ginnett, 2010）[pp. 100–102]。另請參閱（Orasanu, 2010）[p. 171]。如需三種行為的應用範例，請參閱（Rogers, 2010）[p. 307]。

32. 可參閱（Ozaralli, 2003）、（Cohen, Ledford, & Spreitzer, 1996）、（Carson, Tesluk, & Marrone, 2007）、（Pfeffer & Veiga, 1999）、（Mathieu, Maynard, Rapp, & Gilson, 2008）[p. 427]。

33.（Drucker, 2004）.

34. 這與比較優勢的概念有關，請參閱（Einhorn & Hogarth, 1981）[p. 26]。

35.（H. Gardner, 2006）[p. 8].

36.（Lussier & Achua, 2007）[p. 211].

37.（National Research Council, 2011a）[p. 52]；另請參閱（Cannon & Witherspoon, 2005）。

38.（Murphy & Daan, 1984），（Rousseau, 2012）[p. 69].

39.（Moss & Sanchez, 2004）.

40.（Hewson & Little, 1998）。另請參閱（Shute, 2008）的概略說明。

41.（Aguinis & Kraiger, 2009）[pp. 455–456].

42.（Turman, 2005）[p. 149].

43. 如需綜合概述，請參閱（Romano & Nunamaker Jr, 2001）。

44.（Bang, Fuglesang, Ovesen, & Eilertsen, 2010），（Allen et al., 2012）.

45. 擬定議程及製作會議記錄也有助於會議準時開始與結束，請參閱（Volkema & Niederman, 1996）。

46.（Jay, 1976）.

47.（Leach, Rogelberg, Warr, & Burnfield, 2009）.

48.（Lussier & Achua, 2007）[p. 321].

49.（Thompson, 2011）[pp. 355–356].

50.（Jay, 1976）.

51.（Nixon & Littlepage, 1992）.

52.（Jay, 1976）.

53.（Jay, 1976）.

54. 請參閱（Thompson, 2011）[p. 356]。

55. 會議準時開始與結束不僅是種禮貌，實際經驗證實，這也能讓參與者感覺會議具有成效；請參閱（Nixon & Littlepage, 1992）和（Leach et al., 2009）。

56.（Jay, 1976）。另請參閱（Whetten & Camerron, 2002）[pp. 551–552]。

57. 請參閱（Nixon & Littlepage, 1992）的實證研究結果和討論。

58.（Bang et al., 2010）.

59.（De Bono, 1999），（Schellens, Van Keer, De Wever, & Valcke, 2009）.

60.（Whetten & Camerron, 2002）[pp. 549–550].

61. 請參閱（Lussier & Achua, 2007）[p. 201]。

62.（Schroeder & Epley, 2015）.

63.（Valacich, Paranka, George, & Nunamaker, 1993）。另請參閱（Frohlich & Oppenheimer, 1998）。

64. 請參閱（Doumont, 2009）[p. 157]、（Kawasaki, 2008）[pp. 205–208]。

65.（Ashley, 2005）[p.22].

66. Kawasaki 要求不超過五個句子，請參閱（Bryant, 2010）。

67.（Ashley, 2005）[p.22]。另請參閱（Crainer & Dearlove, 2004）。

68.（Department of the Air Force, 1998）。另請參閱（Archer & Stuart-Cox, 2013）[pp. 19–20]。

69.（Clarke, 1999）.

70.（Rhona Flin et al., 2003）.

71.（Orasanu, 2010）[p. 168],（Fischer & Orasanu, 2000）.

72.（Lussier & Achua, 2007）[p. 134].

73. （Brass, Galaskiewicz, Greve, & Tsai, 2004）, （Inkpen & Tsang, 2005）.

74. （D. Ancona, Bresman, & Kaeufer, 2002）.

75. （Wolff & Moser, 2009）.

76. （De Janasz, Sullivan, & Whiting, 2003）.

77. （Zerzan, Hess, Schur, Phillips, & Rigotti, 2009）.

78. （Thompson, 2012）[p. 2].

79. （Spector, 2004）.

80. （Van Boven & Thompson, 2003）, （Thompson, 2012）[p. 5].

81. （Thompson, 2012）[p. 2].

82. 如需有關協商的更多說明，可參閱（Bazerman & Neale, 1992）、（Thompson, 2012）、（Raiffa, Richardson, & Metcalfe, 2002）和（Fisher, Ury, & Patton, 1991）。

83. （Sebenius, 1992）.

84. （Ramsey & Sohi, 1997）, （Fisher et al., 1991）[p. 23–36].

85. （Fisher et al., 1991）[pp. 97–106].

86. （Thompson, 2012）[p. 15].

87. （Pinkley, Neale, & Bennett, 1994）.

88. （Brett, 2000）.

89. （Ury, 2007）[p. 23].

90. （Bazerman & Neale, 1992）[p. 69].

91. （Fisher et al., 1991）[p. 56].

92. （R. Axelrod, 1980a, 1980b）, （R. Axelrod & Hamilton, 1981）.

93. （M. A. Nowak & Sigmund, 1992）.

94. 這與一個概念有關，亦即想要建立穩定的合作關係的話，你必須努力創造令人滿意的回報，而非最佳成果；請參閱（Simon, 1996）[pp.37–38]。

95. （R. M. Axelrod, 1984）, （Bazerman & Neale, 1992）[p. 163– 165], （Parks & Komorita, 1998）.

96. （Nelson, 2007）.

97.（Ojasalo, 2001）.

98.（Wright, 1997）.

99.（Lussier & Achua, 2007）[p. 133].

100.（Madson, 2005）[p. 135].

101.（Lussier & Achua, 2007）[pp. 132–133].

102.（Dey, Kinch, & Ogunlana, 2007）。另請參閱（Papke- Shields, Beise, & Quan, 2010）。

103. 如需進一步瞭解如何告知壞消息以及這對專案的影響，請參閱（Sussman & Sproull, 1999）和（Smith & Keil, 2003）。

104.（Nelson, 2007）。另請參閱（Bradley, 2008）。

105.（Kerzner, 2003）[pp. 653–654].

106.（Kerzner, 2003）[pp. 682–686],（zur Muehlen & Ho, 2006）.

107.（Nelson, 2007）.

108.（S. I. Tannenbaum & Cerasoli, 2013）.

109.（Ron, Lipshitz, & Popper, 2006）.

110.（R. Gardner, 2013; Rall, Manser, & Howard, 2000; Ron et al., 2006）.

111.（National Research Council, 2011a）[p. 27],（Rogers, 2010）[pp. 311–312].

112.（Fisk, 2006）.

113.（Harter, Schmidt, & Hayes, 2002）.

114.（Frame, 2003）[p. 11].

115.（Pfeffer & Sutton, 2006b）[pp. 3–4].

116.（Barends, ten Have, & Huisman, 2012; Pfeffer & Sutton, 2006a, 2007; Rousseau, 2006; Rynes, Giluk, & Brown, 2007）、（National Research Council, 2011b）[pp. 324–325]。如有興趣從較輕鬆的角度探討諮詢領域，並進一步瞭解此論點的相關證據，請參閱（Stewart, 2009）。

117.（National Research Council, 2011b）[pp. 96–97].

118.（Nickerson, 1998）[p. 189].

119.（Ginnett, 2010）.

120.（Thompson, 2011）[p. 82].

121. 如需概述說明，請參閱（Kozlowski & Bell, 2003）[p. 12]。

122.（Ozaralli, 2003）.

123. 請參閱（Heilman, Hornstein, Cage, & Herschlag, 1984）、（Thompson, 2011）[p. 284]。

124. 請參閱（Schneider, 2002）[pp. 148–150]。

125.（Schneider, 2002）[p. 167, 190]。另請參閱（Bazerman & Neale, 1992）、（Fisher et al., 1991）、（Ury, 2007）、（Malhotra & Bazerman, 2007）。

126.（Hackman & O' Connor, 2004）.

127.（Malhotra & Bazerman, 2007）[p. 65].

128.（M. Nowak & Sigmund, 1993）.

129.（Wu & Axelrod, 1995）.

130. 如需綜合概述，請參閱（Parks & Komorita, 1998）。

131.（Bendor, Kramer, & Stout, 1991）.

132.（Bluedorn, Turban, & Love, 1999）.

133.（Pruyn & Sterling, 2006）.

134.（Salas et al., 2008）.

第九章

1. 請參閱（von Winterfeldt & Edwards, 1986）[p. 3]。

2.（George & Bruce, 2008）[p. 180].

3.（Boicu, Tecuci, & Schum, 2008）.

4. 請參閱（Basadur, 1995）[p.66] 的討論。

5.（Orasanu, 2010）[pp. 156–157].

6. 請參閱（Hersman, Hart, & Sumwalt, 2010）。

7. 以空間的角度（而非步驟）看待事情是設計思維中很普遍的現象，相關說明可參閱（Brown, 2008）和（Brown & Wyatt, 2010）。

8.（Rittel & Webber, 1973）.

9.（von Winterfeldt & Edwards, 1986）[p. 27].

10. 這是所謂的沉沒成本謬誤，請參閱第二章、（Arkes & Blumer, 1985）和（Arkes & Ayton, 1999）。

11. 可參閱（Baer & Brown, 2012）、（Avey, Avolio, Crossley, & Luthans, 2009）和第二章。

12. （Toegel & Barsoux, 2012）.

13. （L. L. Thompson, 2012）[pp. 6–7]

14. （Dym, Agogino, Eris, Frey, & Leifer, 2005）.

15. （Research Councils UK, 2001）。若需瞭解其他能力，另請參閱（Siddique et al., 2012）。

16. （J. M. T. Thompson, 2013）.

17. 請參閱（Seelig, 2009）[pp. 71–98]。

18. （Ackoff, 2006）.

19. （Dweck, 2006）[pp. 15–16].

20. （Rogers, 2010）[p. 311].

21. 請 參 閱（National Research Council, 2011b）[pp. 128–129]。另 請 參 閱（Pfeffer & Sutton, 2006）[p. 149–150]。

22. 可 參 閱（Jung & Reidenberg, 2007）和（Simmons, Nides, Rand, Wise, & Tashkin, 2000）。如需綜合概述，請參閱（Williams, 2012）。

23. （Bond & DePaulo, 2006）.

24. （National Research Council Committee on National Statistics, 2003）[p. 4].

25. 請參閱（Senter, Waller, & Krapohl, 2006）和（National Research Council, 2010）[pp. 13–16]。

26. （Meissner & Kassin, 2002），（Garrido, Masip, & Herrero, 2004）.

27. （Fischhoff & Chauvin, 2011）[pp. 126–127].

28. （DePaulo et al., 2003）。眼神游移是一般對於騙子的普遍刻板印象，但其實這與說謊的關係微乎其微，請參閱（Global Deception Research Team, 2006）。

29. 否則可能承受兩種風險：分析造成癱瘓（paralysis by analysis）和本能導致毀滅（extinction by instinct）；請參閱（Langley, 1995）。另外也可參閱（Makridakis & Gaba, 1998）[p. 21]。

30. 航空機組人員的相關案例請參閱（Ginnett, 2010）[pp. 98–99]。

31. 管理學教授 Bazerman 與 Moore 對於智慧提出另一種解釋，認為智慧應是我們（也就是你！）意識自我偏見並確切加以說明的能力，請參閱（Bazerman & Moore, 2008）[p. 180]。

32.（Frame, 2003）[p. 17].

33.（Pfeffer & Sutton, 2006）[pp. 52–53].

34.（Pfeffer & Sutton, 2006）[p. 103].

35.（J. M. T. Thompson, 2013）.

36. 這種現象稱為達克效應（Dunning-Kruger effect），請參閱（Kruger & Dunning, 1999）。

37.（Kahneman, Slovic, & Tversky, 1982）.

38.（L. L. Thompson, 2012）[pp. 199–200].

39.（Arkes, 2001），（National Research Council, 2011a）[p. 25],（National Research Council, 2011b）[p. 150].

40.（Medawar, 1979）[p. 93].

41.（McIntyre, 1997）.

42. 另請參閱（Greenhalgh, 2002）和（Sheppard, Macatangay, Colby, & Sullivan, 2009）[pp. 36–37]。

43.（Smith & Pell, 2003）.

44. 請參閱（Ness, 2012）[p. 7]。

45.（Polya, 1945）[p. 4]。比起說教式的講課，如想瞭解以實際經驗為主的訓練方式在學習談判技巧上有何優越之處，請參閱（L. L. Thompson, 2012）[p. 185]。

46.（Simon & Chase, 1973）.

47.（Ericsson, Krampe, & Tesch- Romer, 1993）.

48. 相關綜合評述，請參閱（Baker & Cote, 2003）和（Ericsson, 2004）。

49.（Southwick, Vythilingam, & Charney, 2005）。另請參閱（Jackson, Firtko, & Edenborough, 2007）。

複雜問題的策略思考 & 分析
由一則尋狗啟事，學習問題解決的步驟、方法與思維
Strategic Thinking in Complex Problem Solving

阿爾諾‧謝瓦里耶 ARNAUD CHEVALLIER —— 著

張簡守展 —— 譯

© Oxford University Press 2016

Arranged with Andrew Nurnberg Associates International Limited

Complex Chinese edition © 2023 by Briefing Press, a division of And Publishing Ltd.

STRATEGIC THINKING IN COMPLEX PROBLEM SOLVING was originally published in English in 2016. This translation is published by arrangement with Oxford University Press. Briefing Press is solely responsible for this translation from the original work and Oxford University Press shall have no liability for any errors, omissions or inaccuracies or ambiguities in such translation or for any losses caused by reliance thereon. Printed in Taiwan · All Rights Reserved

大寫出版

書　　　系	■ 使用的書 In Action!　書號 ■ HA0085R
著　　　者	阿爾諾‧謝瓦里耶
譯　　　者	張簡守展
特約編輯	劉亭宜
視覺設計	張巖
行銷企畫	王綬晨、邱紹溢、陳詩婷、曾曉玲、曾志傑、廖倚萱
大寫出版	鄭俊平
發 行 人	蘇拾平

發　　　行　大雁文化事業股份有限公司
　　　　　　台北市復興北路 333 號 11 樓之 4
　　　　　　電話：（02）27182001
　　　　　　傳真：（02）27181258
　　　　　　大雁出版基地官網：www.andbooks.com.tw

二版一刷　2023 年 4 月
定　　　價　480 元
版權所有‧翻印必究
ISBN 978-957-9689-95-3
Printed in Taiwan · All Rights Reserved
本書如遇缺頁、購買時即破損等瑕疵，請寄回本社更換

國家圖書館出版品預行編目（CIP）資料

複雜問題的策略思考 & 分析：由一則尋狗啟事，學習問題解決的步驟、方法與思維
阿爾諾‧謝瓦里耶（Amaud Chevallier）著｜張簡守展譯
二版｜臺北市：大寫出版社出版：大雁文化事業股份有限公司發行，2023.04
336 面；16*22 公分（使用的書 In Action！；HA0085R）
譯自：Strategic thinking in complex problem solving

ISBN 978-957-9689-95-3（平裝）
1.CST: 企業管理　2.CST: 創造性思考

494.1　　　　　　　　　　　　　　　　　112000290